U0217817

Design with Nature

设计结合自然

〔美〕伊恩·伦诺克斯·麦克哈格　著

芮经纬　译

李　哲　审校

天津大学出版社
TIANJIN UNIVERSITY PRESS

版权合同：天津市版权局著作权合同登记图字第 02-2005-10 号

本书中文简体字版由美国 John Wiley & Sons International Rights，Inc. 授权天津大学出版社独家出版。

图书在版编目（CIP）数据

设计结合自然／（美）麦克哈格著；芮经纬译 . 一天津：天津大学出版社 , 2006.10（2022.6 重印）

ISBN 978-7-5618-2206-7

Ⅰ . 设… 　Ⅱ . ①麦… 　②芮… 　Ⅲ . 城市规划－建筑设计 　Ⅳ . TU984

中国版本图书馆 CIP 数据核字（2005）第 143076 号

出版发行	天津大学出版社	
地　　址	天津市卫津路 92 号天津大学内（邮编：300072）	
电　　话	发行部：022-27403647	
网　　址	publish.tju.edu.cn	
印　　刷	廊坊市瑞德印刷有限公司	
经　　销	全国各地新华书店	
开　　本	210mm×285mm	
印　　张	16	
字　　数	550 千	
版　　次	2006 年 10 月第 1 版　2008 年 1 月第 2 版	
印　　次	2022 年 6 月第 12 次	
定　　价	120.00 元	

Preface

前　言

《设计结合自然》首版至今已经过去二十年了。回顾这一历史时期，人类环境意识有了奇迹般的、意想不到的进步。本书无疑作出了一定的贡献。它现在已成为一本经典著作，在作为一本教材而广泛应用的同时，被编入国会图书馆的社会学名录下，包含在大量的文选中，甚至转变为研究宗教和环境心理学方面的著述。不过，把它和环境保护科学、景观建筑艺术、建筑设计和区域规划连在一起更为合理。

本书原稿是受保护基金会（Conservation Foundation）前主席拉塞尔·特雷恩（Russell Train）委托撰写的。他断定在这关键时期，完成一本将生态学和规划联系起来的书是十分迫切和重大的课题，因此委托我将它写出来。

1967年，当时奥杜邦协会（Audubon Society）全神贯注于鸟类的研究，谢拉俱乐部（Sierra Club）致力于景色优美的西部地区的研究，他们和保护基金会包揽了全部的保护活动；不过，仅仅到了最后他们才认真地投入到环境问题中来。回想起来，使人吃惊的是这一重大课题是由费尔菲尔德·奥斯本（Fairfield Osborne）和他的委员会成员与秘书在纽约一间普通的办公室里提出来的。

当时，科学家们对环境问题尚缺乏足够的重视。科研精英，如分子生物学家和物理学家关心的是原子内部的（亚原子）粒子。那些著名的大学与学院普遍重视了这一课题。

随着《寂静的春天》（*Silent Spring*）的出版，环境革命开始了。但是"地球日"（Earth Day）的鲜花开放还在这三年以后。

20世纪60年代初期，对环境问题产生兴趣的听众为数还不多，原因似乎在于缺乏这方面的宣传者。可以说，在当时具有代表性的研究群体只有由保罗·埃里克（Paul Ehrlich）、巴里·康芒纳（Barry Commoner）、勒内·杜博斯（Rene Du Bos）、拉尔夫·纳德（Ralph Nader）和我组成的一个研究小组。

值得欣慰的是，群众的意识在不断地觉醒，他们多因环境的过度开发而感到愤怒，并以参加我们演讲会的方式来表达心中的不满。

当时，诸如史密森美国国立博物馆（Smithsonian Institute）、美国内政部、农业部以及各种科学团体（包括气象学家、地质学家、水文学家、土壤科学家、生物学家）都没有参与这场环境运动。只有生态学家非常活跃并卓有成就——保罗·西尔斯（Paul Sears）、斯坦利·凯恩（Stanley Cain）、尤金（Eugene）和汤姆·奥德姆（Tom Odum）、皮埃尔·丹西拉乌（Pierre Danserau）、保罗·埃里克（Paul Ehrlich）、爱德华·杜威（Edward Dewey）和弗兰克·弗雷泽·达林(Frank Fraser Darling)，但是他们却没有得到我们的赞赏。此外，所有主要的宗教团体当时均保持沉默。

我们的伦理学家好像还没有形成团队，他们关注的是发型、容忍毒品和男女乱交、极端的服饰和行为，讨厌谄媚、花孩儿（flower people，佩花嬉皮士，主张爱情、和平与美好）、嬉皮士。他们仅仅站在道德的立场上接受生态学的观点。

1967年，环境保护浪潮仅仅表现为有限的一点迹象，我开始写《设计结合自然》时，曾断定读者为数不多——或许只能销售5 000册。

当我答应写这部书以后，有必要回顾来自我的经历的全部内容。它们有三个方面的来源：最为重要的是来自我设计的一个称之为"人和环境"（Man and Environment）的课程。它论述了物质、生命和人的演变、哲学和宗教对自然的态度——万神论、多神论、一神论、犹太教、基督教、伊斯兰教、道教、禅宗和欧洲启蒙运动；课程断定人的生理和心理依赖于自然，最终提出了生态学的解释。几年以后，一些代言人在各自相关的领域里起到了带头作用——哈洛·沙普利（Harlow Shapeley）、乔治·沃尔德（George Wald）、卡利登·库（Carleton Coon）、马格丽特·米德（Margaret Meade）、埃里克·弗罗姆（Erich Fromm）、汉斯·塞利（Hans Selye）、朱利安·赫克斯利爵士（Sir Julian Huxley）。同时，他们又是整个生态学领域中的带头人。

在另一相关的课程——**城市生态学**（Ecology of the City）中则聚集了一批人类学家、人种史学家、流行病学家和生态学研究者。他们组成了一个非同一般的群体，这个群体由于是研究环境多样化和人类健康（Environmental Variables and Mental Health）的国家人类健康研究所（NIMH）委员会的成员而得到扩大，它拥有影响深刻的机构和值得称赞的观点。

第二方面内容来自于一系列规划和设计的项目，这些项目是由宾夕法尼亚大学景观建筑学毕业生完成的。在设计中，我们以生态学为基本原则，不断融入环境科学知识，尝试用以解决大规模的复杂规划设计问题。

第三方面内容，来自于我和我的全体伙伴——华莱士（Wallace）、麦克哈格、罗伯茨（Roberts）和托德（Todd）共同完成的一些实际项目。

这种专业的实践，提出了一系列的问题。当初在解决规模问题和规划中，相应地引入许多技巧而且显示出解决市镇、大都市和农村地区问题的能力，这在自然科学和环境规划两者中都是少见的。

讲课过程中，我总是尽力做记录，全年每周安排有三次课，一直延续了12年。在这个广阔的和近乎无限的环境领域中，我有一个内容丰富的素材库。有了这些素材，加上为准备演讲阅读的资料，由此积累起这些大量的材料编写了本书。

正当我跨踌犹豫之际，出现一种迹象，即读者的阅读期望正在扩大，要求超越狭隘的专业范畴，希望把本书变成一本"起诉书"，从而使我完成这一著作的能力倍增。

我将未完成的稿件送给刘易斯·芒福德（Lewis Mumford），我所认识的最智慧的人。他对我的跨踌作了如下回答："我亲爱的伊恩（Ian），在一个美好和正常的世界里，也许不要求你写这本书，但是这个世界有许许多多不完善的地方，那么你是必须将它写出来的人之一。向哈佛（Harvard）、伯克利（Berkeley）和耶鲁（Yale）发出请求，提出你的理念，应用他们的回应指导你完成这本书。"我按建议去做了，他们的回应都是十分慷慨的，从而让我继续写了下去。本书终于在合同期限内得以完成。芒福德当时阅读了原稿，并写了绪言，绪言将我和名望很高的同伴放在一起，使我一生不再逃避失败。对我来说，进入这个他将我安置的神殿中是不可能的。不过我是永不辜负他的。

尽管如此，这份手稿仍尚不足为一本书，我和保护基金会折腾了近一年，他们要求我必须考虑本书在出版上的相关责任。事实上，许多出版商都想出版本书，不过，没有人能保证使用彩色印刷，而这是使图片产生清晰效果所必需的。我于是去找吉恩·费尔达曼（Gene Feldman），他在宾大教制版课而且拥有费尔康印刷厂（Falcon Press），能够印刷精美的小册子和目录。我在彩色印刷、铜版、内文、纸张质量、装订和封面对他均有明确要求——可能的印量是5 000册——每本零售价为12美元。这本书不是全彩色的，也不是四色印刷。此后我设计了样本，在形式、标识和装订折叠技巧上多次试验。当这些工作做完后，这本书在文字和插图的配合上需要重新编排。我最亲爱的朋友，纳伦德拉·居内加（Narendra Juneja）带领我的全体职员又花了一年的时间才搞出了样本。

本书于1969年出版，它成为许多评论的对象并被给予始料未及的好评；而20年后，在经历时间的考验后，许多观念也被澄清修正了，这是我自我评估的最好时机。与初版相比，再版的《设计结合自然》试图思考并解决下述问题：第一是在规划中缺少任何环境知识——这一点总的来说也是适用社会经济发展过程的；第二是在环境科学内缺少整体性的结合，地质学家、气象学家、水文学家和土壤科学工作者只知道物质科学里的事而不了解生命科学。生态学和生物科学对物质进化过程只有很少的认识，科学家总体来说对价值观和规划没有表现出多少兴趣。最后，对于人类适应性的问题，没有提出一个完整的规划理论。

再版的《设计结合自然》对以上这些问题都有所解答与贡献。它提出了一种方法，通过这种方法把环境的数据结合到规划程序中去。现在生态学研究的观念是扩大了，全面囊括环境科学的内容。价值观的主题，这对环境运动来说是至关重要的，最终，一种理论也被提出来了。

我认为生态规划方法最重要的特点在于它的综合性。传统的生态研究选择的环境只有最少的一点人类影响，而我选择的是人类占统治地位的活动场所。此外，环境科学的全部内容，包含在资源调查阶段中。选择的数据着重用于解释对人类有重大意义的事情上。我最引以为荣的创造是发现许多环境科学工作者竞相提出的主张，可以通过年代学的应用加以组织。调查自最古老的证据资料开始，一直推向今天。另一创新是区域地质学的多层奶油蛋糕（layer-cake）表达方式，这是以理解伯莱斯多森（Pleistocene）地质为基础的，然后是气象学，都给予了重新解释，去说明地下水的水文学和物理学，而后是地表水文学、土壤、植被、野生动物，最后以土地利用为终结。这种多层奶油糕的表达方式，是经研究后对各地区提出了一种因果关系或概率的解释：每个层面依赖于底下一个层面，每个层面加强了这种解释；最终得到的是一种生态——物质模型的描绘。这就可以提出质疑：哪个地区是最适合将来使用的？哪些地区是最不利于使用的？要找出那些地区，那里存在着全部或大部分适合于利用的因素，不存在或很少有不利的因素。

国家环境政策法（The National Environmental Policy Act，EPA）和其他法律条文中出现的内容和某些主张，其语言都来自《设计结合自然》。这种研究方法产生了环境影响分析和报告，为世界范围的生态规划打下了基础。它现在正应用于国家环境政策法生态资源目录中的环境监测和评价计划（EMAP）的过程。它甚至由其奠基者应用于早期的人工智能（Artificial Intelligence）的描述中。

价值观这个课题是一种作为驳斥西方对人和自然的种种态度而提出来的。而这些态度，特别在《创世纪》的上帝造物的故事中得到证实，在犹太教和基督教中也是如此。价值观谴责这种观念是自杀、种族灭绝、生物灭绝的通行证，它提出了与经验一致的优越的生态学观点，揭示出一条保持和加强生物圈、人类健康和幸福的出路。过去的20多年中，环境价值观有了急剧的变化。自然不能再被不受惩罚地滥用。绿色政党（Green Parties）和绿色政策（Green Policies）的出现，以及人类不断扩展的对环境的关心，已成为不可逆转的历史洪流。

然而，事实上尚有一些疏忽之处，即当人类逐渐关心、注重生态环境中诸如气象、水文、土壤、植被、动物等环境因子时，却忽略了社会体系这个因子。1970年我接到了来自国家人类健康研究院（The National Institute of Mental Health）理查德·韦克菲尔德（Richard Wakefield）的电话。

他称赞了《设计结合自然》，但问为什么社会体系被明显地忽略掉。我的回答直截了当。我在哈佛度过了四年大学生活，主要学习社会科学，对社会科学有许多结论，显然经济学是和生态学对立的，而其余诸如社会学、历史、国家政策和法律显然是忽视生态学的存在的——因为我不能把社会科学和生态学协调起来，我就简单地把这个题目排除掉。"但这是严重的疏忽。请问你能写一个建议把生态学延伸到人类生态学中去吗？要是行的话，我们可以付你100万美元。"由此我写了一份建议。我们应从假设开始，假定地形学与包括地质、气象、水文学和土壤学等物质演变过程相结合。我们能扩大这一假定，提议植物、动物生态学、湖沼学和海洋生态学代表了物质和生命综合的第二个层面。我们如何才能进行物质的、生态的和社会过程的综合呢？依靠不断的丰富和扩大。将人类行为作为一种适用手段囊括进生态学领域，还要把人类和动物的行为结合起来。加上人种学，研究"原始的"文化；接下来扩大到人类学，把重点放在当代社会；最后，封闭这个圈子，回到气候、地质学、水文学、土壤学、植物和动物学上，通过对流行病学的观察，把目标指向人类健康和幸福。这要得到认可的话，二十年应用人类学的经验将要得到延续。这就将生态的规划方法扩大为人类的生态学。不过，要表述这一工作需要另一本书，超过了这一新版绪言的范围。

我有一件深表遗憾的事——《设计结合自然》中提出的理论没能获得重视。在布鲁克汉汶（Brookhaven）给著名的科学家做讲座时，在普林斯顿（Princeton）研究生学院和其他各地讲演时，我都提到了这一话题。在这些场合中，我的话令人惊奇，不过同时又获得了赞同。但是在图书发行中，本书没有引起惊人的反响。语言是十分简单的——有两种情况，一个是向性群聚（syntropic）——适应——健康，另一个是熵——不适应——病态和死亡。这些状态之间的振动，包含了热力学驱向。所有的系统必须是以去寻找可以获取最为适应的环境为前提，去适应这个环境的同时自己使其更加适宜。适宜的环境被定义为：在这里环境满足使用者最大的需求，人为适应环境做功最少。成功的演进包括化解矛盾，做功最少。成功演进的完成显示向性群聚的适应、物种和生态系统的健康。异常的病态和发病率，显示了熵的不适应——一个系统不能找到最为合适的环境，不能适应环境且不适应自身。

我发现这可能是最简单的综合模式，忽视理论而接受和应用其方法，总比接受理论而忽视方法要强。

这本书写完后，读起来好像是在鞭笞对环境的剥夺，同时也是对人和生命的抑制。不过，从目前处于强势的论点来看，本书的观点又是保守的。事实远远超乎预想。我们害怕核灾难的威胁，忧心忡忡的医生们联合起来（The Union of Concerned Physicians）向重要的美国城市提出了他们的报告，使我们知道可能受到的破坏，千百万人将被杀死、伤残，幸存者生活在这样一个没有电、灯光和交通，药物也变得毫无意义的环境下，他们不比受害者强多少，但是这种威胁一直没有发生。当时是一个核冷战的时代。长期以来有这样的说法，核冬季的灾难会摧毁俄罗斯、欧洲和美国，但南半球受害很少，为北半球的缓慢复苏提供了基因库（genetic pool）。他们还说，半球之间的气候会发生变化，将会影响到整个地球；或许只有巴塔哥尼亚（Patagonia）和南新西兰会幸免，成为世界人口重新分布的避难所。

我们对切尔诺贝利（Chernobyl）、博帕尔（Bhopal）、拉夫运河（Love Canal）、泰晤士河畔（Times Beach）、瓦尔迪兹（Valdez）、苏柏芬特（Superfund）等地发生的许多事故一无所知。世界变暖、干燥枯竭、海平面上升、洪水泛滥或臭氧层变薄等好像没有给人们提供什么暗示。不过，要是环境问题逐步升级，对环境问题的关心也会逐步提高。二十年前，环境革命是美国首先进行的；今天已成为全球的运动。二十年前原子灾难是人、生命和环境的主要威胁。现在，由于戈尔巴乔夫先生出人意料、意义深远的行动，核战争的威胁已缩小了，在一种不可思议的相互交替的作用下，生态环境现在已成为全球议事日程上首要的事了。令人可喜的是，保护地球取代了破坏地球，观念的转变促使我们形成新的目标——我们必须了解世界是如何运转的，并以此规范人类行为，以实现地球重建、绿化并治理地球。

当《设计结合自然》写完后，支持这种生态观点的，只有很少一些生态学家和保护主义者。而大量的民众支持者却来自于嬉皮士、花孩儿，以及那些厌恶越南战争和环境恶化的人，其中以那姆帕尔（Napalm）和艾琴特·奥兰治（Agent Orange）的团体最具代表性。这是一个由离经叛道的少数人组成的群体，但是他们的激情是很高的，而且很起作用。《设计结合自然》替这一群体说话，而且成为一面旗帜和标志。自然科学的表述是要求理解自然并作出正确的回响，还要有一种方法使书中描述的发展过程制度化。但是1969年，一方面许多人接受《设计结合自然》的主张，另一方面却没有法律授权或要求做生态规划。本书无疑为制定无数的法律条文作出了贡献。现在情况有了很大的不同，新的立法赋予这本书更大的用途。本书有助于我们扩大生态学的敏感性；它的很多希望和梦想现在已经实现了。然而从国家范围到地方各级环境空间尺度中展开生态规划实践仍困难多多。严重的缺失仍然存在，明显的是支离破碎的环境科学，管理的机构过多。事实上，现在有无数应用这种方法的机会。因此《设计结合自然》的再版，处于一个最为有利的时机，此时，它终于能被广泛地应用，而且会取得深远和有益的效果。

无疑这是一个最为有利的时机，但要认识到随着机遇的扩大，挑战也在增大。核战争和核冬天的危险肯定减小了；接着全球的环境问题已提到世界的议事日程上了；最后，伴随着为核战争而发展起来的武器装备不断更新，卫星、遥感、计算机和数字模型等的应用，现在能为解决全球和区域的环境问题提供有益的帮助。1969年的梦想现在已具有实际操作的可能。

写一本新的《设计结合自然》涉及一个重新评价的问题，什么引语能最好地表达这个作品的内容？我的意见是——祈祷，20年后我能完成——

物质造就宇宙、太阳、地球和生命。

太阳的照耀使我们可以生活。

地球——家

海洋——古老的家

大气，保护和呵护我们。

云彩、雨水、河流和溪水来自大海，使我们充满生机。

植物——生存和呼吸，使我们能得到氧气、食物和享受生活。

动物，亲属。

分解者，重新组织生命与死亡的废物，从而使生命得以延续。

人，遵循地球上良性酶（enzyme）的运作方式，有志于成为世界的医生，治理这个地球和自身。

1990年9月，布什总统给我颁发国家艺术奖，当时他说"我希望21世纪最大的艺术成就将是重建地球"。

让我们不只是希望，而且下定决心去做。让我们绿化地球、重建地球和治理地球。

希望《设计结合自然》是这一事业的入门书。

因此我推荐《设计结合自然》给您，希望得到您的认同。这个标题其意义是带着一定倾向性的。它可以解释为规划方法的简单的描绘，尊重各地区和各民族，它能产生伟大的设计，它将重点放在连接词"结合"上。最后强调，读一读这本书是十分必要的。

设计结合自然！

伊恩·伦诺克斯·麦克哈格
1991年9月

Contents

目　　录

Introduction

绪　言

迄今为止，从整体上研究人与生存环境相互关系的著作：既研究行星与恒星，岩石、土壤和海洋等所谓"物质宇宙"，又研究栖息在地球上的生物，即研究使人成为现在这样的所有力量和生物的著作，仍为数不多。有关人类自身的研究，发展是缓慢的——早先的希腊思想家，或是孤立地研究人，或是在研究自然时忽视了人的存在——好像在了解有关人与自然的任何部分的知识时，只要把由人脑想方设法，为促进人类自身存在的目的而提供的种种手段和符号文字排除在外就行了。

至少从西方的传统来说，自希波克拉底〔译注〕的医学名著《空气、水和场地》开始，人类第一次公开承认：我们的生命，无论生病还是健康，都是和自然力量息息相关的；自然是万万不可抗拒和征服的，必须了解它的规律，尊重它的忠告，把它当作盟友来对待。《设计结合自然》是随之出现的少数此类重要书籍中的又一本杰出著作。这种西方传统的部分内容后来由医学界继续保持下来，因为人只要无知地违犯了自然规律，很快就会受到身心失调的惩罚；但是，虽然努力去消除流行病和传染病有时会取得很小一点环境改善，但这种防治措施没能在人及其环境之间建立一个健全的运作关系，而这种关系却能为维持和提高人类生活而正确地发挥所有潜在的可能性。尽管自然早已多次警告，但是对自然环境的污染和破坏还在继续向深度和广度发展，三百年来并没有唤起足够的重视；而当工业化和城市化愈发深刻地改变了人类的生存环境，也仅是在近半个世纪以来，人们才系统地作出了努力，去探求构建一个平衡的和自我更新的环境，它包含人类生物学的繁荣、社会合作、精神鼓舞等所有必需的成分。

这方面的工作，若冠之以科学名词，则称作"生态学"。这门学问把自然的许多方面集合起来，就必然地较晚问世。伊恩·伦诺克斯·麦克哈格（Ian L.McHarg）不仅是个受过专业训练的城市规划师和景观建筑师，更可以称之为"有灵感的生态学家"：他不仅从生态学外部的有利地位来观察所有的自然和人的活动，还作为一个参加者和实践者从内部来考察这个世界。他对冷漠的、枯燥的和黯然无色的科学世界作出了特殊的贡献，使较高级的哺乳动物，首先是人类，从所有的其他生物中区别出来：具有鲜明的特色和热情、感情、感觉、敏感性、情欲和美的享受——所有这些使人的头脑得到最充分的发展，大大地超过了计算机，或者超过了那些把个人局限于计算机限度内的狭隘的头脑。本著作的优点不只是有关的科学资料十分丰富，而且"读其书，知其人"。作为一个老朋友和钦慕的同事，我甚至可以加上一句：麦克哈格真是一位杰

〔译注〕希波克拉底（**Hippocrates**），公元前460年—公元前375年，希腊著名医生，有"医学之父"的美名。

出的人物！

作为一个有才能的生态规划师，麦克哈格不仅知晓，从北京人学会使用火的那一刻起，在改变地球面貌的过程中人经常起破坏作用；他同样知道（许多人最后才知道），现代技术由于轻率和不加思考地应用科学知识或技术设施，已经损坏了环境并降低了它的可居住性。他有必要扼要重述这可怕经历的每一个部分：杀虫剂、除草剂、洗涤剂和其他化学污染、放射性废弃物等这条阴暗的洪流，正在无形中不仅直接破坏人的生命，而且破坏所有和人合作的物种，这些物种的健康是与人类自己的生存相关的。假如这本书以麦克哈格不可比拟的方式阐释这种信息，也一定是有价值的；而本书是大量当代出版物中的一部力作。这些出版物：有的是专著，如雷切尔·卡森（Rachel Carson）的《寂静的春天》（Silent Spring），有的是专题论文集，如《北美未来的环境》（Future Environments of North America）（麦克哈格自己也曾为该书撰稿）。

幸运的是，因为麦克哈格是个具有创造性头脑的规划师，他前进了一大步，采用克服了种种困难完成的具体实例，说明这门新的学问如何可以和必须应用到实际的环境中去，去照管诸如沼泽、河湖等自然地区，为未来的城市居住区选址，为如作者现在非常了解的费城等大都市地区重新建立人类的生活准则和长远的生活目标。正由于这种深刻的、综合的科学见解和建设性的环境设计，使这本书作出了独特的贡献。

为了建立必要与自觉的观念、合乎道德的评价准则、有秩序的机制以及在处理环境的每一个方面时取得深思熟虑的美的表现形式，麦克哈格既不把重点放在设计上面，也不放在自然本身上面，而是把重点放在介词"结合"（with）上面，包含着与人类的合作及生物的伙伴关系的意思。他寻求的不是武断的硬性设计，而是最充分地利用自然提供的潜力（当然也必须根据它的限制条件来设计）。与此同时，在人类与自然的结合中，他知道人自己的头脑也是自然的一部分，必须要给它增加些极其宝贵的东西。人们在对原始的自然开发到如此高度时仍未发现这些东西，也根本没有被人接触过。

人们无法预言这本书的命运。但是从这本书的内在价值来说，我愿把它和至今仅有的性质相同的少数几本著作并列在一起，这些著作自希波克拉底开始，包括像亨利·索罗（Henry Thoreau）、乔治·珀金斯·马什（George Perkins Marsh）、帕特里克·格迪斯（Patrick Geddes）、卡尔·索尔（Carl Sauer）、本顿·麦凯（Benton MacKaye）和雷切尔·卡森（Rachel Carson）等人的经典著作。这不是一本匆忙阅读随即丢开的书，而是一本常备的、需要慢慢理解吸收的书，随着你的经验和知识的增加，你将随时再翻阅的书。虽然它是一本号召行动的书，但它不是为那些相信"应急计划"或紧急方案的人写的：它是在已有的地面上铺下的一条新的坚实的道路。书里的内容是文明世界的基础，这将取代受污染的、受威胁的、机器支配一切的、丧失人性的、受核爆炸威胁的世界，这个世界现在正在我们的眼前崩溃和消失。作者通过生态学和生态的设计，向我们展现了一幅有机体获得繁荣和人类得到欢乐的图画，麦克哈格唤起了人们对一个更美好的世界的希望。如果没有像麦克哈格这样的人的热情、勇气和深信无疑的技能，这种希望可能会变得黯淡和永远消失。

刘易斯·芒福德
（Lewis Mumford）

City and Countryside
城市与乡村

世界是大自然辉煌的恩赐。如果我们将人口控制在能够抚育的范围内，他们就能有更多的食物；那么就会有更多梦寐以求的美丽女子，更多活泼可爱的孩子，听到更多的欢笑，获得更多的智慧。画布与颜料已放好，等你去作画；石块、木头和金属材料已准备好，等你去雕刻成形；偶然隐约听到的声响等你去谱写交响乐。某些地区将"孕育"出许多城市；各种社会机构正准备去解决最难对付的问题。不过，还没有阐明这些比喻的动力是什么，而且世界终究还未被认识。

我们为何能从大自然的恩赐中得到报偿呢？本书就是针对这个题目进行谨慎的探索。这也就是我对设计结合自然的调查研究：包括自然在人类世界中的位置。探索一条观察问题的途径和一种工作方法，为自然中的人作一简单的规划。书中提供了我能收集到的最好的例证，但由于例证往往枯燥无味，我感到为了详实地说明问题，首先要讲那些产生过影响并能对探索问题有所启发的人生经历。

我是在截然不同的、人与自然作为两个极端存在的环境中度过童年和青春的。离我家约十英里就是格拉斯哥市（Glasgow）。这是基督教世界中最为苦难的城市之一，堪称具有产生无限丑陋能力的城市，犹如由黑烟和尘垢黏合起来的一堆废弃的沙石。每晚在东方的地平线上笼罩着一片高炉喷发的火焰，英国画家特纳的幻想在这里成了现实^{（译注）}。

西面逐渐宽阔的是美丽的克莱德湾（Firth of

〔译注〕特纳（Turner，1775年—1851年），英国著名画家，其名画有《日落》等。

Clyde），海流奔向大西洋的海湾和遥远的侏罗双峰（Paps of Jura）。正南面最近的城市是克莱德班克（Clydebank），即"不列颠皇后"号（Empress of Britain）和"玛丽女皇"号（Queen Mary）邮轮及英国皇家海军"胡德"号（Hood）和"乔治五世"号（King George V）巨舰的诞生地。从远处看去，起重机的塔架林立，正在建造的船身高高升起，工厂的烟囱烟云缕缕，它们的侧影后面是伦夫莱伍丘陵（Renfrew Hills）。

向北看，起伏的农田蜿蜒到老基尔帕特里克丘陵（Old Kilpatrick Hills），消失在遥远的坎普西斯山（the Campsies）的紫霞中。

在我的整个童年和青年时期，从我家出发有两条清晰的道路，一条逐渐伸向城市，最后到达格拉斯哥；另一条则深入到农村，最后到达茫茫的西部高原和岛屿。

到格拉斯哥去的路是条下坡路，很快就能达到克莱德的船坞和工厂，人们在这里通过造船实现他们的理想并把它看做是种骄傲。沿这条路两旁是无数连续不断的四至六层低标准的住房，曾经是红色的沙石建筑，现在成了黑色的了。屋顶上冒着燃煤散发的灰绿色的硫磺烟雾。十英里长的街道上布满了小商店和小酒店。无论有多好的阳光和社交活动，对这条街的面貌也起不到补救作用。这儿的人很有勇气而且朴实，但是他们几乎看不到自己的这些优点。在城市的尽端你也许能找到各种愉快的事，但在去格拉斯哥的路上和城市的大部分地区是找不到使人愉快的地方的，到处充满了肮脏、灰沙、贫困邋遢，呈现出一片难以形容的沮丧和凄凉景象。

另一条路线的情况我是逐渐了解的，每年我要向外多走几英里。但最初的经历是从家门口附近开始的。这里可以看到茁壮的克莱德名马，带斑的艾尔郡（Ayrshire）奶牛，率先开红罂粟花与介子花的小麦与大麦田，牛棚与马厩长满了黑刺莓和野玫瑰的山楂树篱。

下一片区域是不足一英里以外的黑檀树林分布地带，这里有土丘和小森林、草地和沼泽地、不到一英尺深十英尺宽的小溪。再往远处是克雷

加里恩湖（Craigallion Loch）和徒步旅行者及爬山者聚集在一起野餐的烧火做饭处（firepot）——"魔鬼的讲坛"（Devil's Pulpit）和鲑鱼跳跃的加特纳斯潭（Pot of Gartness），这些地方离我家的距离同去格拉斯哥一样远。更远处是巴尔马哈（Balmaha）和洛蒙特湖（Loch Lomond）。到了青年时期，我走到远至格伦科峡和兰诺湖（Glencoe and Loch Rannoch），利斯莫尔和马尔（Lismore and Mull），斯塔发和艾奥纳（Staffa and Lona）等西部诸岛。

由于20世纪30年代经济萧条造成了普遍的贫困化，使许多人丧失了自豪感。当时，这些事实给我的城市经历蒙上了一层黯淡的色彩，但是，即使在这一悲愁的日子里，也还有些光辉灿烂的事：凯尔文大厅（Kelvin Hall）里的马戏表演；在汉普登（Hampden）管乐队列队表演以及十多万人欢呼苏格兰足球队凯旋；多次巨轮下水典礼——最令人难忘的是"534"号巨轮命名为"玛丽女皇"号那一次。当轮船从船台滑下去时，巨大的铁链扬起了一阵锈红色的烟尘，铁链绷紧了，又清楚地看到用滑车将锚链从水中拉起，然后这个庞然大物滑入克莱德河中。这里还有戏剧和舞蹈演出、合唱音乐会，大白天可在美术馆里描绘雕像来消磨时间，还可以看到湿润的路面上倒映的闪闪的城市灯光，火车站上亲人离别等难忘的情景。但是，每当我想起这些时，总是穿插着一种忧郁、惨淡、丑陋等灰暗的印象。

相反，另一条路线则总是令人兴奋的，从一些很小的事物就能找到欢乐：桥影之中必能看到静静的鳟鱼，跳跃的鲑鱼，一刹那飞奔而过的牡鹿，爬上了高山的小羊羔，穿过云层见到上面的阳光，满满一帽子的野草莓或越橘，在野餐处可以见到从西班牙国内战争回来的人或者看到美国游客登上敞篷汽车。

尽管我指责了格拉斯哥，但这个回忆不是出自于喜爱乡村而反对城市的种种偏见。我很熟悉爱丁堡并十分赞赏它的中世纪和18世纪的邻里单位（neighborhoods）。因此，这不是偏见，而是在以格拉斯哥为代表的艰难恶劣的工业环境和美

丽的乡村，两个具有相同通达条件的环境之间作的简单选择。有些城市比起它们忍受的苦难来说，是有更多的激发人和使人欢快的事，但当它们成为工业革命的产物或受其殃及后，就不再如此了。我愿回忆起这些帮我树立生活态度并产生探索念头的活生生的经历。如果给我选择的机会，我肯定喜欢乡村，因为那儿比其他地方能找到更多的愉快、挑战、回报和有意义的事。然而，我选择城市或乡村时要权衡二者的长处，它们是相互依赖的，各具特色，相互补充而丰富人们的生活。这样，人就生活在自然中了。

我十六岁的时候，就想到把大自然给我的恩赐给予别人，考虑献身于这一专业的可能性。这个专业就是景观建筑（landscape architecture）。我充满热忱地接受了这种机会。没有比被机器奴役的城市居民更需要这种专业了。然而，实践证明景观建筑专业经历了很大的挫折。当时很少有人相信大自然恩赐的说法，很少有人认识到人类世界中自然的重要性，很少结合自然进行设计。

我发现，是我的本能指引着我的人生道路，仅仅是后来，我才找到解释自己投身这项工作的原因。事后，我才认识到有一个惊人的一贯存在的共同的主题。

1943年的秋冬加上次年的春天，我是作为空降第二独立旅的军官在意大利度过的。在那段时间，由于进攻塔兰托（Taranto）的前锋"阿布迪尔"号（Abdiel）沉没，情况很糟。此后一段时间我在后方的大阿奎杜托·普列塞（the great Acquedotto Pugliese）担任警卫和总修理师。战争接近尾声时，在以卡西诺（Cassino）血战为高潮的菲墨·圣格罗（Fiume Sangro）冬季战役中，才转入较为常规的战斗。

这场残酷战斗的中心位于从马耶拉山（Monte Maiella）和意大利的格兰·萨索（Gran Sasso）到亚德里亚海的大河谷中。就在这里，盟军的进攻受冰雪和泥泞所阻，战斗进入巡逻和小规模接触形式。德军占据了瓜尔迪亚格列尔（Guardiagrele）和奥索格那（Orsogna）的高地，凭借居高临下的悬崖，不断进行炮击，将拉马·

德·佩利格尼（Lama del Peligni）、波焦菲奥里托（Poggiofiorito）、克列奇奥（Crechio）和阿利尔里（Arielli）等村庄夷为一片瓦砾。

在那些遭受炮击、轰炸、烟幕弹袭击的恐怖日子里，夜间巡逻是在信号枪发射的强烈照明弹照射下，在死骡马、漂白粉、烈性炸药的臭味中进行的。生命就是连续不断的战斗，在死亡、炮弹、地雷、铁丝网、榴霰弹、机枪和迫击炮、步枪、卡宾枪和手榴弹的环境中度过。整个战斗过程中，德军Mg34和Mg42机枪总是疯狂地扫射，英国的布朗式轻机枪发出沉稳的嗒嗒声。少数意大利居民蜷缩在毛石地窖里。战士们穿着沾满泥土的厚大衣，互相难以辨认；英雄行为成了极平常的事，忍耐能力成了最大的美德。

整日、整周、整月不断地战斗，白天无法睡觉，夜里战斗交火，从一个洞穴转移到另一个洞穴，寒冷、潮湿而泥泞。战斗消耗严重，炸伤挂花的士兵十分普遍，造成部队减员，士兵们确实感到已到了难以活下来的时候了。但出人意料，两周的休养把我解脱了。我没有选择去那不勒斯（Naples）、巴里（Bari）或布林迪西（Brindisi）的休养中心，而是去位于索伦托半岛（Sorrento Penisula）高地上的拉韦洛（Ravello）的阿尔伯柯·帕拉姆波（Albergo Palumbo）。

这里是绝对平静的，只能听到石板地面上的脚步声、仆人们的窃窃私语、教堂的钟声、街上小商贩的叫卖声。可以闻见烤面包、大蒜和面团的香味。广场附近有座花园。它坐落在悬崖的边缘，从这里能瞭望粼粼闪光的海湾和卡普利小岛（Capri）上一直通向海边的阿马尔菲（Amalfi）和波西塔诺（Positano），格罗托·埃斯梅拉达（Grotto Esmeralda）的迂回曲折的山路。我乘一条小帆船，整日地在寂静的海湾中航行，只见得风吹满帆，只听得浪击船身轻轻的声响。

这一带的地中海风貌有些像英国的丹巴顿（Dunbarton）和阿盖尔（Argyll）郡的农村景色，环境十分幽静，有益于健康。

战后，我在哈佛大学过了四年，在那里接受了成为一名景观建筑师和城市规划师的专业训练。毕业后，我立即返回苏格兰，决心在克莱德塞（Clydeside）单调艰难的环境中工作实现我的信念。经过了十多年之后，我第一次以悠闲、怀旧的心情回到故乡，去重新探索这块土地。最近的黑檀林（Black Woods），面积仅有几平方英里，但景物十分丰富，这里有森林覆盖的低丘陵、小溪、长着本地兰花的沼泽、成片的毛茛、露出地面的岩石、还有些荆豆、金雀花与石楠、苏格兰松与落叶松、山毛榉小灌木林的边上镶有花楸与桦树、荆棘与金链花，还有齐胸高的欧洲蕨。山溪边有常见的踏步石，悬挑处可见小鳟鱼和红肚小鲹鱼游动，芦苇和柳树成阴。刷白的石头农舍和它们的附属建筑与老树规矩有致地点缀着山脊。

云雀在草地上作窝，麻鹬在耕地中觅食，黄鼠狼、鼬鼠和獾在灌木丛中活动；这里还可见到赤狐、红松鼠、刺猬和松鸡从石楠树下飞奔而去。这是一个万物生长的地方。格伦堡（Peel Glen）是块宝地，一年中除了春天以外的大部分时间，到处是以山毛榉为主的树林，树阴浓密而寂静。当你进入树阴里，不会马上感到惊奇，只有逐步深入进去，照在圆叶风铃草坪上的阳光进入你的眼底，使你充满着美的感受。骑车从格拉斯哥来的人，成把地采集这里的花草，扎好放在车架上带走，在返回城市的路上，留下了许多散落的美丽花瓣。

我重访这里的许多地方，本意只想看看这些地方萎缩到什么程度，不是想看到它被彻底摧毁。然而，格拉斯哥市已把这块土地兼并了，变成了格拉斯哥的样子。人们推平每座小丘，填平了谷地。小溪埋了起来，改成了暗沟，树木砍光了，农舍与铁匠铺没有了。原有的树、灌木丛、沼泽、岩石、蕨类植物和兰花等，现在已踪迹皆无。代之以清一色的徒步上下的四层公寓，前后间距为70英尺[译注]，山墙之间15英尺。公寓门前是一条柏油路，沿路排列着萧瑟的钠蒸气灯，房后是夯土地面，由东倒西歪的栗色栅栏围着，晒衣杆上挂着湿淋淋的衣服。

〔译注〕1英尺≈0.3米

格拉斯哥的污染已向外扩散，破坏了一切而没有提供任何东西。从建筑和规划上看，为了公共的目标进行公共投资是完全必要的。理由是为了更好地生活在这片土地，这是可以理解的。人们满以为可以在这里生活得丰富多彩、愉快欢乐，把它想得好极了，但结果完全是另一回事。

云雀与麻鹬、松鸡与画眉鸟消失了，取而代之的是只能见到笼养的金丝雀和虎皮鹦鹉。狐狸和獾、松鼠和棕鼬、黄鼠狼与刺猬没有了，现在只有猫和狗、大老鼠和小家鼠、虱子和跳蚤一类小虫了。鳟鱼和小鲹鱼、蝾螈和蝌蚪、飞蛾和蜻蜓一类的幼虫都被仅有的金鱼代替了；而山毛榉、松树和落叶松、花楸和金链花、成片的罂粟与毛茛、长满了风铃草的树林都被毁掉了，而且都是无法代替的，只是在花园里有些杂乱的印度烟草和庭芥属植物，以及可怜的女贞树苗。小河被填平了，现在水只能从沟槽中缓缓地滴流或哗哗地喷流而出。

当时急需建住宅，而这里是个很好的建设地点，只要稍有洞察力和起码的才智，再加一点艺术处理，就可以把这块地方变得十分迷人。这里的地形和地貌是复杂多样的，但是现在被推平或搞成清一色的了。这里有许多人们喜欢的东西，但都被抹去了。过去人们远道而来寻求各种乐趣能说明许多问题，但是对那些最需要在精神上得到满足的人来说，不再能得到什么了。

我回来太迟了。回忆昔日欢乐的情景，如今感到格外痛心。

我拖着患肺结核的身体，带着梦想和一些文稿，携妻子、儿子回到了苏格兰，在爱丁堡郊区的绍斯菲尔德结核病隔离所（Southfield Colony for Consumptives）治疗。这里过去是所私人住宅。那间我度过六个月艰难时光的病房想必是客厅，有七个窗户，窗前摆了许多张床。即使雪花从窗户飘到床上的枕头上，这些窗户也总是开着。不管天气多冷、多潮湿，治疗基本就是靠开窗得到新鲜空气。窗户很污秽，在早先写满脏话的窗框上面又写上了一层层恶言。

天花板对平卧的病人是很重要的：那是意大利式的粉刷做法，有很深的线脚，在其凹处长着黑黑的蜘蛛网，上面沾满了苍蝇。病房里的消遣就是看着蓝山雀飞进来吞吃那些小虫。每天早晨，有个快乐的、肥胖的邋遢女人来到病房，向地板上撒几把湿茶叶，然后又向空中掸扫灰尘。病房里没有取暖设备，病人只好把热水袋给那些勇敢的探望人。他们不仅有染上结核病，还有生冻疮的危险。

病院里的精神状态是苦楚的。医生们在一个专横的主任手下工作，相互猜忌和瞧不起，医务人员总是绷着脸，充满了敌意，带着护理业难看的脸色。在这里治疗十年或十年以上的病人有的是，给他们灌输的是一种听天由命、逆来顺受的思想。这里从未有明媚的阳光，饭菜不冷不热毫无味道，没有笑声，看不到希望。

在这可怜的隔离所呆了六个月后，我成了一个身体消瘦、内心痛苦、焦虑自卑而拙劣的人了。穿着一身很不像样的破旧不合体的睡衣，臀部被针扎成了筛子底。身负一个空气袋，用以压迫肺部，使它平静，但是这种疗法是不足以治好病的。因此，当我的病虽已无传染性时，医院还认为需要作复杂的切除手术，以求"痊愈"。

在纯属偶然的情况下，我打听到在瑞士的疗养院，为英国伞兵尚留有床位，经过询问知道我去那里疗养是合格的。此时，我有了逃脱的可能，而且我必须离开这里——绍斯菲尔德结核病隔离所若想让患者生存，就必须进行彻底的改革，开除老朽的医务人员，建立一套较少折磨患者精神的新医疗制度。

逃脱的日子终于来到了，六个月来，我第一次自己盥洗、刮脸，站立起来，仔细地穿着一番。这一切做完后，我细察自己外貌上是否还留有肺病的病征。我自己已看不出来，但恐怕别人会看出来。我感到在枯槁的容颜背后有一丝心情的悸动。我收拾好行李，并将很厚一叠X光片子，以及很多诊断书，装上了出租车。当时我确实很虚弱。

去伦敦的路上，平安无事，只是感到特别自由。从伦敦到多佛（Dover）恰逢五月，阳光明媚，苹果园的花朵怒放。我乘一艘法国渡轮，横渡英吉利海峡，吃了一顿大开胃口的午餐。我当时在轮船甲板上扶着栏杆行走，又要竭力不使人太注目，这样做却使妇女们以惊奇的目光看我。

当火车从法国加来（Calais）一开出，就开始供应晚餐，我决定用出国旅行的经费饱餐一顿。结果吃了顿极其丰盛、每道菜都味美无比的晚餐。饭后，我睡了一个六个月来从未有过的好觉。

到了瑞士的洛桑（Lausanne）火车加挂一节餐车，早晨我进去吃早点，把剩下的钱都花掉。我悠闲地吃着美食，品尝咖啡，当我一杯又一杯地喝咖啡的时候，火车经过了莱芒湖（Lake Léman，又称"日内瓦湖"）、奇农（Chinon）及法国南部的山峰，一路又见到许多阳光下的白房子、花坛里的天竺葵，一直到达目的地艾格尔站（Aigle）。然而，我不能让刚刚得到的一点极其珍贵的安宁消失在匆忙收拾行李之中，所以我呆呆地坐着，看着月台慢慢后退，火车又穿过了罗纳河谷（Rhône Valley）的葡萄园。

返回艾格尔的旅途虽短，但提供了随便交谈的机会，我从中体验到自信心正在恢复。缆车在艾格尔等着，已准备好把人们从山下的春天送至山上的冬天去。我们离开了生气勃勃的花坛，从一片梯田式葡萄园的嫩叶中通过，进入了高处春光明媚的草地和鲜花盛开的田野，顷刻之间，鹅毛大雪纷飞并开始积聚起来，远处山峰白雪皑皑，在冬日的天空中耸起，这是在苏格兰梦想不到的。

山顶名叫莱辛（Leysin），上面的贝尔维迪尔旅馆（Hotel Bélvèdere）可俯视下面的村庄、陡峭的高山草地、依优尼（Yvorne）和环绕莱芒湖的起伏的丘陵。法国南部的山峰阳光灿烂，高入云霄。不久，我作了体检，包括体温、脉搏、血沉，在荧光屏上对病肺作了仔细的检查。可是这次的检查结果大不相同。不久，医生告诉我已无胸肋膜渗出液，血液和体温正常，不再考虑动手术了；重新恢复使用人工气胸疗法而无须卧床静养。因此，在此后美好的六个月中，我四处散步，爬山踏遍了大克雷瓦希山、德埃小山，经过许多哞哞叫的牛群，登上山顶，躺在山坡上，观看雄鹰在山下盘旋，或去寻找龙胆草和火绒草，过着悠闲康乐的生活。

我的这段经历加深了我的信念，同时也是一个有力的材料，它说明：阳光、大海、鲜花盛开的果园、山岭和积雪、落英缤纷的田野，对于精神和肉体显然是都起作用的，至少对我是这样。我的本能以及状况说明我选择乡村胜于格拉斯哥是正确的，仅凭这次经历就足以使人确信无疑了。

每个城市都有一些使人感觉得到的、显示出智慧和艺术的地方，像沙漠中的绿洲一样，使人牵挂、向往和富有创造力。从我的经历中挑选出来的下面的例子是值得注意的，因为我只通过很少一点努力，却取得如此大的效果。

在苏格兰，当气温高于75华氏度时（约24℃），"热浪"就成了话题，报纸就要发表北极熊喘气和企鹅皮毛散乱的照片。根据这一"传统"，我认为美国的夏天是绝对无法忍受的。然而在1949年最热最潮湿的日子里，我亲自到纽约，调查研究少数现代建筑的代表作，这些建筑当时在剑桥大学被认为是拯救世界的象征。

我和同伴仔细观察了现代艺术花园博物馆、联合国大厦、利弗住宅（Lever House）以及其他工程，这些工程大多数是很出名的。一天下来，脚走痛了，身上湿透了，既脏又累，口干舌燥，人简直瘫了。最后，我们参观了由菲利普·约翰逊（Philip Johnson）改建的褐沙石建筑工程。我们看过了它平淡的立面以后，进入了一个小小的门厅，炎热与炫目的阳光马上消失。我们走进一大间美观的起居室，玻璃砖墙对着由一个侧厅围成的小院子。院子中最主要的是一个由三层石级组成的小池，池中有一个小喷泉，院中栽有一株楤木树，一株常青藤爬在粉白的砖墙上。我们站在池边狭窄的平台上，品味着这宁静的气氛，倾听着喷泉轻轻的涓涓细流声、滴水声以及溅泼声，优美的楤木树叶瑟瑟作响，只见池中水波粼

粼，波光闪闪。这里的阳光和阴影、树木和水、宁静中的细声等等，经过有意识的精选和布置也就成了珍贵的东西了。小小的空间里，很少的几件东西竟然具有如此巨大的魅力。它们并不是与城市和人对立的，而是一个人性空间必不可缺的成分。人们从这里可以得到安静、健康和内心的陶冶。

这些感受并不只是我个人所独有的。许多人从自然中寻找启示和规律、平安和安静，得到陶冶和激励。更多的人把自然和室外活动看做是恢复和增强身心健康的道路。因此，和平更好的象征应当是花园而不是鸽子。但是对于今天活着的人们来说，他们的祖先或童年的美景已在所谓"进步"的名义下，遭到了损坏或者已被消灭。少有的情况下，人们能看到出于良心和艺术的目的而拯救下来的一些地方。

无论在城市或乡村，我们都十分需要自然环境。为使人类能延续下去，我们必须把人类继承下来的，犹如希腊神话里象征丰富的富饶羊角（cornucopia）一样，把大自然的恩赐保存下来。显然，我们必须对我们拥有的自然的价值要有深刻的理解。假如我们要从这种恩赐中受益，为勇士们的家园和自由人民的土地创造美好的面貌，我们必须改变价值观。我们不仅需要对人类和自然界的关系持有较为正确的观点，而且要有一个较好的工作方法，保证我们中少数人的工作不会产生更多的掠夺性。

不是说在城市或乡村之间选择何者更重要，而是两者皆很重要。但是，今天自然环境在农村遭到侵害，而在城市中又很稀少，因此变得十分珍贵。我坐在家里，瞭望着距市中心只有二十分钟路程的美丽的克列谢姆河谷（Cresheim Valley），观看机警的鹿儿，时常见到在空中盘旋、领略景色的红尾鹰，还有使人迷恋的红松鼠、长尾山雀、黑头山雀、紫雀和红雀等。然而每年，出于更深刻地理解大自然的需要，我离开这座城市的田园景色，到加拿大北部更偏僻的地方，去寻找湖泊和森林，或者茫茫大海、多岩石的荒野、鱼鹰游弋的海滩。

本书是关于个人对太阳、月亮、星星，四季变化、播种与收获、云彩、雨水和江河、海洋以及森林、生灵与草木的力量及重要性的见识。这些自然要素现在与人类一起，成为宇宙中的共同居住者，参加到无穷无尽的探求进化的过程中去，生动地表达了时光消逝的经过，它们是人类生存的必要伙伴，现在又和我们共同创造世界的未来。

我们不应把人类从世界中分离开来，而要把人和世界结合起来观察和判断。愿人们以此为真理。让我们放弃那种简单化的分割考察问题的态度和方法，而给予应有的统一。愿人们放弃已经形成的自取毁灭的工作生活习惯，而将人和自然潜在的和谐表现出来。世界是丰富的，为了满足人类的希望仅仅需要我们通过理解和尊重自然。人是唯一具有理解能力和表达能力的有意识的生物。他必须成为生物界的管理员。要做到这一点，设计必须结合自然。

Sea and Survival

海洋与生存

——沙丘的形成与新泽西海岸的研究

社会面临的许多问题是十分纷乱和复杂的，它需要我们以最大的精力和热忱去收集必要的资料，作出分析并提出建议。幸好，也有一些问题，只需稍加深入的观察就能有惊人的发现。假如人们相信自然是生命竞争的场所，相信为了生存、健康和欢乐，了解一点自然进化过程是十分必要的，那么，使人吃惊的是很多表面上看来困难的问题存在着现成的解决方案。

我们应当相信：自然是进化的，自然界的各种要素之间是相互作用的，是具有规律的；人类利用自然的价值和可能性是有一定限制的，甚至对某些方面要禁止。

以此为前提我们可以处理和解决许多问题。这里，首先应用这一前提来研究新泽西海岸问题。

荷兰人民与海洋斗争已有两千年了。在这样一个既爱水又怕水，依靠水面不稳定平衡的国度里，为了对付狂暴的海洋，人们修建起众人皆知的防御工程。在人与海洋之间有两道屏障：一道是自然界的产物——沙丘；另一道是人工的产物——堤防。就在这种青草覆盖的沙丘上人们可以堆沙堡，在这里可以看到许多供应冰激凌的车子和游泳者泼溅起的水花，沙丘以它最慈祥的面貌保卫着这个国家。在没有天然沙丘的地方，如在荷兰北部的广阔连绵地带，荷兰人筑起了三条堤防代替沙丘：第一条面对海洋，称之为"守护堤"（荷兰语为"Waker"）；第二条称之为"睡眠堤"（"Slaper"）；最后一条防护堤称之为"梦眠堤"（"Dromer"）。他们所做的这些巨大的努力实际上是代替一条简单的沙丘的作用。荷兰的国家治水管理机构称为"国家防水总部（Waterstaat）"，负责防止荷兰受到海水的侵袭，保护荷兰所有的围海圩地、泵房、船闸及港口、风车和堤防，他们所有的建设都是以自然的赠予即简单的沙丘为基础的。

沙丘只是由风和波浪形成的沙质小山，在某些不稳定的地方，同样极易受到风浪的损害。然而沙丘上生长有草，在欧洲是蓑衣草，美国是滨草，它们是这种环境中最先出现的植物。上述草种对盐度较高、光照强烈、土壤贫瘠、气候多变、供水不便等不利条件具有惊人的忍耐能力。事实上，它们就是在这些恶劣的条件下繁茂起来的。当沙子埋没草茎时，草根却在地下伸展，而茎与叶又从沙里生长出来。如此形成的很稠密的根簇把沙丘从下面稳定住，叶子又能把沙子阻挡并固定在地面上。

荷兰人在与海洋的长期接触中，认识到海水的运动是不能阻止的，而只能加以引导或缓解，因此，他们总是选择柔性的结构。荷兰的堤坝，不像我们的钢筋混凝土的防御工程，而是由许多层铺设在沙和泥土层中的柴笼（成捆的树枝条）构成的，然后，整个堤坝的表面再用石料砌起来。因为由草固定的沙丘比堤坝具有更大的柔性，它能经受波浪无阻挡的风将沙子带到内陆。

在沙洲海湾一边繁殖的先驱植物群落。

阶段1 因近海大浪的冲击造成沉积而形成的沙洲。

风沙沿植丛线堆积。

沿着南北沙子堆积线蔓延的沙丘草。

阶段2 风沙沿着植丛线堆积，沙丘开始形成。

当沙子堆积在沙丘上，大风又将沙丘前的沙子吹走。

在不断增长的第二条沙丘的保护下，草本和木本植物不断蔓延，丘后的沙子不断升高。

阶段3 当沙丘草群落形成时，第二沙丘（后丘）形成了。沙子由沙丘前向沙丘后移动。

沙丘草群落的形成，促进主沙丘的初步形成。

在湿地条件下，沙丘草群落有可能向海的方向蔓延。

草本群落和木本群落在第二条沙丘后向南北增长。

阶段4 沙丘草群落向海的方向发展，直到高潮沙线主丘（前丘）开始形成。

第二条沙丘稳定了，沙丘草由不需要沙子堆积的植物所代替。

主丘减少了盐雾，地平面提高了，耐干旱植物代替了沙丘草。

木本植物群落在稳定的沙丘后形成。

阶段5 主丘形成了，第二条沙丘稳定了。

的冲击，使其速度减弱，并吸收被减弱的这份能量。相反地，混凝土墙要承受波浪的全部力量，不可羁绊的海水最终会从堤下切开而使其崩溃。相比之下，荷兰的堤防更为适用。

在荷兰，这些是幼儿园里各班级的儿童都知道的常识；然而在美国，不仅那些依据这种知识得以生存的地区，甚至连知识界也不信赖这种知识，更不用说在政策上给予考虑了。因此，在以刚性结构为金科玉律的工程技术手册中，并没有反映这种知识。不过这种简单的知识对要从新泽西大海中求得生存来说，犹如植物的光合作用是所有食物和大气中氧的源泉一样，具有重要意义。这是一种与生存联系在一起的知识。

沙丘上的草具有惊人的耐力，能在极为严酷的环境中繁殖滋长，可说是荷兰的英雄。可是，它终究无法忍受人的种种严酷的摧残。在荷兰，大家都知道沙丘是极易被踩坏的，因此，只有得到特许的生物学家才能在上面行走，公众是不允许在上面行走的。蓑衣草和滨草是经不住人的破坏的，所以在荷兰，这是人们必须懂得的第一课。人需要沙丘保护你，而沙丘是由草来稳定的，草又经不起人们的摧残，因此，为了人类得以生存和公共的利益必须对植被实行保护。然而在新泽西州，草类完全得不到保护。实际上沿整个东海岸，没有任何地方认识到草类的价值。

上面初步列举了关于在大海边求得生存的一些事实。但在我们制订一个确保在大海边得到生存而又能享受海边特别乐趣的政策以前，还应进一步知道其他一些事实。

哈得逊河（Hudson）、哈特勒斯峡谷（Hatteras Canyons）和布莱克悬崖（Blake Escarpment）的陡峭地形，从大西洋海底平原向大陆升起，就是在这个大陆架上（从马萨诸塞州延伸到佛罗里达州）形成了新泽西州海岸的沙洲群岛。而科德角（Cape Cod）主要是一个带有冰川沉积平原的冰碛地带的尽端。而巴泽兹湾（Buzzards Bay）和最后由冰川作用形成的科德角冰川舌以及佛罗里达群岛（Florida Keys）是古珊瑚礁的残积层，因此，与新泽西州平行的沙洲以及一直延伸到南部哈特勒斯角的诸沙洲

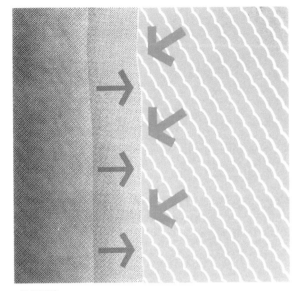

海岸漂移

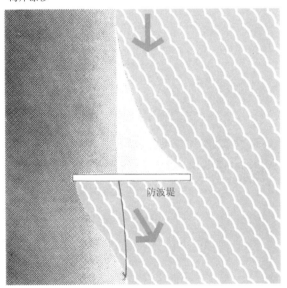

防波堤

防波堤形成的沉积和冲蚀

冲蚀和迁移

主沙丘（前丘）

海洋　　　　　　　海滩

沙子流动
盐雾

土壤含盐度
土壤湿度

*制约因素的变化曲线

沙丘草

低矮的耐旱灌木林

植物群落类型*

则形成较晚。

看起来，在沙洲的形成过程中，决定因素是受到控制之下的风和波浪。暴风雨将近岸较深的海水冲开，在海底的沙中挖出一条槽沟，造成在近岸的海底沉积成一条低的海底沙洲，与海岸相平行，当这条沙洲不断升高，高出水面时，就形成了一条沙丘，这是一条直接受风影响的沙丘。海底面以5°～10°角与沙洲及继而形成的沙丘相连。沙洲之间是分离而不连续的。以后逐渐结合成一条连续的沙丘。沙丘与海岸之间的水域就形成了一个浅的泻湖或海湾。

当沙丘形成以后，在海的一边会接着发生什么结果呢？这里会形成另一条近海的海底沙洲，它不断地升高，最后高出海面，成为另一条沙丘。两条沙丘的中间地带，由风力将沙子填入其中，结果形成一个典型的断面：从海的一侧开始，首先是一条潮汐涨落的地带，然后是海滩和一条主要的沙丘（对防护来说是主要的，但时间上是次生的）；主丘后面是条谷地，一直到里面的第二条沙丘升高起来，越过第二条沙丘，从其背后逐渐下降，形成一

条平坦的地带，一直延伸至海湾边和海湾为止。

波浪通常以一定的角度逼近岸滩，海水漫过沙滩，然后又与海岸成直角退回大海。退回的波浪把沙子带下海去，其结果使原有的海滩往下漂移。这种现象称为"海岸漂移（littoral drift）"，这是决定海滩形状的一个重要因素。

这一现象的结果是沙子会向一个方向不断地移动。新泽西的海岸是朝南的。因而，这里的一些岛屿的北端不断被侵蚀，如果得不到沙子的补充，就会向里退缩，而岛的南端向外不断地延伸。海岸的历史考察表明这种现象确实是一直在发生。

这种海岸的断面呈现出许多不同的环境，其差别生动地反映在植物生态上。或许最有说服力的因素是含盐度，特别是由于盐雾（salt spray）作用而形成的含盐度。泻湖容易成为含盐的湖，而这对植物的生长也是一个重要的制约因素。如同油浮在水面一样，淡水浮在盐水之上。因而在沙丘内部形成一个淡水层，但它受每天涨落两次的潮水的影响。水平面的下降对沙丘的影响远比在丘谷或海湾边岸更为严重。向海岸吹来的风与盐雾相结合，又是另

---

*根据威廉·E.马丁（William E. Martin）的《新泽西州岛滩公园的植被》绘制，该文发表在《生态专题论文》（Ecological Monographs）第29卷，1959年1月，第43页。

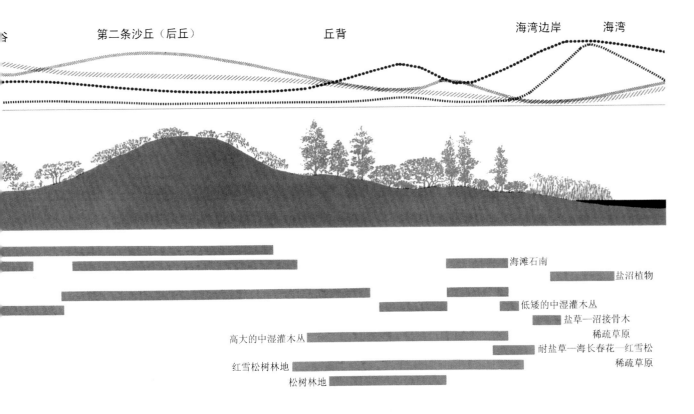

第二条沙丘（后丘）　　　　　丘背　　　　　　海湾边岸　　海湾

海滩石南

盐沼植物

低矮的中湿灌木丛

盐草—沼接骨木

稀疏草原

高大的中湿灌木丛　　　　　　　　　　耐盐草—海长春花—红雪松

红雪松树林地　　　　　　　　　　　　　稀疏草原

松树林地

一个环境因素。其结果主丘（前丘）较第二沙丘（后丘）更为暴露，隐蔽的丘谷和第二条沙丘背后，处于最好的保护地位。不同的植物适应这些环境的变化，各自选择有利的位置生长，形成了一个镶嵌式的植物群落（mosaic of associations）。但是这些植物都受朝海岸吹来的风及其带来的海雾的影响。因此，最高植物的梢是和从主丘引入的风的侧面轮廓相一致的。

盐雾和沙子运动给海滩带来的问题最为严重，但越往海湾那边，问题就越小；而土壤的湿度和含盐度在海滩这边最低，越往海湾那边就越高。

当沙丘开始形成时，滨草（marram）就在上面蔓延，通过捕捉沙粒来增强自身的生长。在海湾边岸，芦苇是最早的植物。当连续的沙脊上面布满滨草时，沙丘也就形成了。海长春花（sea myrtle，爱神木，桃金娘）从海湾边的芦苇地带向海的方向生长。最初形成的沙丘前面形成一条丘谷，它导致主丘的形成。沙丘草在丘谷中蔓延，加速了它的形成并使之稳定。海滩石南（beach heather）在沙丘草中竞相生长，杨梅属植物（bayberry）和海滩李属植物（beach plum）从海湾岸边向沙丘背后蔓延。当主丘成长时，沙丘稀疏草原在丘谷中繁殖，滨草和海滩石南此时使原有的沙丘得到巩固，而同时木本植物，特别是红雪松（red cedar）在第二条沙丘背后生长，毒漆树（poison ivy）和杨梅属植物在靠近海湾的岸边一起生长。直到最后阶段，海滩上还是草木不生的，但主丘上长满了很密实的沙丘草，此时在丘谷地带，低矮的长春花、海滩李属植物和拔葜属灌木丛（smilax thickets）代替了草类植物，簇拥成长。第二条沙丘上面覆盖着海滩李属植物等，中间散布着草类植物，而在该沙丘背后是红雪松林（red cedar-pine woodland），红雪松林地逐渐伸展到沼泽地带，再后面就是芦苇、蔺草直到海湾。

生态学家把这种现象称之为"植物群落"，其中包括沙丘草群落：沙丘草—海滩石南；生态学家称之为"中湿的"（mesic），即中等湿度的低矮的灌木丛；淡水沼泽草木；耐盐草—长春花；红雪松和松树林地；高大的中湿灌木丛—海滩石南；盐沼草—沼泽接骨木稀疏草原和盐沼植物。

植物大体上按上述情况从海洋向海湾分布，而其布局呈镶嵌式的，不是带状分布的。它的组成明确地反映了环境的变化。

沙丘草(Dune Grass) 5　沙丘草(Dune Grass) 6.　海滩石南(Beach Heather)

黄花菊(Goldenrod) 8　美国藤(Virginia Creeper) 9　松树(Juniper)

植丛(Thicket) 11　冬青属红雪松(Holly Red Cedar) 12　沼泽草(Marsh Cord Grass)

从以上简单的分析可以得出某些结论。和第三纪和白垩纪形成的沿海平原和五亿年前寒武纪的山前地带不同，沙丘是新近形成的。受秋天的飓风和冬天的风暴影响，沙丘的外貌会变化，有时候还会遭到破坏。对照早先的航空照片，海湾很容易积满洪水，在海湾岸边以及丘谷地带泛滥。在冬季凶猛的风暴中，海水可能淹没整个沙洲（sandbar）。新泽西海岸并非是山前地带或沿海平原这样的稳定地块，认识这一点是相当重要的。它不断地与大海争夺土地；它的形态是动态的。它的相对稳定性依赖于起固定作用的植被，而植被的形成又与某些使之聚合的因素有关：第一个是地下水。假如使用浅层水井，将地下水降低到临界水平之下，起稳定作用的植物就会死亡；另一种情况，如果建造防波堤或任何切线方向上的构筑物，海岸漂移现象将受到阻碍，补充沙丘的沙源将被切断；最后一点已提及，这种起关键作用的植被——沙丘草，是最容易被踏坏的。

由此，应该制定一些禁止人们使用滨海地带的准则：不得在沙丘草上行走；不得把地下水降到临界水位之下；不得干扰海岸漂移现象。禁止这些活动仅仅在于保证自然沙洲及其植被和外貌能久远地存在下去，仅仅在于维护公共资源。我们还要考虑到人们喜欢利用这些资源进行建设。我们能向他们说些什么呢？

最为合理的途径也许就是对不同的环境进行调查，弄清不同的环境供人们一般使用及特殊使用，其可能承受和不能承受的程度。第一个地带是海滩，对于人们来说，十分庆幸的是它具有惊人的承受力。人们留下的废物可由一天两次的潮汐来清洗，即使留下最肮脏、最使人讨厌的垃圾，海滩经过海水的处理也就变得美丽起来。生长在这一带的生物，大部分生在沙中，从而能逃避人们的伤害。所以，海滩可以承受各种引发人们欢乐的活动：游泳、野餐、构筑沙堡、钓鱼及日光浴。

下一个地带，即主沙丘，与海滩截然不同：它绝对不能承受人的活动，不能承受任何践踏，必须禁止使用。如果要穿越它，或者说必须要穿过它到达海滩时，那就必须修筑桥梁。另外，假如沙丘是

起抵挡风暴和洪水作用的，就不能让它出现缺口。综合而言不能允许在主丘上实施开发建设，不得在上面行走，任何一处都不能出现缺口。

丘谷地带承受能力就大得多了，这里可以进行开发建设。当然它比主丘受风暴和风沙的影响要小。但是这里的问题是地下水。在这一地带植被能够生存只是因为有较丰富的淡水。一旦地下水位下降，植物就要死亡。从水井抽水就可能造成植物死亡，而屋顶和地面铺砌把地表径流转移到排水渠和污水管道系统中去，也会导致这种结果。

内部的那条沙丘是第二道防线，同主丘一样也是容易损害的，同样也不能忍受人的活动，不应进行建设。不过，丘背位置具有一定的活动与建设的可能性，也许这里是沙洲上最适合人活动的环境。通常这里适合生长木本植物——红雪松与松树。在这些树阴底下，人们可很好地躲避沙洲其他地带特有的刺眼眩光与灼热的阳光。淡水在这一带较别处更为丰富，这是开发建设的一个重要条件。

最后是海湾地带。人们还不太知道海湾与海湾边岸是世界上最有生产潜力的环境，比众所周知的水稻田与甘蔗园还要优越。就在这些营养丰富的地点，许多重要鱼类度过它们的幼龄期，这里也是最有价值的贝壳类生物的生长地。大部分重要的野生禽类在这里产卵作窝。在我们的社会中，似乎还没有一种明确的法律，禁止那些一心满足于填土造地的人们选择沼泽地和向海湾倾倒所有的废物和垃圾。这种行为反映出人们对于大自然的价值十分无知；沼泽和海湾是我们最有生产潜力的地区。因此，不应把它填满和堆弃垃圾。

稍加注意就会发现，水面和临近水面的地方，通常是水生植物或半水生植物生长的地方。植物显示出来的差别具有按离水边的远近呈带状分布的特点。知道了这一点就不难判断哪些环境是取决于水的存在，而哪些则不然。如果抛开这条原则，将生长大叶藻（eelgrass）的海湾岸边里外都填平，那么显然海湾的蓄水能力就会降低。人们可以设想，冬季的风暴和飓风将按以往的频率发生，而泻湖的蓄水能力如果减小了，水就不可避免地要占领现已建有房屋的地区。尤其在填土和建设的过程中，土地

海	海滩	主沙丘
可承受	可承受	不可承受
密集的游憩活动	密集的娱乐活动	不准通过、破口或建筑
在控制污染的条件下	不准建筑	

就容易受到冲蚀而流入泻湖从而变浅，进而降低了它容纳暴风雨的容量。一旦有暴风雨，就会造成大面积建成区的土地被淹。

我们可以说：如果你打算找一处可能被水淹的地方建房子，那么首先要想方设法把海湾内外的沼泽地填起来。要是你想确保不发生不幸的事，唔，那么就用沉积物填满泻湖。除此之外，你还会尽可能使这些最不稳定的基础有可靠的安全保证。要知道坚固稳定的思想不总是一种崇高的美德，在这种情况下它只会带来不幸。确实不能用它来指导行动。我们倒不如说，沼泽地不是让人们去填平，而是具有价值的，但若用作居住地，那是非常危险的。

不能在沙洲最窄的断面处进行建设，因为这里最容易形成缺口。但是在为人寻找一个适宜的环境时，我们幸运地发现，沙丘的宽度、高度和稳定沙子的静止角是有函数关系的。因此主丘和第二道沙丘不占有很多空间，但沙丘背后比较平坦的地区是沙洲所有组成部分中最宽的。这里的环境最为多样化、安全、最使人愉快而且承受力最强。

基于以上一点点知识，我们可以考虑为开发海岸地带提出积极的建议。沙丘背后最为宽阔的地带显然为集中建设各种设施提供了最大的可能，根据其实际的大小，可以建立村庄、住宅群或者游憩中心。必要时可建设公路。当然这条公路不可避免地要与海岸线和沙丘平行，建在沙丘背后为宜。如果将公路提升到足够的高度，那么不但能观赏海洋与海滩的美景，公路本身也成了相当于荷兰"梦眠堤（Dutch Dreamer）"的第三条沙丘。

沙丘背后地带能够抵挡冬季的风暴，还能防止曾发生过的海湾边岸沙洲的破裂。建设过程中，比如建设一条公路时筑起人工沙丘，很重要的一点是要从海洋中取沙，而不能从海湾中取沙。海滩是个较为贫瘠的环境，而海湾则是十分富饶的。著名的生态学家斯坦利·凯恩博士（Dr.Stanley Cain）指出，在这种富饶的环境中挖掘泥土会造成生物的大量死亡和灭绝。*

如果要在这里营建居民点，就会产生供水和污水处理问题。首先是取水问题。我们知道沙洲中是有地下水资源的，但是水位不能降得过低而毁灭起

*斯坦利·A.凯恩，给编辑的信，见《景观建筑艺术季刊》1967年1月，57期，103页。

第二条沙丘	丘背	海湾边岸	海湾
不可承受	可承受	不可承受	可承受
不准通过，破口或盖房子	最适合建筑地带	不准填土或倾倒垃圾	密集的游憩活动

的承受力
憩活动
筑

稳固作用的植被。这就应采取从许多分散的水井中取水的方式。但是水资源的多寡是限制发展的因素。排污提出的另一难题：海湾边岸的各种粉沙土是不适宜建化粪池的，采用这种技术措施必然会污染地下水。因此，必须有排污管道和污水处理厂，才允许在沙丘背后建设。

在了解了以上要点的基础上，现在我们作一概要的生态学的分析和规划上的规定。可以在沙丘背后地区设置一条脊状的道路，形成一条起屏障作用的沙丘。沙丘内可安装各种设施：供水、排水管道、电话和输电线，要使它成为防止从背后泛滥的防护堤。在沙丘背后最宽的地点可以安置居民点形成社区。在沙洲的薄弱和狭窄的断面处则不得进行建设。海湾的边岸原则上应保留下来，不得侵犯。海滩可用作集中大量人流的游憩场所，但不要建房子。沙丘应禁止使用，必须通过桥梁跨越沙丘，抵达海滩。在沙丘之间的丘谷地区，只允许有限的开发，这要取决于地下水的提取及其对植被的影响程度。一个积极的政策应是能促进沙丘形成和植被生

长两方面都能快速和稳定的发展。为此，应当种植适宜在群落中生长的植物。要特别注意沙丘上的滨草，在沙丘背后地区应种植红雪松和松树。

在荷兰，面对上述相似的情况，填海造地就成了国家的一项决策，并为实现此目的而制订积极的政策。假如将此政策用于新泽西海岸，就需要面对海洋建立连续不断的堤防和沙丘。在泻湖和海洋相连的地点，应设立水闸。应将从大片土地上流入海湾的淡水控制起来，否则海洋里的盐水会侵入。为了维护沙丘和堤防，保护自然植被，抽取地下水时需要实行限制性措施。

可惜，在新泽西没有这样的规划原则，虽然植物学家和生态学家对这些原则是熟知的，但对于建设的方式丝毫不起作用。在沙丘上修建住宅，草地毁掉了，在沙丘上打开通向海滩和住宅的缺口；不加控制地抽取地下水，很多地区甚至增加了铺地，海湾边岸填平了，建起了城镇。无知、贪婪加上无政府状态把新泽西海岸搞得一塌糊涂。

1962年3月5日至8日惩罚降临了。强烈的风暴冲

1962年风暴的破坏

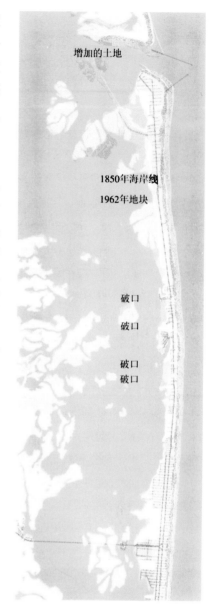

击了从佐治亚州到长岛整个东北海岸。三天时间里，每小时六十英里的大风刮起了高高的大潮，越过上千英里的海洋，四十英尺高的巨浪猛击海岸，冲断沙丘，海水溢满海湾，倾涌海岛又退回到海洋去。风暴停息后，受灾惨象历历在目。三天的风暴造成价值八千万美元的损失，两千四百幢房屋被毁，无法修复，八千三百幢局部损坏，仅在新泽西就有多人死亡，很多人受伤。随后的火灾加重了破坏，道路和其他公共设施都被毁坏。

当然还有其他一些重大的损失——作为新泽西沿岸主要经济基础的旅游业的预期收入完全落空，此地曾考虑过作为该地区的娱乐游憩资源，现在看起来前景暗淡。对于大多数的居民来说，损失是双重的，因为他们不能得到保险的赔偿，许多人还得为被风暴和海水破坏的住宅支付抵押金。不过，所有这些灾难都是由于人们违反了自然规律以及疏忽所引起的。

灾难过去不久，巨型推土机把毁坏的住宅推入海湾或堆成高大的柴堆烧掉。沙丘又重新堆积起来，埋在沙子底下的街道挖掘出来了，被冲掉的住宅又从原宅基地上慢慢出现了。最普遍的问题是基础暴露地表，并且高居沙丘之上修建的可以俯瞰大海的住宅，其原有的基础沙被掏空，地板高出沙面十五英尺，但没有倒，由暴露在外的桩基歪斜地支撑着。但也不是所有的住宅都如此。偶然的一些情况，倒明显地说明了人们的智慧，并因此得到了很好的回报，例如在沙丘稳定而没有被冲破的地方，上面覆盖着草地，这里的住宅抵抗住暴风的袭击，只受到一些小损失，如玻璃被打碎和木瓦板被刮掉等。

这一事例是值得了解的。其成因和后果的记录成了自然科学家的常识。但是现在该地又在按照以前的状况毫无指导和限制地重建了。它的未来是很清楚的：新泽西海岸位于飓风带上，冬季的暴风甚至更加频繁。沙堤是新近生成而脆弱的，它们的持久性是没有保证的。没有理由认为，上次风暴就是最糟的一次了。荷兰曾发生过一次千年一遇的风暴，约两千多人丧身，造成的损失不可估量，这些准备最为充分的人民几乎都遭到了洪水的淹没。最无准备的新泽西人前景又如何呢？我们总是从最好的方面去想，但对任何可能发生的灾害估计过低。

但愿这些简单的生态学的教训能被大家知道，并能编入规划条例中去，使人们能继续不断享受大海提供的特殊的生活乐趣。

20

21

22

23

新泽西海岸课题研究是宾夕法尼亚大学景观建筑系研究生于1962年春在作者指导下所做的。由威廉·马丁教授（Professor William Martin）给学生技术指导。参加的学生有：罗杰·D.克莱门斯（Roger D.Clemence），艾尔·M.德维（Ayre M.Dvir），杰弗里·A.科伦斯（Geoffrey A.Collens），迈克尔·劳里（Michael Laurie），威廉·J.奥利芬特（William J. Oliphant）和彼得·克尔·沃克（Pieter Ker Walker）。

The Plight

困　　境

——东西方对人与自然关系的态度

　　三十年前，我看到的苏格兰旷野还是未被破坏的而且完整，我也乐于在格拉斯哥的中心创造一个美好的绿洲，或梦想在新的城镇中将人和自然结合起来。童年时想象中的世界的其他地方，那里甚至比苏格兰更荒野。那时的苏格兰还有许多探险者和传教士，那里引人入胜的邮票足以编成一本集子。当时使我感到的担忧与困惑与今天相比真是微不足道。那时没有原子大毁灭的威胁，不用害怕放射物的危害。人口问题是出生率正在下降，墨索里尼告诫和强迫意大利的母亲为生育作出更大的努力，而法国总统则为衰老的一代哀叹。滴滴涕和狄氏杀虫剂还没有引起人们烦恼；盘尼西林和链霉素还没有发明。人对人的无人性的行为在偏远的地方是经常发生的，但是还没有一个文明国家像在德国的贝尔森（Belsen）和达豪（Dachau）那样达到了堕落的顶点。贫困和压迫是现实并且遍布各地，战争迫在眉睫，因而我在1939年十七岁时，认定去当一名训练有素的士兵为好。

　　即使当时的城市确实令人讨厌，但是还可以步行或骑车去农村，或者花几个便士乘有轨电车到达终点站，进而进入没有清规戒律限制的广阔的田野。

　　农村虽然不能消除工业城市的弊病，但它确能给人们的精神带来宁静和安慰。事实上，在20世纪30年代的经济萧条时期，有许多年轻人不愿忍受施舍和排队领救济品的耻辱，选择依靠土地谋生，到他们能换取食物的地方出卖力气，不行的时候就偷猎点什么；天气好时就睡在蕨丛或牧羊人的窝棚里，冬天生活在青年徒步旅行招待所和公共图书馆里。他们找到了自立之路，终于对土地有了了解并依靠它来生存，支持他们的精神。

　　因此，当我第一次遇到自然在人类世界中的地位问题时，当时自然还没有被城市围困起来，而仅仅是工业城市侵占和破坏了局部的地区。苏格兰当时还有足够的旷野，受到了贫穷和交通不能通达这些伟大"保护者"的保护。然而经过几十年后，这种情况发生了剧烈变化，今天的欧洲和美国大片土地已被侵占和破坏，大自然的面积减少了，质量降低了，这种情况不仅普遍地发生在农村，而且在不断扩大的城市范围内也如此，作为自然界成员的人类也不例外地发生了变化。

　　许多城市贫民，他们只是从西部影片上或电视广告中了解到乡村。保罗·古德曼（Paul Goodman）讲到城市的穷孩子，他们不吃从地里拔出来的萝卜，因为认为是脏的；见到一头奶牛就吓坏了；在雷雨中会害怕得尖叫起来。军队征募的年轻人，他们没有一点依靠土地谋生的概念，对自然及其演变过程一无所知。在古时候，野地与森林里的野蛮人只会像羊一样说"咩咩"；今天他们的后代就是这些"未开化"的、胆怯的大城市里的人。

显然，人和自然的关系问题不是为人类表演舞台提供装饰性的背景，或者是为了改善一下肮脏的城市，而是需要把自然作为生命的源泉、生存的环境、诲人的老师、神圣的殿堂和挑战的场所来维护，尤其是需要不断地再发现自然界本身还未被我们掌握的规律，寻根求源。

地球上还存在着无边无际的海洋世界、沿着弯曲的地球表面伸展的沙漠，还有寂静古老的森林、怪石嶙峋的海岸、冰川和火山，但是我们将如何对待它们呢？还有富饶的农场、田园式的村庄、坚固的谷仓、带有白尖塔的教堂、林荫大道、亭桥或廊桥，但这些都是另一个时代的遗留物。也还有曼哈顿式的城市和城市建筑上大大小小闪闪发光的金色窗户。但这些呆板的棱柱式建筑物突然受到我们另一种创造物——超音速交通工具的威胁，其呼啸声震得玻璃欲碎，顷刻间可以把这些景色化为一片震耳欲聋的噪声海洋。

现在，对我们在城市和乡村的所作所为能说些什么呢？这是我年轻时第一次向苏格兰提出的问题，今天，世界又对美国提出了同样的问题。我们的成绩和范例是什么呢？对于美国重商主义信条来说，可以看到的例证就是汉堡包售货亭、加油站、餐车或饭馆、无处不有的广告牌、下垂的电线、停车场、废汽车堆放场，还有将土地细分成小块出卖，这种掠夺土地的做法使人们原来的一些美好幻想破灭。所有的城镇都不可能把公路搬到城镇外面去，因为沿路排列着一切炫耀的东西。其实是些装饰起来的粗俗的东西，看不到我们有什么成就。

城市又成了什么样子呢？首先看一看围绕着中心区的条件非常差的灰暗的地区，从这些悲惨的近郊区可以看到梦想的破灭，虽然这里有许多地名，但可以说这儿真不是个正经的地方，到处是种族仇恨、疾病、贫困、怨恨与绝望、阴暗处的小便与痰唾。贫困与丑陋结合在一起，其标志就是废弃的汽车残骸、破碎的玻璃、街道里堆积的废物和垃圾。犯罪与疾病结合在一起，团伙与团伙的斗殴，只有停放着的汽车可以从这些困境中解脱出来。

城市中心又如何呢？从贫困而肮脏的边缘地区，闪闪发光的高楼拔地而起。是否也像曼哈顿市中心那样，百分之二十的居民和精神病院里的病人

没有区别*？这里充满了刺激、紧张和纸醉金迷。当你看到这些单调呆板棱柱式的建筑时，是否认识到这里便是社会反常状态的发源地？

你还能找到最初促使城市形成的那条河流吗？在杂乱的工业区后面，越过长草的铁轨，你将找到腐蚀的柱墩，这里就是大河，随着潮水的涨落，河里的浮渣、褐色的污水和废物任意地上下浮动，无止境地不断更换其面貌。

假如白天乘飞机经过城市上空，最初你将看到地平线上一片弥漫的烟雾。当你接近城市时，就能看到有害的烟雾中许多高楼模糊的轮廓。更接近城市时，你将看到瞩目的缕缕浓烟，并知道这是由人们最引以为荣的工业所产生的。我们的工业产品进入每个家庭成为家喻户晓的事了，但是很显然我们的工业还不如家犬和家猫具有卫生习惯。

从机场驾驶汽车经过河岸旁的油气储藏罐和无数的提炼装置，看到这些丑陋的装置以及排放出来的泡沫时，可以想到对人有多大的威胁。它们能提炼出精美的东西，但是它们并没有"提炼"出美好的环境。

要是你驾驶在一条毫无人性与艺术性的难看的混凝土快速路上，你会产生一种错觉，好像这就能解决无限制发展小汽车的问题。具有讽刺意义的是：许多城市中，这项最大的公共投资项目也是资助人们来征服城市的。请看，这些无情的开辟道路的会战留下的条条伤痕，把街坊邻里搞得支离破碎，破坏了公园的面貌。制造商生产汽车的速度要比孩子出生的速度更快。想一想，目光短浅的公路建设者，为了迎合这些排放有害气体的车辆，还要进行多大的破坏和掠夺。在高峰时间，当你在充满汽车尾气的道路上驾驶时，随着汽车慢慢地停停走走，你有足够的时间去思考这些问题。

你若是离开城市转向乡村去生活，你还能找到乡村吗？在你之前已经有人尝试这样做了，你实际上在步他们的后尘。许多前人已待在那里建起了房子。但是那些最初这样做的人，现在也已深深地被城市建筑物所包围。所以你一去就进入了那些失败的和幻想破灭的人的圈子。他们都是些由于城市向外延伸，无限制地占用自然，被城市围困起来的人。

---

*Leo Srole，et al. Mental Health in the Metropolis：The Midtown Manhattan Study [M]. New York：McGraw-Hill，1963.

30

31

你能识别什么时候到达乡村了吗？因为那里有许多标志，就在夷为平地的荒地边缘旁，杂乱无章地堆放着老树的躯干，还有许多巨型机器，用来掠夺土地，砍伐森林，填平沼泽，把小溪变成排污沟，将农田变为不毛之地，用厚厚的褐色沉淀土填平小河。

在乡村，农民依靠出卖土地而不是出卖粮食生活，房地产开发商攫取城市腹地的公共资源，把它细分成小块土地出卖，以公共利益为代价，创造私人利润，农村还是城市的绿带吗？或者宁可说这是一条贪婪的地带。这种地区的公共权力最为薄弱，有的地方根本没有，有的地方即使有也是没有约束力的。在这种地方，未来的街道、人行道、下水道、学校、警察所、消防队等等的费用是无人过问的。在这里居住着的是些逆来顺受的受骗者和遭到挫折的流亡者。

围绕大城市的一部分农村土地能继续存在下去，不是由于我们很明智地把土地管理好了，而是因为农村地域比较大，对人的糟蹋有较大的耐久性和伸缩性。在农村，自然的再生速度要比城市快，而城市里某些地方人们留下的伤痕几乎是不可逆转的。但是农村也刻有人类折磨的痕迹。北极深层冰海中、河水中和陆地上都有滴滴涕存在，放射性废物残留在大陆架上，许多生物灭绝，许多原始森林被砍伐光了，认为那些第三或第四代生长的次生林木会比它们祖先有更大的树阴，只是一种无知的幻想。虽然我们还能看到大片肥沃的农田，但过去它们有很厚的土壤，是一种地质资源，而现在变薄了，因而我们应该懂得，种地是另一种类似于采矿的剥夺活动，它要消耗掉历经漫长的岁月和无数生命积累下来的物质。密西西比河每年要吞没5立方英里的土壤，对于一个饥饿的世界来说，这是一个极大的浪费。伊利湖（Lake Erie）已濒于成为污水坑的边缘；纽约市深受缺水之苦，而哈得逊河的河水却白白流走；特拉华州（Delaware）受咸水的侵蚀，水灾和旱灾交替发生；这些都是两个世纪以来没有管好土地的恶果。在洛杉矶，森林火灾、滑坡、烟雾已是生活中常见的事；圣安德烈亚斯大断层（San Andreas Fault）的温度在上升，对旧金山人是一个威胁。

许多地图上除了拥挤在沿湖和沿海地区的城市外，总是把陆地表现为绿色的原野，然而当飞机横跨大陆飞行时，可以看到绿色的原野和城市一样被严酷地切割开来。大平原中的自然仅在弯弯曲曲的溪流与泛滥平原的森林中还保持着，犹如一幅意味深长使人难以理解的蒙德里安[译注一]绘画。

你是否选择住到另一座城市，或者回到原先的城市，这无多大关系，因为各处的城市都一样。通过越来越刺激的霓虹灯的诱惑、逐渐消失的地平线、失去与你相伴的自然、嘈杂刺耳的声音，这时你能断定这就是一个城市——宛如上帝的废物堆放场（God's Junkyard）或疯人院（Bedlam*）。这表现出为了私人的贪婪去制造丑恶和混乱已成为一种不可侵犯的权利，这是人对人惨无人道行为的最充分表现。我们的城市就是这样地发展，连接成一条由特大城市组成的大陆项圈（continental necklace），犹如环绕这个国家的一层阴沉的灰色薄纱。

无疑，这样的指责是过于严重了，我们还必须为某些建筑物、空间、地区或风景恢复名誉。当然这仅仅是由于偶然的机会才使某些成功的例子保存下来。还是有许多得到肯定的例证，不过重要的是要认识到它们中很多是早些时候留下的遗产。独立厅（Independence）、卡彭特厅（Carpenter）和法纳尔会堂（Faneuil Hall）是18世纪小体量建筑中珍贵的遗产；国会大厦、市政厅、博物馆、音乐厅、城市的大学和教堂以及大的城市公园体系等，是上个世纪的作品。在这些比较古老的地区，你会发现充满人性的、宽阔的郊区，在这里人们按照他们的心愿建起住宅和室外空间，因此住在这里是体面与平和的，而且安全又宁静，还有大树遮阴和睦邻的温暖。

你也可能看到这些城市中蕴藏着一种新的生机和新的形式。甚至你已发现（虽然我还没有），高速公路对城市所发挥的结构作用，或者，我已发现

景观大道（Parkway）既能展现又能加强景色的美。有些农田是在好心人手中；也有些土地拥有者（但确实是少数人）认为城市发展是不可避免的，但是不应导致对土地的掠夺，而应是扩大而已。新城镇正在建设，区域规划的概念也已开始出现。人们越来越认识到管理资源的必要性，甚至对这种关心冠以新保护运动（New Conservation）的美名。人们广泛地认识到国民生产总值（GNP）不能够度量人的健康、幸福、尊严、同情、爱美追求或爱好等，而这些东西即使不都是人们必需的权利，至少也是人们最最渴望得到的。

但在无数的城市贫民窟、脏乱的城镇中，在把土地划成小块基地出卖的地区，在废弃的工业地区和被掠夺的土地上，在河流与空气被污染的情况下，很少有上述种种人们渴望的东西。

在共和国刚刚建立之时，以及上千年之前，城市曾被认为是文雅的（urbane）、文明的（civilized）与有礼貌的（polite）人必然的居住场所。实际上这三个字眼也都带有城市的含义[译注二]。人们普遍认为，富有的国家和帝国都是建立在土地这一财富之上的。美国18世纪一些早期的城镇，如查尔斯顿（Charleston）、萨凡纳（Savannah）、威廉斯堡（Williamsburg）、波士顿、费城和新奥尔良都曾是使人羡慕的地方。土地富饶而优美，人们鉴赏的准则是崇尚18世纪富有人性和典雅的建筑形式及城市建筑物。

那么我们的困境从何而来，对此应怎么办呢？说起来话长，但有必要扼要地加以说明，因此必须用阔笔粗略地勾画出轮廓。这种方法因为它略去了修饰性的描述，在证据不很充分的情况下，大胆地概括、推断，因此不可避免地存在着许多缺点。不过由于基本问题十分广泛，因此无须拘泥于细节。美国正处在这样一个时期：即大量的人口已经从受奴役和压迫中解放出来，来自世界的各种不同民族的差异已经变得一致了，广泛地分享前所未有的财富。这些都是引以为荣的美国皇冠上的宝石。至于

〔译注一〕蒙德里安（Pieter Cornelis Mondrian，1872—1944年），荷兰画家，他的新塑造主义（neoplasticism，多用直线素描的一种抽象派画）理论，对艺术和建筑有很大影响。他不喜欢画真人实物，而喜欢用黑、白两种颜色画垂直和水平的线条和平地。

*指英国伦敦东南郊伯利恒圣玛利亚医院，是疯人院。

〔译注二〕这三字与urblan，civic，polis有着共同或相近的字根。

说到这一最为成功的社会变革的物质背景或自然环境，则是对美国的一种严重控告，也是对国家的成功和持续发展的威胁。

我们的失误是西方世界的失误，其根源在于流行的价值观。在我面前展现的是一个以人为中心的社会，在此社会中，人们相信现实仅仅由于人能感觉它而存在；宇宙是为了支持人到达他的顶峰而建立起来的一个结构；只有人具有天赐的统治一切的权力。实际上，上帝是按照人的想象创造出来的，根据这些价值观，我们可预言城市的性质和城市景观的样子。无须到更远的地方去寻找，我们已经看到了诸如热狗售货亭、霓虹灯广告、清一色的住宅、粗制滥造的城市和破坏了的景观等等。这就是把一切都人格化，具有人的特点以及以人为中心的形象；他不是去寻求同大自然的结合，而是要征服自然。不过人终究还是要找到这种结合的，但只是在人的这种傲慢和无知得到遏制和死后躺在草皮底下的时候。我们需要这种结合，这是为了要生存下去。

在我们中间，很多人相信世界只存在着人与人之间或人与上帝之间的对话，而大自然则是衬托人类活动的淡薄背景。自然只是在作为征服的目标时，或者说得好听些，为了开发的目的时才得到重视，而开发不仅实现了前者的目的，还为征服者提供财政上的回报。

在这个世界上，显然我们只有一种模式，这就是建立在经济基础上的模式。正如用GDP检验国家的成就那样，美国这块自由土地上现在的面貌就是这种模式最明显的见证。金钱是我们衡量一切的准绳，便利只是金钱的陪衬，人们目光短浅，只考虑短期利益，像魔鬼一样，把道德排在最末位。

事物都有它一定的时间和地点，包括战争和革命，大陆的开拓和发展。探险与开拓殖民地的主要目标曾压倒其他一切利益较小的事业，人们一方面赞同这些冒险的事业，同时又为这些极端的事件引起的浪费和损失感到遗憾。不过，即使这曾是被人接受过的一种不可避免的途径，但那种时代终究已经过去了。

拓荒者、铁路和运河的建设者、为未来的发展奠定基础的大实业家等，他们都是些勤奋进取、专心致志的人。如同战士和革命者一样，他们不顾一切和无知地进行破坏，但是他们的干劲结出了果实，今天为我们所共享。他们的后继者——商人，则是另一种人，更多的是阿谀奉承，狡猾奸诈。一位总统被暗杀引起的震动对他们骗取钱财和强作奉承的行为只能遏制一天时间。他们的这种气质性格，加上我们的赞同，支持了贫民窟的房主和土地掠夺者以及那些污染河流和大气的人。在获取利润的名义下，他们抢先买下和占有海岸的土地，毁掉风景区，砍伐大片的森林，填平有保护功能的沼泽，在洪泛冲积平原上不顾一切地进行建设。为了满足商业便利或者给人以方便的幻想，让高速路横穿邻里和住宅区以及无价的公园，这犹如一台出租车的计价器，可以计算出人类冷漠贪婪的程度。只有商人的信条才认为对贫民窟的投资是正当合理的，或者认为用无价的红杉木做西红柿支架是最实用的。

经济学家，除极少数例外，都是商人的奴才，他们和商人一起，毫不掩饰与厚颜无耻地要求我们的价值体系适应他们的价值体系。无论爱情与同情，健康与美丽，尊严与自由，美德与欢乐都无足轻重，除非它们有价钱。如果不能用价钱来标明它们的收益或损失，那么就被贬为不重要的。经济模式残酷无情地朝着对生命越来越多的掠夺、丑化与抑制的方向发展，所有这些全在"进步"的名义下进行。然而，矛盾的是，被排除在经济模式之外的那些成分，却正是人类最重要的、热望得到和实现的东西，也是人类赖以生存所必不可少的。

社会和交换的原始形态可以追溯到早期世界，当时人类在压倒一切的大自然面前是渺小而无足轻重的。人们将剩余的食物、兽皮、绵羊、山羊、金银财宝、草药（myrrh）和乳香等物品进行物物交换。但生命和生存所不可缺少的因素是他们的认识和控制力之外的东西：他们无法建立也的确没有建立起价值体系，只是通过宗教的观念，持有不完善的价值体系。可以说他们还没有一个价值体系。但是，经过几千年后，可以作为商品进行评价的范围扩大了，其精确性也增加了，而且对经济学在有限范围内所起的作用的认识也大大提高了。但是商品

世界的观念是不完善的，因为它们没有评价与体现物质的和生物的演进过程：我们已经丢失了人类祖先从经验中得来的知识。我们现在一方面无法把不可缺少的自然演进过程赋予价值，但另一方面我们却对短暂而不重要的东西赋予了惊人的精确价值。

显然，这种已成习惯的缺乏远见的偏见将把生物世界排除在外。这种完全以人为中心的偏见，对人类演进和生存的重要过程不予考虑，也不予评价。我们不想无休止地在人们中间讨论维持人类生存的太阳、月亮、潮汐、海洋，水分循环[译注]、地球的倾斜轴和四季。作为一个社会，我们既无须知道，也不需评价那些组成生命的化学元素和化合物及其循环，植物光合作用的重要性，主要的分解者，生态系统及其组成的有机体、它们的作用及其合作机制，丰富多样的生命形态，或者最有价值的关系到我们未来的遗传基因库等等。

然而对比一下月球上的情形，我们马上就懂得以上所述事物的价值。月球上显然没有大气层和海洋，没有我们所享有的伟大的生命遗产。要在这种赤裸裸的、条件恶劣的行星上从事"土地耕作"（terrafarming），要取得像地球那样丰富的支持生命的适宜条件，其代价大得不可想象。人要是到月球上去居住，那么居民点必须是一小块一小块围起的空间，将地球上的一些极普通的东西当成无价而不可缺少的商品运到那里围护起来。月球上的人就会知道这些东西的价值了。

但是我们未必需要等到与不可居住的月球对照后才能懂得如此起码的经验道理。这些道理连我们古代的祖先都知道，也为当今世界上一些极其普通的社会所熟知。

经济决定论对生物世界的评价是不完善的，但这仅仅是我们继承前人遗产的后果之一。更为严重的缺点在于经济决定论对待人与自然的态度，人与自然本是由同一根源发展而来的，而我们的经济模式只表现了人的方面。我们的祖先，早期的人类差不多以今天的澳大利亚土著居民一样的威力支配着自然。总的来说，他们是泛神论者（pantheists）、

〔译注〕hydrologic cycle，指水变蒸汽升入空中，再凝结为雨下降之循环。

物活论者〔译注一〕或泛灵论者〔译注二〕。他们试图了解世界的现象，并通过善行、抚慰和牺牲来减少不幸而得到更多的善报。这种早期的经验主义的生活方式现在许多部族还保留着，著名的有今天称之为"普为布洛（Pueblo）"的美洲印第安人。

不管西方人对待自然的态度最早源于哪里，但是他们的态度得到犹太教的肯定，这是很清楚的。一神教出现的结果必然是对自然的排斥；耶和华断言：人是根据上帝的想象创造出来的。这一断言也是一个对自然宣战的宣言。

由一神论衍生出来的伟大的西方宗教是我们道德观念的主要根源。所谓"人是公正和具有同情心的，无可匹敌的"等等偏见都产生于这些宗教。不过，《圣经》第一章"创世纪"所说的故事，其主题是关于人和自然的，这是最普遍地被人接受的描写人的作用和威力的出处。这种描写不仅与我们看到的现实不符，而且错在坚持人对自然的支配与征服，激发了人类最大的剥夺和破坏的本性，而不是尊重自然和鼓励创造。假如有人要为那些增加放射性的污染，使用原子弹开辟运河和海港，无限制地使用毒物，或者为赞同具有破坏心理的人放纵地破坏自然找理由的话，那么没有比这本经文更好的了。经文批准和训谕人们征服自然——它是威胁耶和华的仇敌。

基督教毫无改变地吸收了犹太教有关创世的故事。它强调了人的绝对神圣性，上帝特许他征服地球和支配一切的权力。而亚伯拉罕·赫斯切尔（Abraham Heschel）、古斯塔夫·韦格尔（Gustave Weigel）和保罗·蒂利奇（Paul Tillich）为犹太教和基督教辩护，否认这种观点的确实性，而且坚持认为那不过是一种寓言；但是非常明显的是这些文字上的信念已经而且还在西方人的人与自然的观念中弥漫。了解了这一点，就可以理解人类对自然的征服、压迫和掠夺，同样就可以理解这种不完善的价值体系。

很早以前，少数无关紧要的人物就开始宣称他们对一个无声、无人照管的世界拥有绝对的权力，开始时这种事似乎有些可笑，但后来这一主题有了发展。在古希腊时代，这一主题还不突出，因为这里还存在泛神论而冲淡了这一论调。罗马占领时代，这一主题扩大了，但也受到了与古希腊时相同的限制。当安然度过了千年之后，这一主题没有受到任何惩罚，十分自信地发展起来了。到了文艺复兴的人本主义时代，这一主题得到了巨大的飞跃。说来令人有些痛心，今日地中海地区的贫困就是在这种人类的自我极度膨胀和人征服自然威力加强的时期，由于错误地滥用土地造成的。18世纪为停滞的年代，自然主义观点（Naturalist）出现了，但它仅仅抑制了拟人说〔译注三〕和人类中心说的浪潮，而这股浪潮到了19世纪又膨胀起来，直到今天被我们继承并充分地获得发展。

怀疑人和地球是世界中心的学说激怒了宗教法庭，因此勒令伽利略撤回他的地球绕日运行的学说。与此同时，坚持人类神圣的说法使论证人类的祖先是动物或实际是生物进化的结果遭到了很大的挫折。看起来我们需要反对下列论证：人的祖先（pre-hominid）很可能是野蛮的捕杀者，依靠这种捕杀能力他才能取得进化的成功。

假如一种文化的最高价值观坚持认为人必须征服地球，而且这是他的道德责任，那应肯定人们最终将获得完成这种指令的力量。这并不是证明人已经具有唯一的神力，他们不过是发展了实现其侵略破坏梦想的力量。人类的力量现在已发展到能灭绝伟大的生命王国，这也是使进化倒退的唯一力量。

在过去久远的年代，人类还没有足够的力量改变自然，他们持有什么观点对世界来说是无足轻重的。而今天，人成为最大的破坏自然的潜在力量，自然的最大剥夺者时，人持有什么样的观点就变得十分重要了。人们想知道，随着知识与力量的增长，西方人对自然的态度和人在自然中地位的态度是否有所改变。但是，尽管具有了全部现代科学知识，我们面对着的仍是那种哥白尼以前的人。不管

〔译注一〕animatists，承认非生物及自然现象具有意识或个性。
〔译注二〕animists，万物有灵者。
〔译注三〕anthropomorphic，人与神同形或同性论。

33

桂离宫（Imperial Katsura Palace Garden）

放，他可昂首站在万物之林。人的古老的复仇心理现在是过时了，这种心理是人类远古时代被自然左右，愤恨自然而产生的。与发挥创造性的技艺相比，使用人类巨大的破坏性力量是不值得称赞的，但这些破坏性力量目前已足以用来满足长期得不到的对世界最高地位的渴望。从人类具破坏性的显赫地位看，人类现在能够查明他那些不会说话的伙伴——它们是谁，它们是干什么的，它们起什么作用，还可以现实地评价在人生活的世界中人的作用、人对自然万物的依赖，从而重新编制宇宙志（cosmography），从而与人类经历过的并赖以生存的世界更加和谐一致。

从人类社会已有的和信奉的对待自然界的态度来看，我感到城市、郊区和乡村对人的控诉是可以理解的。城市、郊区、乡村等地区环境质量的不断下降是错误观念的必然结果。最美丽的风景和最富饶的农田的价值比不上最恶劣的贫民窟和

是犹太教徒、基督教徒还是不可知论者，他们还盲目相信人有绝对的神性和神力，人与自然分离，人支配和征服地球等观点。

然而，这些都是古代歪曲了的观点，反映了古人古老的、愤怒的报复心理，针对它们我们不能再熟视无睹了。这些观念既不接近实际也无助于我们走向生存与进化的目标。人们渴望着有一个世界级的精神病大夫，他能使病人确信他的低劣的文化表现已不再需要和不合时宜了。人类现已获得了解

最讨厌的路边广告牌，这种现象不是不协调的问题，而是不可避免的。一个以人为中心的社会，必然要千方百计地砍掉珍贵的和不可弥补的红衫树林，用它来做西红柿支架，以取得较高的实用价值。

当你找到一个民族，他们相信人和自然是不可分割的，生存与健康取决于对自然及其进化过程的理解，那么他们的社会将和我们有很大的区别，他们的城镇和景观也会与我们的大不相同。有文化、

有经验的善良的农民、当地的城市建设者们都展示出这种敏锐的观察力。在传统的日本社会中显示出这种观点得到了充分的结合。不过，众所周知这个民族吸收了少量的西方文化精华和大量的糟粕，而同时放弃了我们还没有取得而只能羡慕的成就。

在日本文化中，曾一度维持着一个令人难以置信的富有高生产力和美好的农业，表现出对自然具有惊人敏锐的眼光。这种洞察力在其富于描写能力的语言中得到反映，日语中自然演进过程的细微差别，例如对土壤的耕作、风的干燥程度、发芽的种子等均有确切的描述。日本文化中的诗歌是丰富而简洁的，书画刻印艺术把风景作为崇拜对象来表现。建筑物、村庄和城镇的构筑物直接应用自然材料，极其动人并富有感染力，而且这个国家的造园艺术才是无可比拟的。在道教（Tao）、神道教（Shinto）和禅宗（Zen）中，花园是社会的超自然象征——人在自然中的象征。

雅典卫城（The Acropolis）

然而这种观念也是不够充分的，反过来这里人的处境不如自然受到重视。始终强调突出个性，力求得到公正和同情是西方传统的瑰宝。日本中世纪的封建观念却对人的个人生活和权利是漫不经心的。西方的傲慢与优越感是以牺牲自然为代价的。东方人与自然的和谐则以牺牲人的个性而取得。通过把人看做是在自然中的具有独特个性而非一般的物种，就一定能达到尊重人和自然。

我们务必尊重人的尊严，甚至神圣的属性。但我们是否有必要认为人破坏自然是正当的呢？甚至于要获得上帝的专心爱护呢？只有承认历史的现实，并从非人类的过去看我们自己，看到人类的生存取决于非人类的进化过程，我们才能开阔眼界。接受这种观点不仅为了西方人的思想解放，对于全人类的生存也是很重要的。

假如东方是一个自然主义艺术的宝库。那么西方则是以人为中心的艺术博物馆。这些都是伟大的

（即使范围比较狭窄）遗产，是灿烂的音乐、绘画、雕刻和建筑财富。雅典的卫城、罗马的圣彼得大教堂、法国奥顿大教堂（Autun）和北部博韦城内的圣彼埃尔大教堂（Beauvais）、法国沙特尔大教堂（Chartres）和尚博尔村著名的文艺复兴时期的别墅（Chambord）、英国伊利的大教堂（Ely）和彼得博罗大教堂（Peterborough）等都表达出人类的神圣性。但是相同的观念扩大并应用于城市的结构形式上就使这些观念的虚幻性暴露了。教堂是作为人与上帝之间对话的舞台，被赞叹为超自然的象征。当人是至高无上的观念在城市形式上表现出来时，人们就要寻找证据来支持这种人的优越感，但找到的只能是些武断的定论。尤其是坚持人对自然的神圣性，伴随而来的是坚持某些人骑在其他所有人头上的、神圣不可侵犯的至高无上的观念。对文艺复兴时代的城市纪念性建筑成就，特别是罗马与巴黎等城市，需要以异常单纯的头脑去欣赏，我们不能去欣赏他们的创作动力，因为这种动力中独裁成分多，而人本主义含量少——对自然和人的独裁。

如果我们抛开这种令人惊奇的、刺耳的、无知的所谓"人是至高无上"的断言，眼睛往下看，就能找到另一种传统，这种传统比孤立的纪念性建筑更为普通，各处都有，很少受大的建筑风格潮流的影响。这就是当地的传统。经验主义者可能并不知道一些基本的设计原则，但他已观察了事物之间的关系，他不是教条的牺牲品。农民就是个典型的例子。他们只有了解土地并通过管理确保土地肥沃的前提下才能富足起来。对于建筑房屋的人来说也是如此。如果他对自然的演进过程、材料和形式等都很了解，他就能创造出适合于该地的建筑来，这些建筑将会满足社会进步与居住的需要，是具有表现力和耐久的。意大利的一些山地城镇、希腊一些岛屿上的建筑、法国和一些低地国家的（荷兰、比利时和卢森堡）中世纪社区，还有英国和美国新英格兰的村庄，确实就是这样。

上面论证了两种分歧很大的观点：一种是喧哗一时的以人为中心的观点，强调人的绝对神圣、支配和征服作用；另一种是人淹没在自然中的东方式的观点。每种观点都具有突出的优点，都具有适用的价值观。两者之间的利益是否相互排斥呢？我想不然，但为了从两种世界中取得最好的效果，必须避免走向两个极端。人生存于自然之中是无可辩驳的事实；但是承认人独有的个性，从而人应得到特殊的发展机会和负有责任，这是很重要的。

如果使西方的观念适应更为宽容的态度，即要求西方人接受道教、神道教和禅宗，这种转变的希望十分渺茫。不过，我们看到西方的民间艺术和东方的多神论作品有许多相似之处。18世纪英国的风景艺术传统是另一座伟大的沟通桥梁。这个运动起源于这一时期的诗人和作家，由他们发展了人和自然相互和谐的观念。风景画出自于坎佩格纳〔译注〕的画家们——克劳德·劳伦（Claude Lorraine，1600年—1682年，法国风景画家）、萨尔瓦多·罗沙（Salvator Rose，1615年—1673年，意大利画家及诗人）及蒲桑（Poussin，1594年—1665年，法国画家）之手。由于对东方的发现，这些概念在一种新的美学中得到了肯定，在以上这些前提下，使英国由一个忍受贫困、土地贫瘠的国度转变成为今天还可见到的景色优美的国家。这是正确的西方式传统，意味着人和自然的统一。以后，少数建筑师又发展了这一经验，实现了最为显著的转变，并坚持了下来。不过，这种对自然演进过程的初步了解，其根基是有限的。因此应该说西方无与伦比的、领先的科学是了解自然演进过程更好的源泉。

当然，今天对人和自然关系的态度，最起码的要求是要接近于真实。人们会理所当然地想到，如果这一观点占优势，那么它不仅会影响价值观念体系，也会在社会实现的目标上有所反映。

除了科学以外，我们还能从哪里寻找世界和我们自己正确的模式呢？我们要承认，科学知识是不完全的，而且将永远如此；但科学是我们手中最好的武器，它具有宗教所缺少的最大的优点，即自我改正错误的本领。尤其是，假如我们想了解现象世界（phenomenal world），那么我们理应向和这个领域有关的自然科学家提出我们的问题。更确切地说，当我们首先致力于研究有机物和环境的相互作

〔译注〕Campagna，罗马周围的2 000平方公里的平原，该地区有极多的古迹，有许多画家去那里作画，称为"坎佩格纳画派"。

用问题时，要使我们所关心的问题得到更好的说明，我们必须转向生态学家，因为这是他们的专长。

我们承认科学不是唯一表达观念的形式，诗人、画家、剧作家和作家常能用比喻来揭示科学不能证明的东西。但是，如果我们要探索一个接近真实、能用于世界和我们自己的工作纲领的话，那么科学一定会提供最好的证据。

从生态的观点中人们知道，由于生命只能通过生命代代相传，那么，我们每个人都应该按照自然规律生活，从而与生命的起源相联系，这样，可以毫不夸张地、明确地说，这也是和所有的生命联系着的。而且，因为生命起源于物质，因此，人的生活是和以前的物质演进以至于最早的氢的演进有着物质上的联系。自从时间开端至今，从氢一直到人的进化来看，地球这颗行星是一切进化过程和无数生活"居住者"唯一的家。只有沐浴我们的阳光每天在改变着。我们的现象世界，包含我们的起源、我们的历史、我们的环境；它是我们的家。从这个意义来讲，生态学（它是从希腊文的"家"（oikos）派生出来的）就是关于家的科学。

乔治·沃尔德（George Wald）曾诙谐地写道："要是没有物理学家，对于宇宙中的一个原子来说会是一件不幸的事。而物理学家也是由原子组成的。因此物理学家就成了了解原子的原子的手段。"*谁知道原子想成为什么呢，但我们的确是它们的产物，是它们的子孙。要是没有生态学家，宇宙中的有机体也一样会糟透了，而生态学家自己本身也是有机体。因此，生态学家难道不就成了了解有机体，包括了解我们自己的一种原子的手段吗？

生态学的观点要求我们观察世界，倾听它的呼声并了解它。世界是生物和人类过去到现在一直生存的地方，而且一直处在变化过程中。我们和它们是这个现象世界的共栖者，和这个现象世界的起源和命运是紧密相联的。

当我们仔细观察肮脏的城市和可悲的分成小块的住宅区、手提箱般的农业和欺世的工业家、狡猾的商人以及围绕大陆项链般的众多城市中所有衍生

的东西，它们的内部结合在一起，难以分隔，我们强烈地希望有另外一条途径。确实是有的。在探索自由的土地和勇士们的家园新面貌的过程中，生态学的观点是主要的思想基础和组成部分。本书的目的就是要使人相信这一点。这里包含着借鉴于他人的思路与理想，把它提炼成为一本工作人员的规范，一本渴求技术与艺术知识的工作人员的生态学手册。

---

* George Wald in The Fitness of the Environment by Lawrence J. Henderson，Beacon Press，Boston，Massachusetts，1958，p.xxiv.

第二章用了仅有的一些资料，对泽西海岸（Jersey Shore）的问题做了研究和建议。泽西海岸的形成过程和它们的形态一样是简单的，运用的价值也是很单一，并且听起来刺耳的，即从海洋中求得生存的问题。不过，即使这些自然表现出来的价值能加以比较和度量，而那些善良和谨慎的人在采取行动时能尊重它们吗？尤其是像泽西海岸，这是一个对人产生严重威胁的例子，同样的生态学方法能否运用于更复杂的问题或用于不那么有突出价值的地方呢？

研究一条重要公路的问题，给了我们极好的机会，证明自然演进过程能转换为价值，通过这一途径社会价值体系也能得到合理的反映。这就必然要放弃经济模式和以人为中心的冷漠无情。

公路是个特别值得研究的问题。假如有人要寻找一个例子，说明头脑简单的人坚持单一目标，割裂地看问题而不采用综合的观点，以及对自然变化过程漠不关心（事实上这是一种反生态学的观点），那么立刻会想起公路和它的建造者。当然也有其他一些追求名誉地位的人，他们敢冒诋毁圣坛和亵渎神牛的危险。但是，确切地讲公路的管理人员和工程师们，由于他们生活方式和职业的原因，对生态问题无疑是最无动于衷和急功近利的。

在公路设计中，问题已缩小为极简单和最常用的一些词，即：交通、容量、设计速度、通行能力、路面、结构、水平与垂直路线等等。这些考虑和十分虚假的成本—效益公式相结合，必将导致缺乏远见的习惯做法，结果是留在土地上的和城市的条条伤痕。

还有谁能像公路管理人员和工程师们那样傲慢和对公共利益无动于衷呢？他们所到之处，口袋里装满了钱，他们竟将建筑成本的90%用于行贿以实现他们狭隘的目的。大自然将许多美丽的河流和河谷给了我们，可是我们却要破坏它们：如巴尔的摩的琼斯瀑布（Jones Falls in Baltimore）、费城的斯库尔基尔河（Schuylkill River）、华盛顿的罗克河（Rock Greek）、美丽的斯塔滕岛（Staten Island）、普林斯顿（Princeton）附近的斯托尼布鲁克—米尔斯通河谷（Stony Brook-Millstone Valley）等等。先辈们将许多城市、具有历史意义的地区和建筑物、宝贵的公园、完整而有吸引力的街区留给了我们，可是我们却要肢解它们：例如新奥尔良和波士顿、旧金山和孟菲斯。城市快速路横穿黑人居住区，但这并非是对黑人的歧视。原因在于通过黑人和穷人区比较容易些，这与黑人与白人、穷人和富人无多大关系。把城市搞得支离破碎以后，下一步轮到谁呢？毫无疑问，就是那些全国特别美丽的地区，那里必须有游览公路。用汽油税积累起来的公路修建基金必须花掉，美国最有权力的院外集团下定决心要这样做。他们对于一些迫切的需要，如使城市富有人情味、减少贫困或改善教育等是毫无兴趣的，而在风景区的游览公路上将花四十亿美元。因此，这些美丽的风景区现在必然要被毁掉。景色只能逐渐变坏。

然而，过去的情况并不尽是如此，今天也并不一定如此。四十多年前，当构想出第一条现代公路——布朗克斯河的园林式大路（Bronx River Parkway）时，是非常令人鼓舞的。其目标不只是满足交通的需要，而且利用这笔公共投资重修了这条肮脏的河流和被毁坏的景色，创造了新的公共价值。这一任务完成后，在满足单纯的交通需要的同时，这条公路成了改善景观和为驾驶者提供满意的观赏景色的一种设计手段。在那些景色优美不需整治的地区，修建公路是在满足交通需要的同时，尽可能减少破坏，充分利用和展现优美景观。在20世纪30年代构想出来的纽约韦斯切斯特县园林大路体系（the Westchester County Parkway System）、帕利塞德园林大路（Palisades Parkway），以及最明显的例子——蓝岭园林大路（Blue Ridge Parkway）的盘山道，它们都实现了上述的目标。当时这些公路都是由风景建筑师（环境美化专家）设计的，而现在很明显，风景建筑师对自然美、历史建筑、景观的恢复，以至于规划设计顺应地形条件等的关心和考虑，显得无能为力，他们好像成了汽车化的美国建立公路体系的障碍。因此，公路设计任务就干脆交给了工程师们，他们出于本能和曾接受的训练，最适合于去损害和丑化城市与风景却毫不后悔。风景建筑师从此就被聘请来在遭受创伤的风景上抹药疗伤。

水暖工是社会最重要的成员，没有他们的服务，我们的文明世界是不能忍受的；但是我们不会要求水暖工去设计城市和建筑。对公路来说也是如此：工程师在研究汽车这一运行物的动态与静态的规律时，确实是个行家。他对道路的结构和路面的确很了解，他们的服务是不可缺少的。但是关于汽车中的人，把他作为一个有感觉的生物来对待，却是工程师知识范围之外的事情；在生物物理演进过程中，土地具有与之相互作用的性质，这一点工程师是不知道的。因此他们的专长不是设计公路，而仅仅是设计组成公路的结构。所以，他们的工作应在那些对人和土地更了解的人作出规划之后再进行。

公共道路局与州公路局采用的传统方法，包括计算一条拟建中的公路设施能带来的节约和成本。节约包括：时间、运行费用和事故减少等方面的节省。成本包括：建造和维护费用。必须使节约与成本的比例不少于1.2：1.0。在成本—收益分析得出结论之后，再来考虑质量的因素，而且仅仅是轻描淡写的。

改进的方法应该除了考虑一般的自然地理、交通和工程标准之外，还要结合资源价值、社会价值和美学价值来考虑。简言之，这种方法应将具有最大的社会效益和最小的社会损失的公路路线显示出来。这就提出了许多困难的问题。显然，必须把许多新的考虑因素加到成本—收益公式中去，而这些因素中有不少是无法用价值计算的，如便利、健康等。而现行的公路成本—收益分析法仅仅把近似的货币价值划拨给便利，而便利却和健康及美一样是难于量化的一种收益。

州际公路应取得最大的公共和私人的收益，要做到：

①增加交通活动的机动性和敏捷性，使人感到方便、愉快和安全；

②保护土地、水体、空气和生物资源，并提高资源价值；

③促进城市更新，大城市地区与区域的发展，工业、商业、居住、娱乐、公共健康、环境保护与美化等一系列公共目标和私人目标的实现；

④产生新的生产用地，保护和增强现有的土地利用。

这些标准包含了传统的选择路线的标准，但是扩大了它们的社会责任范围。公路不再仅仅考虑在其通行权以内的一些汽车运行问题，而且更要考虑它影响地区内自然、生物和社会的变化过程中的情况。

公路从而应作为一项重大的公共投资来考虑，这些投资对其影响范围内的经济、生活方式、健康和观感将起作用。在选择公路的路线位置和设计时应考虑这些作用。

显然，公路的路线应当作一项多目标的而不是单一目标的设施来考虑。当公路路线按多目标考虑时，可能会出现彼此矛盾的目标，这也是自然的。如同其他多目标的规划一样，我们的目标应是谋求取得最大的潜在的综合社会效益而使社会损失减少到最小。

这就是说，与以往的几何标准是一致的，两点之间距离最短的路线不一定是最好的。在便宜土地上的距离最短的也不一定是最好的路线。**最好的路线应是社会效益最大而社会损失最小的路线。**

当把现行的成本—收益分析法用于公路选线时，有两大组成部分：①建议中的公路设施在时间、运行和安全等方面带来的节约；②工程、土地和建筑物的征购、财政、行政管理、建造、运行和维护等总费用。

从信贷方面来看，把所有从公路获得的经济利润予以分配，似乎是合理的。因为这些利润往往是由农业用地转变为工业、商业或居住用地等提高土地利用而得来。这些土地的利用价值确实是很大的。某些有利地段可能是公路修筑成本的若干倍。但是公路也会减少某些地区的经济价值；会危害健康，带来噪声及危险；破坏社会和公共事业机构的完整性；降低居住区的质量以及风景、历史和娱乐的价值。

既然如此，显然有必要把一条拟建的公路路线方案产生的全部结果都提出来，而且要将这些结果按收益、节约和成本加以区别。某种情况下，这些结果能用价格来衡量，能划分为可定价的收益、可定价的节约或可定价的成本。但在另外一些情况下，当运用价格评价困难时，某些因素可划分为不可定价的收益、不可定价的节约或不可定价的成本。

下面是一张收支平衡表，列出了构成收益和成本（费用）的大部分项目，此表将显示出最大社会效益的路线。

37

州际公路选线的建议指标

收益与节约	成本（费用）
可定价的收益	可定价的成本（费用）
减少的时距	测量
减少的汽油费用	工程
减少的润滑油费用	征购土地与建筑费用
减少的轮胎损耗	建造费用
减少的车辆折旧费	财政开支
增加的交通量	行政管理费用，运行和维护费用
增值（土地与房屋建筑）	减值（土地与房屋建筑）
工业价值	工业价值
商业价值	商业价值
居住价值	居住价值
娱乐价值	娱乐价值

公共事业机构价值	公共事业机构价值
农业用地价值	农业用地价值

不可定价的收益	**不可定价的损失**
增进便利	降低邻近地区工作与生活的方便程度
提高安全	减少邻近居民的安全程度
增加乐趣	减少邻近居民的乐趣，危害健康，受有毒气体、噪声、眩光和尘埃的污损

可定价的节约	**可计价的成本（费用）**
地形无限制条件	地形复杂、困难
充足的基础条件	基础条件差
充足的排水条件	排水条件差
可获得沙子、石料等	缺乏建筑材料
要建的桥梁、涵洞和其他构筑物少	要建的构筑物多

不可定价的节约	**不可定价的损失**
保持的社区价值	损失的社区价值
保持的公共事业机构价值	损失的公共事业机构价值
保持的居住质量价值	损失的居住价值
保持的风景价值	损失的风景价值
保持的历史价值	损失的历史价值
保持的游憩价值	损失的游憩价值
未受损害的地表水系统	损害的地表水系统
未受损害的地下水资源	损害的地下水资源
保持的森林资源	损害的森林资源
保持的野生动物资源	损害的野生动物资源

公共道路局（Breau of Public Roads）可以测算上面考虑到的交通收益的条目，用来对不同的路线进行估算。不同路线的费用也就能计算出来。就公路和未来的交叉口而言，哪怕是假设的，但能把它促成土地和建筑价值增加地区的位置确定下来。预计土地和建筑价值降低地区的位置大体上也能确定。在公路通行权（right-of-way）范围内，大体上认为便利、安全和愉快的程度提高了，而将给平行于道路两侧的地带带来不便、危险和不愉快。公路对某一社区价值的影响程度，如它对健康、社区、景色和其他资源的损害程度均可加以描述。

这里建议的是想对现行路线选择方法的不足作些改进。这种方法其本质是确认社会发展过程和自然演进过程和作用，并把两者作为社会价值考虑。我们认为土地和建筑的价值确实有它们的价格体系；我们还认为公共事业机构等，虽然没有市场价格，但是它们仍有一个价值的等级体系，例如：华盛顿的国会大厦比类似的大厦更有

价值，独立厅（Independence Hall）比费城社会山（Society Hill）上的住宅更加珍贵，华盛顿的中央公园比其他公园更有价值。自然变化过程的作用也是这样的。不同的岩石具有不同的抗压强度，因此对建筑物会产生有利或不利的影响；某些地区在飓风中会遭到洪水泛滥，而另一些地区不受影响；某些土地易受冲蚀而有些则不然；这些都不难理解。此外，也可采用比较度量法衡量水量、水质和土壤排水特性等。森林或沼泽地可根据植物种类、数量、年龄和健壮程度等的价值系列来划分质量等级。野生动物的栖息地、景观质量、重要历史建筑、娱乐设施等均可划分等级。

假如我们对美学、自然资源和社会价值能加以评价和分级，我们就可以作进一步的研究。假如建议的公路路线对现有的社会价值会造成破坏和损害，那么那条路的价值将由于社会费用的总量高而下降。公路工程造价也是社会费用成本。因此我们能得出结论，任何穿越社会价值高的地区，而且又要花费很高的建造费用的路线，将是一个社会费用最大的方案。人们总是要找出另一个好的线路方案来，即它能避开社会费用高的地区，而建造费用却最小，同时又能创造新的价值。这一方法对所有的研究方案来说，其基础是一致的，即大自然像一个大网，包罗万象，它内部的各种成分是互相作用的，也是有规律的、相互制约的。它组成一个价值体系，这个体系本身具有供人类可资利用的多种可能和种种限制。

假如我们能接受这个初步的假设，我们就可以进入第二步。即假如物质的、生物的和社会的发展过程的作用由价值来表示，那么任何建议的方案都对这些发展过程产生影响。人们总是要求那些土地的变化带来好处，而且能增加价值。但是土地利用的改变经常会带来损失。能提供新的价值而没有损失的建议可能是所有可行的方案中最好的一个方案。但这是少有的，未必可能，因此假如新的价值超过招致的损失费用，我们也就满意了。不过，这些费用中最好不要有不可恢复的那些损失。社会效益最大而社会损失最小的方案应是最优方案。这可称之为"社会效用最大的

方案"。

从本质上看，这种方法包含了用价值的形式对某地区有关的土地、水和空气的某些变化过程进行鉴别。将它们的作用划分成等级，例如：价值最高的土地和价值最低的土地，最有价值的水资源和价值最小的水资源，生产价值最大和最小的农业用地，野生动物最多的栖息地和对野生动物没有多大价值的地区，景色十分优美和不好的地区，历史建筑多的地区和少的地区等等。一条公路穿过某一地区会破坏某些价值，经过什么地方损失最小呢？公路建设需要某些条件是无疑的，例如合适的坡度，优良的基础材料，石料、沙子和砾石建筑材料，还有其他一些因素。有利的环境条件意味着节约，相反的，不利因素也就是费用增加。尤其是公路要有意识地安排在能产生新的价值的地方。例如：邻近道路交叉口的土地利用，建设密度会更高和会产生更高的价值（新的价值包括使乘坐汽车的人感到愉快，为旅行者增加方便）。这种方法需要我们把社会发展过程、自然资源和美丽的景色作为价值，都包括进来，从而获得最大的收益而代价最小。

我们能鉴别影响一条公路工程建设的诸多关键因素并将这些因素按最小至最大的造价加以分级。我们能鉴别社会价值，把它们由高到低分级。自然地理方面的障碍，包括需要施建很多构筑物、很差的基础条件等等，会引发很高的社会费用。我们能将这些因素加以区分并表示出来。例如，我们把自然地理因素绘制成图，色调越黑则表示费用越大。同样地我们把社会价值也绘制成图，色调越黑的表示社会价值越高。我们把图片制成透明的。当把这些因素重叠在一起时，社会代价最小的地区也就是图上色调显得最淡的地方。

但是，必须认识到还有一个重要的限制条件。毫无疑问，同一个类目中是可以分等级的，而类目与类目之间是不可能分等级的。例如：一单元野生动物的价值和一单元土地价值，或者一单元游憩价值和一个具有飓风危险的单元，完全是不可能相比的。我们所能做的一切，就是要区分各种自然的和社会的发展变化的大小，并把它们叠加起来。经过叠加之后，我们就能最大限度地看到综合的社会价值，既可看出最高的，也可看出最低的。这样，我们可以找出穿越所有类目的、社会价值最小地区的线路。要十分精确地解答这个问题似乎是不现实的。经济学家为许多商品制定了价格，但是，对公共事业机构、风景质量、历史建筑以及其他一些社会价值，要给予精确的定价看来是无望的。

接着要承认各种因素的参数就是不相等的。某一特定的地区，就其本身来考虑，现有的城市化和居住质量可能要比风景和野生动物价值更重要。假设自然地理障碍和社会价值高度集中的地方，就不应考虑公路建设；而没有这些因素的地区应认为是值得考虑的地区，这种推断是合理的。

虽然这种公路选线方法还不是很精确的，不过它的优点是结合目前采用的参数，并增加了对新的重要社会因素的考虑，显示出线路位置的特点，可以进行比较，把社会价值和成本费用的总和揭示出来。尽管这种方法可能有不甚精确的局限性，但这确实扩大和改进了现有的方法。

前面的讨论，着重在找到包含最低社会价值的自然地理走廊，作为公路优先考虑的路线。在我们讨论成本—收益分析法时，我们提到建议的公路在创造新价值中的作用。这一点值得进一步的强调。在公路的起点和终点界限内，考虑到自然地理的障碍和社会价值的压力，**修建公路应被作为一项在适当的地点创造新的生产性土地的公共政策**。在任何类似的成本—收益分析中，应要求从增加的价值中扣除价值的减少。此外，风景价值应考虑到其可能增加的价值。当然，一条道路既满足自然地理的要求，避开社会损失大的地方，在适当的地方创造新的经济价值；同时又能提供满意的景观，这是可能的。

无论这是否是一项自觉的政策，公路都有望创造新的价值。若没有规划，新的价值可能取代现有的价值，而即使能得到些净收益，肯定也会有相当大的损失。

几年前，我在普林斯顿作过"生态学观点"的演讲。我赞扬了这个综合性学科的判断力和处理问题的能力。第二天人们要我应用生态学的方法为特拉华（Delaware）至拉里坦河（Raritan Rivers）之间I-95号公路三十英里的线路选线。那里的居民见到有一条公路路线选用了几乎全是宝贵的和美丽的土地，这个田园风情地区的居民受到了威胁，给该地区带来了极大的破坏；它的代价最大而得到的收益最小。愤怒的民众自己组成"I-95号公路德拉华—拉里坦委员会"。由于时间紧迫，资金短缺，于是我采用了上面介绍的方法。透过多张透明的胶片，犹如光线通过一个着色的玻璃窗，社会费用最小的线路就显露出来了。这种方法的作用真是立竿见影，接着作出一个又一个的方案，经过三十四个路线方案的比较，对原来建议的公路逐步修改成为作者最终建议的方案。

如果说这就是生态学方法，那是过分了。但至少可以说，这里确实应用了反映社会的、资源的和美学价值的数据，不过，这些数据是匆忙之间收集的粗略的情况。居住价值是由土地和建设物的价值得来的，给富人居住区以很高的社会价值，而给穷人区的很低；有关城市化问题，另划分为几个粗略的类别，排除了对大量的多种多样条件的描述。不过，它提出了一个很成功的方法。这里提出了一种明确运用价值的方法，这是一种显而易见的选择性方法，任何人只要收集的证据是相同的，会得出相同的结论。它能帮助你找到社会损失最小而社会收益最大的方案，它的相对的价值体系能帮助你考虑许多不能定价的收益、节约和损失，不仅如此，还能度量景观这一潜在的价值。

随后，这种方法在纽约的里士满区应用，里士满宝贵的绿地遭到了公路的破坏和威胁，这种情况是家喻户晓的。这里的交通问题尚未引起争议，在里士满园林大路五英里长的有争议的路段内，没有提出修建交叉路口的方案。社会利益必须服从于旅游的便利和汽车里的人观赏风景的需要。在这个例子中，"减少社会损失，保持社会价值"，过去是件重要的事，但现在逐渐成为压倒一切的首要问题。

问题是很简单的。我们是应该选择绿带（Greenbelt）作为公路的路线，以便向公众展现它呢？还是公路应该为绿带服务，避免横穿它和破坏呢？公路的特性，不会因为授予园林大路的称号而改变，这个称号是用来描述在具有大自然美的地区内的公路的，例如蓝岭和帕利塞德园林大路。在有丰富的美丽风景的地方，公路带来的社会损失很小而能得到很大的社会收益。像纽约斯塔滕岛（Staten Island）内的绿带一样珍贵的资源，这一概念就不适用了。较好的方法是仿照布朗克斯河园林大路（Bronx River Parkway）的例子，创造新的价值同时避免破坏少有的几块绿洲，而将它保留下来为二百万纽约人服务。

现在我们可将这一方法应用于里士满园林大路进行分析研究。第一类的要素，包括工程技术人员通常应用的评判标准，如坡度、基岩地质、土壤的基础条件、土壤的排水和易冲蚀程度等。在公路建设费用中直接反映出这些要素产生的有利和不利影响的程度。第二类与危及生命财产的因素有关，包括容易由飓风引起洪水泛滥的地区。其余各类是对自然和社会发展过程进行评价，包括历史价值、水的价值、森林价值、野生动物价值、风景价值、游憩价值、居住价值、公共事业机构价值、土地价值等等。每种因素具有三个价值等级，都拍成了透明的照片。将第一类的透明照片一张一张叠加在一起，形成一张复合图，这就显示出影响公路选线的自然地理诸因素的总和。接着将后面的参数叠加在前面的参数之上，一直等到所有的参数都叠盖在一起为止。色调最深的地方表示出公路走廊的社会价值和自然地理障碍的总和；色调最浅的地方，显示了社会价值最小的地区，也代表公路工程造价最少的地方。公路应在社会价值和修建费用最小的走廊上连接起讫点。此外，公路还应创造新的价值，即不仅要方便，还要使人看到美丽的景色而心旷神怡——因为这是一项公共投资的产物。

在研究的初始阶段，作者和读者的体验是相

同的，知道这一点是很重要的。这种方法为大家所熟知，但缺乏实证。这就需要等待我们去搜集资料，制作透明图，把它们放在灯光桌上叠加起来，为了得到结论，还要仔细地观察它们。将它们一张接一张地叠盖上去，也就是将社会价值一层一层地加上去，形成一张斯塔滕岛的详尽的图像，像一张复合的X光底片一样，带有深浅不同的色调。虽然图像变得愈来愈不透明了，但是总会有一些较亮的面积，我们可以从这些地区中找到结果。

每种社会价值现在已被叠加起来了。第一类的自然地理走廊显示了出来。对下一个潮汐淹没因素进行研究后，可以看到西部走廊的西侧边界。绿带中的土地价值是最高的，但是西部，除了留作商业地区外，是较低的。随后，又把每种社会价值叠加起来，使绿带处于突出的地位，直到最后的复合图显示出社会价值和自然地理障碍高度集中的地区是在东部。假如清楚了最高社会价值的区域，那么同样可以看出，西部的一条广阔的自然地理地带反映出的是社会价值最低的地区。社会价值最低地区的西部边缘地带，有野生动物保护区和垃圾填土和沼泽地造成的自然地理上的种种限制。

总之，假如价值的确定和分级是正确的，第50页上的综合图代表了社会价值和自然地理方面的机遇和限制的总和。颜色越深的地方代表了公路建设的社会费用越大的地区，越浅的地方社会费用越小。黑沉沉的绿带是最高的社会价值和自然地理障碍集中的地区；在西部，可以看到一条社会费用最低的路线。

在对一条公路路线的自然地理机遇和限制加以鉴别和分级方面，这种方法是非常明显的。在社会价值的鉴别和分级中同样也是如此。我们清楚地看到，自然地理的限制和社会价值最大的地区都在研究区域的中部，它们重叠在一起，形成没有浓淡变化的黑黑的一个团块。这就是斯塔滕岛的绿带。这些价值同时集中地显示出来，说明公路若要横穿该地区将有很大的阻力，那里没有建设公路的可能性。当自右至左逐一研究了建议的路线后，可以看到，第一条路线的社会价值最高，造成的社会损失也最高；第二条也是不可能接受的；再往下的两个方案，大部分路段是和最小的社会价值走廊相一致的。最有利的路线可以在西部的两条路线南段划定的地区内找到；但在北面，社会费用最少的走廊顺着西边的一条属于两条线路共有的地带推进。

邻近的图片中的白块，是社会损失最小的地区，在这中间可以看出有一条社会费用最低的走廊。现有的建筑物叠加在这张图上，还能看到两条供选择的社会费用最小的路线的位置，它们反映了局部的一些不同的社会价值。

三州交通运输委员会（Tri-State Transportation Commission）改变了里士满园林大路横穿绿带的决定，接受了这一研究中显示出来的社会费用最低的路线。

坡度　　　　0　1/2　1　　　2 英里

地表排水　　0　1/2　1　　　2 英里

土壤排水　　0　1/2　1　　　2 英里

基岩地基

0　1/2　1　　　2 英里

土壤地基

0　1/2　1　　　2 英里

易冲蚀程度

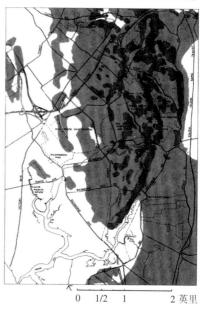

0　1/2　1　　　2 英里

坡度

地带1　坡度超过10%的地区。

地带2　坡度小于10%，但超过2.5%的地区。

地带3　坡度小于2.5%的地区。

地表排水

地表1　地表水——河流、湖泊和池塘。

地表2　自然排水渠道和排水不畅的地区。

地表3　缺乏地表水或缺乏明显的排水渠道的地区。

土壤排水

地带1　盐沼（盐碱滩）、微咸水沼泽，树沼等和其他排水条件差的低
　　　　洼地区。

地带2　高水位地区。

地带3　土壤内部排水条件良好的地区。

基岩地基

地带1　像沼泽地一样，抗压强度极低，是公路交通障碍最大的地区。

地带2　白垩纪的沉积物：沙、黏土、砾石和页岩。

地带3　蛇纹岩和辉绿岩等结晶岩，最适用的地基。

土壤地基

地带1　粉沙土和黏土，稳定性差，抗压强度低，是公路主要的障碍。

地带2　沙壤土和砾质沙至细沙壤土。

地带3　砾质沙或粉沙壤土和砾质至石质沙壤土。

易冲蚀程度

地带1　坡度均超过10%，由砾质沙至细沙壤土组成。

地带2　砾质沙或粉沙壤土和坡度超过2.5%的砾质壤土至石质壤土。

地带3　其他结构较细密的土壤和平坦的地形。

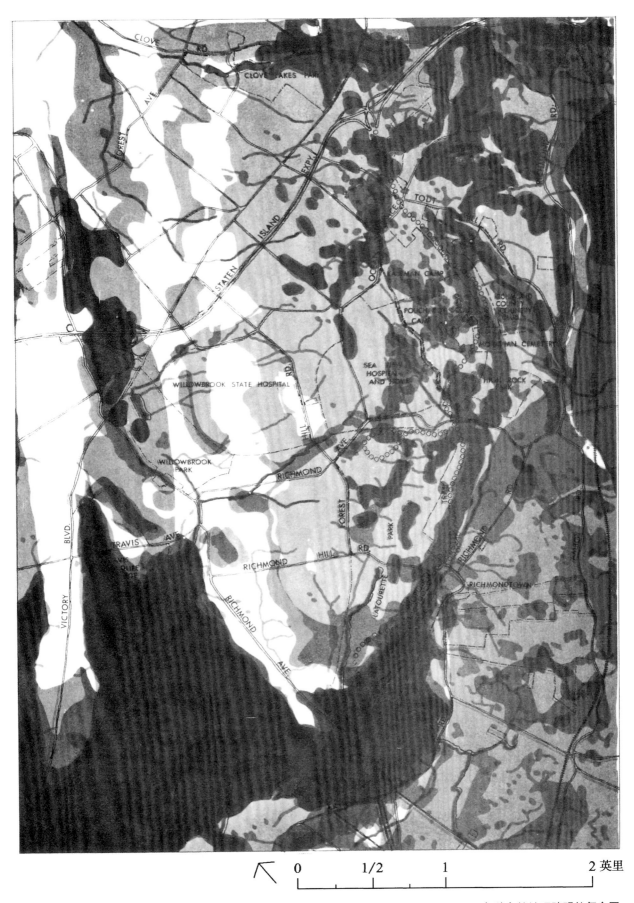

各种自然地理障碍的复合图

地价

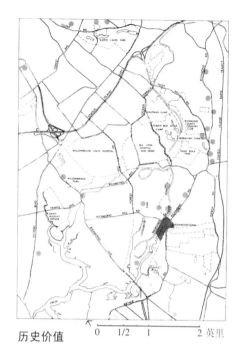

历史价值

潮汐淹没

水的价值

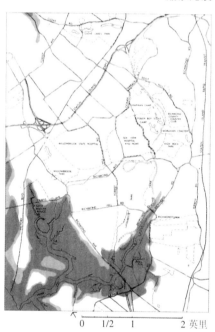

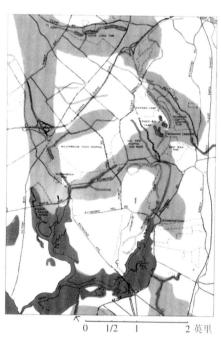

地价
地带1　每平方英尺等于或超过3.5美元。
地带2　每平方英尺2.5美元～3.5美元。
地带3　每平方英尺低于2.5美元。
潮汐淹没
地带1　1962年刮飓风时的淹没区。
地带2　刮飓风时洪水波及地区。
地带3　高于淹没线以上的地区。
历史价值
地带1　里士满城有历史意义的地区。
地带2　地标性文物古建保护地点。
地带3　缺乏历史遗址的地区。

风景价值
地带1　具有各种风景要素的地区。
地带2　具有较高风景价值的空旷地区。
地带3　风景价值低的城市化地区。
游憩价值
地带1　公共绿地和公共事业机构用地。
地带2　潜力大的非城市化地区。
地带3　游憩潜力小的地区。
水的价值
地带1　湖泊、池塘、河流和沼泽。
地带2　主要的含水层和重要河流的集水区。
地带3　次要的含水层和城市化地区的河流。

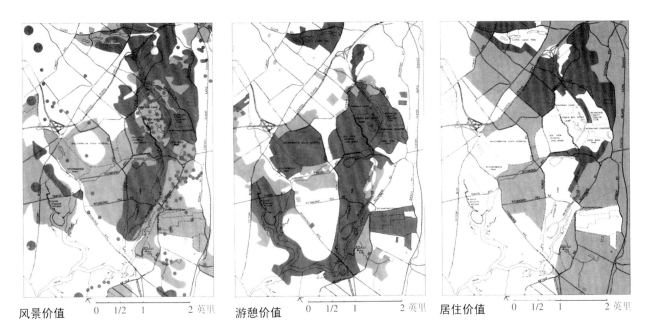

风景价值　　0 1/2 1　　　2 英里

游憩价值　　0 1/2 1　　　2 英里

居住价值　　0 1/2 1　　　2 英里

森林价值　　　　　　野生动物价值　　　　　　公共事业机构价值

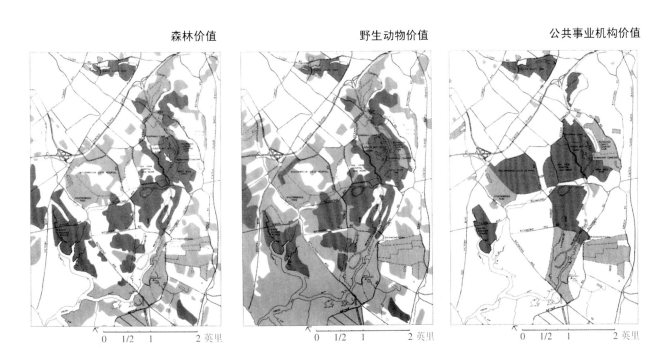

0 1/2 1　　　2 英里　　　0 1/2 1　　　2 英里　　　0 1/2 1　　　2 英里

森林价值
地带1 高质量的森林和沼泽地。
地带2 其他现有的森林和沼泽地。
地带3 非森林地。
野生动物价值
地带1 质量最好的栖息地。
地带2 质量一般的栖息地。
地带3 质量差的栖息地。

居住价值
地带1 市场价高于50 000美元。
地带2 市场价在25 000美元～50 000美元之间。
地带3 市场价低于25 000美元。
公共事业机构价值
地带1 价值最高。
地带2 价值中等。
地带3 价值最低。

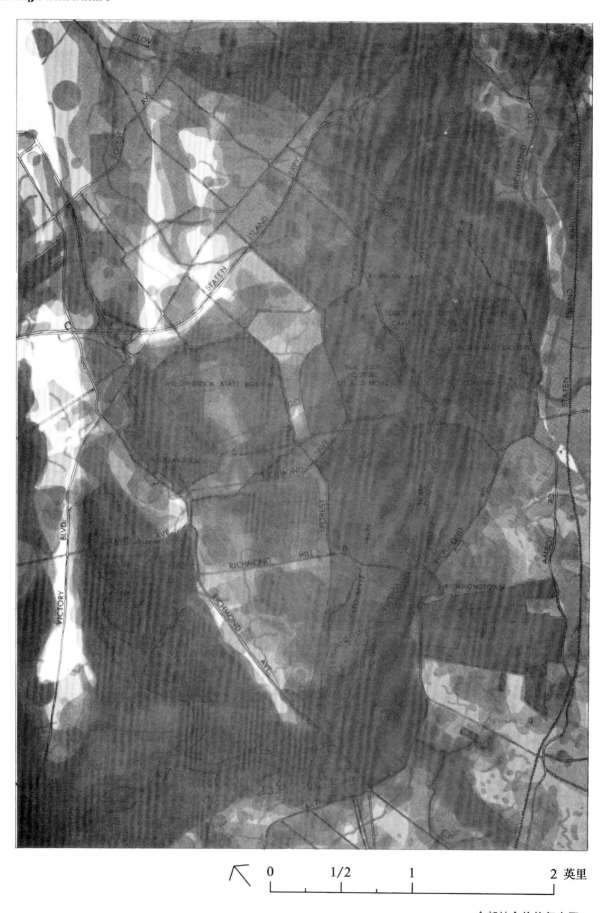

0   1/2   1   2 英里

全部社会价值复合图

0   1/2   1   2 英里

推荐的、社会损失最小的路线

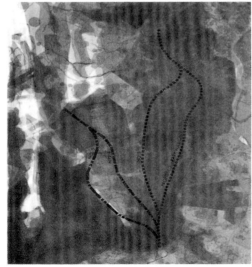

里士满园林大路研究是由华莱士（Wallace）、麦克哈格
（McHarg）、罗伯茨（Roberts）和托德（Todd）为纽约市公园局
（Department of Parks）做的。作者是这一项目的负责人，监督是纳伦德
拉·居内加先生（Mr.Narendra Juneja），助理有德里克·萨特芬先生
（Mr.Derik Sutphin）和查尔斯·迈耶斯先生（Mr.Charles Meyers）。

路线的评估

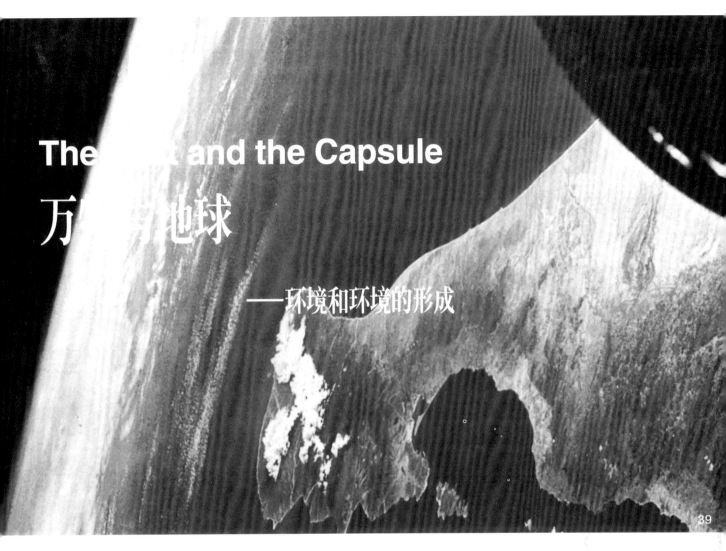

The Cast and the Capsule
万物与地球

——环境和环境的形成

每年我都会见到一批新的研究生，他们无疑是优秀的人才，是规划或设计领域中刚出道或已被确认的专业人员。初次见面，我的重要任务是要向那些从专业角度缺乏远见、极端以人为中心的观点挑战，让研究生们考虑自然的基本价值，要特别注意大自然在人类世界中的地位，或者说人在大自然中的地位这个问题。

多年来，我一直引用两段话毫不留情地评论公认的价值。

第一段是劳伦·依斯莱（Loren Eiseley）想象出来的一个比喻：*

在太空中的人能俯视遥远的地球，他看到的是一个天空中旋转着的球体，地面生长着青青的草木，藻类也使海洋变绿，所以看上去地球是绿色的，犹如天空中的一颗绿色的果实。靠近地球仔细观看，发觉地球上有许多斑点，黑色的、褐色的、灰色的，从这些斑点向外伸出许多动态的触角，笼罩在绿色的表面上，他认出这些污点就是人类的城市和工厂，人们不禁要问："这难道只是人类的灾难而不是地球的灾难吗？"

接着是一阵沉默，这为下一段话提供了合适的背景，这是我自己的一段话，是关于增加核能的反省。

原子灾难已经发生了。地球是静静的，罩上了一层灰色的烟幕。所有的生命被消灭了，除了在一个深沉的裂缝里，一群长期习惯于辐射的藻类还坚持活着。这群藻类感到除了它们以外，所有的生命都

---

*1961年2月5日，WCAU电视台，劳伦·依斯莱的电视讲座——《我们居住的家》。

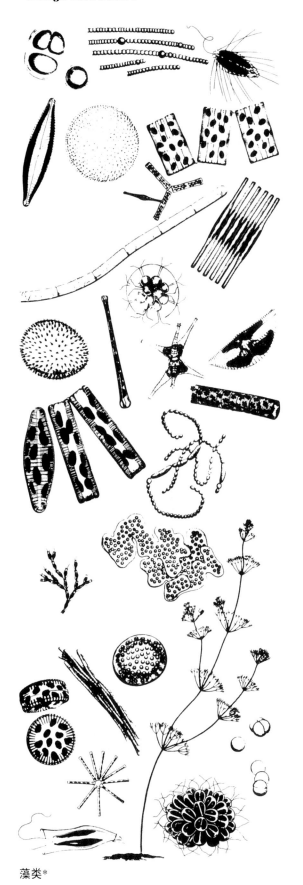

藻类*

被消灭了，而全部进化任务必须从头开始，也就是要经过几十亿年的生与死、突变与适应、合作与竞争，都是为了要恢复到昨天的样子。它们立即会不假思索得出一致的结论：接下来的将是一个没有头脑的时代。

读者和大部分西方人一样，相信世界（先不说宇宙）是包含着人与人之间的对话或人与人格化的上帝之间的对话。这种观点的结果是：人，排他性地认为上帝给予他支配一切生命的权力，责成他为生物中唯一能征服地球者。这样，大自然就成为人类"追求进步"或"追求利润"等活动舞台上的无关紧要的幕布。要说自然被推到显著的地位，它也只是个被征服的角色，也就是说人对自然的征服。

在这种情况下，提出下面一些看法是有益的：进化的途径和方向可能和人类关于命运的想法是不一致的；人虽然是现时的统治一切的物种，但他登峰造极的地位可能不会持久；人的脑子可能是，或者可能不是生物进化的顶峰，或者相反，人的脑子有朝一日可能成为一个失常的、像脊柱肿瘤样的东西，以致最终人类会完全消失，没有人能听到笑到最后的藻类发出的耻笑声。因此，人和大脑需要负起证明的责任，证明他是有能力理解和管理这个生命世界，从而保证生存下去。

我们的结论是，有两种截然不同的人与自然相互关系的观点。第一种是以人为中心的观点，它无视进化的历史，也不知道人和人的同源者和同伴以及那些低级和野蛮的物种是相互依存的——当它们为人和人的工作作出奉献时，随着人的进化，它们受到了破坏。（我们能否说这种侵略只是文化自卑情结，一种由自卑感引起的复杂心理状态造成的呢？）另一种与此相反的观点是人的地位不是那么高。这种观点始终认为并努力去证明：人，不仅是一种独一无二的物种，而且有无比天赋的自觉意识。这样的人，知晓他的过去，和一切事物和生命和睦相处，继续不断地通过理解而尊重它们，谋求自己的创造作用。

---

*Drawings by Harold J.Walter, Algae in Water Supplies（《供水中的藻表》）by C.Mervin Palmer, Public Service Publication No.657, U.S. Department of Health, Education and Welfare, Washington, D.C., 1962, Plates 1 & 2.

假如我们能抛弃可悲的无知和傲慢的态度，采取有理性的探讨问题的方式，暂且放下我们的指责，我们就能重新解释我引用的上面两段话。要是我们假定，人是世界上仁慈的和建设力量的代表，我们就能把这个天上的绿色果实想象为一个大的表皮层，而把这层绿色的薄膜看做是细胞质，而那些黑色的、褐色的、灰色的中心不是污点，而是细胞核和质体——对这层细胞质来说，它们是起到支配、生产、储存和循环作用的物质，是世界生命的创造中心。但是，假如我们真要作这种善意的解释，我们必须要弄清楚，这些中心是否真起到了生物圈的细胞核和质体的作用。我认为，总的看来，回答必然是并非如此。

但是，讨论问题的方式至少已经改变了，已不再像粪堆上的公鸡吵闹的嘶叫了。问题是提出来了，假如人并非处于世界的顶峰，不能证明其全部的合理性，那么谁是主要的演员？人和谁共同分享这个舞台呢？

几年前，我和建筑大师路易·康（Louis I. Kahn）度过了一个很有意义的冬天，为了一家大公司的研究部门的"未来的科学宫"寻找一块合适的基地。和这样一位很有洞察力的建筑师一起旅行，我学到很多东西，但是我得到更多的知识是由于有机会与研究机构的一些成员接触。当时他们正在设

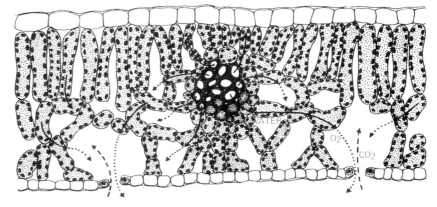

叶绿体*

叶子的剖面**

计一个实验用的环境：他们的任务是要解决如何才能把一个带着最少给养和装备的宇航员送上月球。这当然需要一个再循环系统，也就是说，需要有一个生物循环系统。这项实验设计需要一个胶合板做成的宇宙密封舱，装有一个由荧光灯代替的太阳、一定量的空气和水、生长在水中的藻类，还有细菌和一个人。你会同意，这是一个为长途旅行准备的

*显微照片，船形表膜（NAVICULA PELLICULOSA）希尔斯：26 000∶1，R.W.德拉姆（R. W. Drum），H.S.佩克雷兹（H. S. Penkratz）和E. F.斯托默尔（E. F. Stoermer），J.克拉默尔（J. Cramer），莱尔（Lehre）著《硅藻细胞的电子显微镜》（Electron Microscopy of Diatom Cells），1966年，插图563。

**Sinott, Wilson. Nature: Earth-Plants-Animals [M]. New York: Doubleday & Company Inc., 1960:72.

大小适中的食品库。在这个假设的密封舱中，人呼吸空气，消耗氧气，呼出二氧化碳；藻类消耗二氧化碳而排出氧气供人呼吸，因而保证了氧——二氧化碳的循环。人渴了，喝些水，尿排入有藻类和细菌的水介质中，水由藻类消耗、蒸发和浓缩，人饮用浓缩水，从而封闭的水循环系统形成了。人饿了，吃一些藻类，把它们消化掉，然后成为大便排出。接着分解物将粪便转化成为藻类可利用的物质，使藻类得以生长。人再去吃藻类，因而形成了一个食物链。这个系统中唯一输出的是热量。

很遗憾，这种实验维持的时间不超过二十四小时，对我们了解人与自然的关系来说，这是一个可怜的解释。不过，它们为观察者提供了具有启发性的极好的材料。这个系统首先要依赖太阳，通过呼吸和光合作用进行基本的生产；还依赖于水；依赖于通过分解物把系统中的物质进行循环和再循环。很显然，这个循环过程需要把由生物产生的物质或废物输入或进入其他生物中去。植物排出的氧气要输给人，人呼出的二氧化碳要输给植物；植物的本体输给人，人排出的废物输给植物；人和植物的废弃物输给分解物，分解物排出的废物输给植物；其中的水就会不断地循环。

难道这就是世界的工作方式吗？就其实质来看，至少是这样的。我们人和植物是相互寄生在一起的，乐于消耗植物新陈代谢所排出的氧，通过分解物和植物吃掉和氧化周围的粪便才能生存下去，通过光合作用转化太阳能才能维持生命。现在，在我们自我陶醉于赞美人类为植物和细菌服务之前，让我们停下来思考以下事实：在人类存在以前，早已有了植物与藻类，它们俩都无须依靠人类。人类的排泄物是有用的，但是对它们来说不是必须的。

当我最初仔细思考这个实验时，就感到有必要重新表述我的人与自然的观点。以往亚当和夏娃的乐园中，用来增添美感和优雅的动植物，在这项实验中大量美丽的生物不只是美化生命的措施，而是不可或缺的生命源泉。要是宇航员和他的伙伴一起旅行到月球去，他是否会发现藻类和分解物的美丽之处呢？这是值得怀疑的，但是他会明确地得出结论：它们是不可缺少的。

此外，不管我们的月球旅行者在他出发之前，他对于人和环境作为分开的实体持什么观点，现在，他的意识一定会产生飞跃，认为只要给予足够的时间，所有曾经是藻类的生物很可能成为人，所有曾经是人的生物很可能会成为藻类，这种可能性是存在的。从物质的观点来看，它们之间仅有的差别在于遗传密码的模型不同。因此，究竟什么是环境？什么是人呢？

因为我从未获得大学文凭，也没有凭免试证书进入研究生院，所以我从不幻想受到这些文凭通常授予的教育。教书是一种手段，通过它，我把零散的、不完善的和旧式的教授方法集中起来，这样做对学生不会带来什么损失，也不会因获得学位后而停滞不前，这种方法显然具有某些优点。但也有些苦恼，不少是面对普通常识感到不知所措，这种知识在晚年听起来也还完全是新鲜事。我清楚地记起，我第一次听到所有生命（很少有例外）现在和将来，永远是完全依靠植物和光合作用而生存的讲述时的情况。我回想起，当时我看看周围的人，去寻找同我一样对这突发性的讲述感到惊讶的眼神。我只发现，那些人在听到这一报导后很久，脸上仍毫无表情，对他们毫无感染力。

还要说明，叶绿体，这种支配一切的有机体，不仅凭借太阳光转变为支持所有生命的物质——糖和碳水化合物；而且，有理由相信，由于所有植物无时无刻地都在排放气体，大气中才产生游离的氧。事实上，所有食物、矿石燃料、植物纤维、大气中所有的氧、地表面的稳定性和地表水系统、大气候和小气候的改善，都是由植物来完成的。从而，所有的动物、所有的人都是依赖于植物而生存的。由于植物移植到大陆上来，从而促成了海里的两栖类、爬行类、哺乳类和人的进化，而这种依存关系是保持不变的。许多动物也起着服务于植物的重要作用，但这并不能取消动物依赖植物生存这一基本的依赖关系。

弄懂了这个依赖关系，就等于推翻了人类中心说。我环顾周围，了解一下这种观点对班上学生产生了什么影响。当人们冷漠地对着景色微笑，安于他们唯我独尊的幻想时，他们是否懂得了世界包含

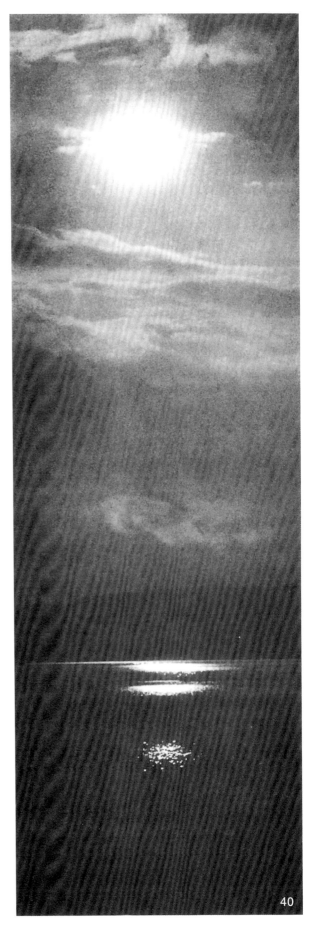

着太阳和叶子之间的工作伙伴关系。

我冒然想象出一个绿色的世界，这个世界一半朝着太阳，许多卷成杯状的叶子的凹面向着阳光，通过叶子的透明膜将阳光包入胶囊般的叶子中，保存在叶子里，这种经过改变和整理的阳光能量，从此被无数的、多种多样的生物所转化，又通过植物和动物进入人体。因此，所有现在的生命、所有过去生命的残余物、远古至今的所有生命的转化过程、所有生物和所有人，都是建立在叶绿体上面的，叶绿体依赖于太阳，当太阳的能量在消失过程中，将它捕捉和整理。就好像叶子对太阳说"在你的能量衰减之前，我可以使用一些你的能量吗？"太阳同意了。因此，叶子在太阳衰减的能量消失以前，得到了能量，把它转化为己有，维持自己以及所有其他生物的生长和进化。

用"发人深省"这个词来描写我继而见到的陈旧的但使人惊叹的报道是恰当的。我遇到的第二个报导不是出自于讲课，而是一本书，劳伦斯·亨德尔森（Lawrence Henderson）著的《环境的适应性》。该书前言上有一段最使人耳目一新的叙述：

> 达尔文所说的适应，也就是指有机体和环境之间相互关系是协调的。这一点说明环境的适应性同有机体的进化过程中出现的适应性一样是十分重要的组成成分；在适应性的一些基本特性中，实际的环境是最能适应生命居住生存的。

因此，这个概念超越了达尔文的理论，它认为物质的演化是生命适应性及其进化的先决条件。它对自然选择作了补充，不仅是成功的有机体适应自然，而环境也适应于有机体。"适应"包含有机体提供有利的环境条件这一假设，而有机体的进化是对这一有利条件的反应。亨德尔森通过详细地阐明碳、氢、氧的特性，以后乔治·霍尔德（George Wald）又加上了氮，从而得出所有的有机体99%是由这些元素组成的结论，来证明他的假设。但是，关于所有的物质都显示出适应性这一点，亨德尔森选择了海洋和水来说明：

> 环境的适应性是由水、碳酸、碳化合物、氢和氧以及海洋等具有独特的或近乎

40

独特的种种性质特征组成的一个最大的系统。它是如此巨大，如此多样。在与这一问题有关的所有事物中，它显得如此接近于完满，以至于它们结合在一起必然形成了最大可能的适应性。再也没有别的元素构成的环境，或者说缺少水或碳酸的环境，能具有如此巨大的适应特性，或者说在任何情况下，具有如此巨大的适应能力，能提高事物的复杂性、持久性，并在我们称之为"生命"的有机体内促进积极的新陈代谢。*

海洋，占地球表面的四分之三，是一个巨大的稳定的物体，温度和含碱度变化不大，具有既丰富又稳定的化学成分。在这个海洋王国中，阳光能照射进来，而有害的紫外线不能透进来，这就使生命能生存和出现。这里是生命祖先的家，生命最初就在这里创造出来的。简单的海洋有机体都是流体，与海水差不多。人的血液和早些时候的海水是相似的。劳伦·依斯莱（Loren Eiseley）说过，人从大海中解脱出来的时间尺度，可以用细胞从它的血液源中，即古时的咸水中分离出来的时间长度来衡量。所有的生物主要是薄膜包起来的含水的溶液。

生态学家把覆盖地球表面的薄薄的生命层称之为"生物圈"。它是所有有机体群落的总和，成为一个单一的超有机体。对这一点，从海洋本身可以得出有说服力的证据。亨德尔森观察到海洋的调节机能和有机体的调节机能之间有明显的一致性，这种调节机能通过蒸发，调节温度和调节含碱度来实现。

值得一提的是，总的来看，海洋的调节和生理调节过程有明显的相似性，虽然这种生理的调节过程被推测为只是有机体的进化结果。**

由低级到高级发展的生命金字塔要依赖叶绿体捕捉太阳光，这件伟大的工作是由太阳（在光合作用过程中进行巨大的复合工作）在水循环的蒸发阶段完成的，在此阶段中，水转变成蒸汽，升腾到空气中，然后变为雨或雪降下来，支持地球上的那些生物，它们是从海洋里脱离出来的，但现在还要依赖于海。

现在想象一下太阳的伟大工作，把海水蒸发、升高并变成雨降落到地上，带给饥渴着的生物。这些生物好像一条条横跨在水流必经之路上的堤坝，将海水包裹起来，成为构成它们自身的重要组成部分，形成各自独特的模样。也就是说：在海水雨（sea rain）按地球引力的规律不可改变地流向大海的途中，生物将水分捕捉，暂时地保存起来。但是，海水永远不停止地一次又一次地蒸发上升，维持和滋养着那些初级的由薄膜包着海水溶液的海洋生物。

致力于翻译工作的人，不仅要受到他们的语言知识的限制，还要受到在理解内容方面的限制。在规划过程中，我带着加进一点自然科学知识的愿望，和大多数规划师一样，严重地受到了缺乏自然科学知识的限制。不过，确实如此，人们应该知道，重大的世界演进过程依赖于不起眼的生物，称之为"有孔虫目"（Foraminifera）或"固氮菌"（Azotobacter）。它们确实起到了这样的作用。

世界上有四种元素非常丰富：碳、氢、氧和氮，它们组成了所有的有机物，有生命的生物中99%的组成部分是由它们构成的。它们的特性和蕴藏量的丰富成为环境适应性的最好的证据。这些元素确是很丰富的。例如，大气中、岩石中、海洋中，尤其是生物中都有二氧化碳；水体中含氢和氧，大气中氧的体积为20%，氮为78%。

为什么这四种元素在生命中会起核心的作用呢？生物化学家乔治·霍尔德（George Wald）在亨德尔森著述的新版书的序言中回答了这个问题："我应说，因为它们是元素周期体系中最小的元素，通过它们分别获得1、2、3和4个电子而取得稳定的电子结构。这种获取电子的特点，就是生物化学上的作用过程，通过这种作用过程，化学键（chemical bond），然后是分子，就形成了……这些元素中所谓最小的（获取电子的）点，是指它们

*Lawrence J Henderson. The Fitness of the Environment [M]. New York: The Macmillan Company, 1913:272.
**Lawrence J Henderson. The Fitness of the Environment [M]. New York: The Macmilian Company, 1913:188.

趋于形成最紧密和最稳定的键，很少有例外情况，它们能独自形成复合的各种键。为什么最后这一点是最重要的呢？因为，例如在二氧化碳中，碳元素和氧元素通过互相间形成的双键，$O=C=O$，满足它们所有想要完成的化学结合的要求。结果，独立的二氧化碳分子散发到空气中成为气体并溶解于水；植物能从空气中和水中得到它们需要的物质，动物通过吃植物得到它们所需的物质。"*

碳在生物化学中占有重要的地位，它以甲烷的形式出现于原始的世界，但被氧化为二氧化碳和水。根据哈钦森（Hutchinson）的说法"在一个潮湿的星球上，形成的二氧化碳无法积聚起来的，……因而形成了广阔的石灰矿床。据推测，地质学上前寒武纪时的石灰岩被认为是以后进入大气的二氧化碳的源泉。"**

在现代的地球上，二氧化碳和碳能从海洋、大气和岩石层中找到，有的被固定在生物圈中。二氧化碳加入到一个大循环中去，这个循环系统相对是不完整的。这种循环以火山活动为开始，通过火山活动释放原始的和次生二氧化碳资源，这种现象一般趋于在海洋深处发生。假如这是一个完整的循环系统的话，通过重复的火山活动，这些物质必然会回到该系统中去。但很显然，更多的二氧化碳是被深海里的海洋有孔虫目类动物固定下来，而通过火山活动回到该系统中去的却较少，结果造成了亏损。二氧化碳通常参加到在海洋、植物、土壤和大气表面之间的较小的循环中去。

在该体系中，海洋充当了重大的调节者作用。通过植物的光合作用把二氧化碳固定下来；这些二氧化碳来自海洋，但在地质时期的大气层中二氧化碳是保持平衡的。反过来，动物和植物的呼吸以及腐烂分解，补充了海洋中的二氧化碳，又使海洋和大气中的二氧化碳保持平衡。

碳是生命之火的核心。碳具有非常强的形成复杂化合物的能力，它形成的化合物在数量上超过了其他化合物，这是由于它形成原子链和原子环的能力强。

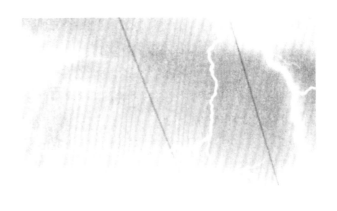

41

碳可以说是生命的中心，它来自于古代石灰矿床中固有的甲烷，通过火山活动释放出来，通过溶解而成二氧化碳；二氧化碳反复地被植物吸收利用，在海洋有孔虫目动物中不断增加并固定下来，从而从原系统中消失，除非通过火山活动才能回到原系统中。不过，在该系统中出现了新的成分，即因燃烧而产生了大量的副产品二氧化碳，它大大地增加了二氧化碳的含量标准，结果使海洋和大气中的二氧化碳失去了平衡。

*George Wald in The Fitness of the Environment by Lawrence J. Henderson, Beacon Press, Boston, 1958, p.xx.

**G E Hutchinson. The Biochemistry of the Terrestrial Atmosphere （《地球大气的生物化学》）[M].// G P Kuiper. The Earth as a Planet （《行星地球》）. Chicago: University of Chicago Press, 1954:388.

42

碳和氢结合产生了碳氢化合物（烃）。氢是化学元素周期表上第一个元素，原始的氢原子是物质演进和生物进化的基础。它是水的重要成分，也是碳氢化合物的重要参与者。在水分子中，氢键决定了水的许多基本性质，"表面张力大，结合力强，沸点高，蒸发热量大。"* 水的这些属性，被亨德尔森用来说明环境最具适应性的属性。

大气中有20%是氧。它以氧化物的形式遍布海洋、地壳和生物中。动物、植物通过呼吸和分解输入氧，氧是长时间光合作用的产物。氧和氢结合形成水，使水具有一些重要的属性；氧和碳的结合形成最重要的化合物——二氧化碳。人类的生存不能没有氧。

大气中，氮占78%，氮在岩石中是很丰富的，占重量的千分之五。相当数量的氮是被有机体从大气中吸收并固定下来。据尤金·奥德姆（Eugene Odum）说，在农业耕种地区每英亩可能多达200磅；在整个生物圈中，每英亩从1磅至6磅不等。与二氧化碳的循环不同，我们会看到，磷、氮的循环相对说来是完整的。大气是游离氮的主要源泉。植

*亨德尔森（Henderson）书中引用乔治·霍尔德语，1958，p.xxii

43

物获得氮的途径主要通过光化学的固氮作用或者通过固氮菌和藻类获得，据推测还要通过闪电作用。硝酸盐用于植物、动物和细菌的蛋白质合成中。蛋白质合成过程中产生的废物由分解物转化为氨基酸和有机的残余物。这些东西再被细菌转化为氨，再转化为硝酸盐，最后，植物可再次获得硝酸盐，再次用来进行蛋白质合成。

氮出自火成岩而进入循环，这是火山活动的产物。有些氮消失在海洋的沉积物中，但某些氮由海鸟和鱼回收起来。

在氧、氢和碳的循环中，有生命的有机体起到很重要的作用，这是带有普遍性的，也就是说，在氧—碳的氧化循环中，所有植物都能起到相同的光合作用。但在氮的循环中，只能找到由特殊的生物组成的少数几个类属，是它们起到了不可缺少的作用。如果没有它们，氮的循环将是不完整的，从而生命世界中将只有那些能直接从无机物中获取氮的生物了。

这些不可缺少的生物，在氮的循环中起到至关重要的作用。应该用"家喻户晓"称它们为人类伟大的英雄。不过，遗憾的是那些给它们命名的人，当时还不曾想到它们对生命是有重要意义，是密不可分的，只是把它们称之为"固氮菌"和"梭菌（Clostridium）"、"根溜菌（Rhizobium）"和"含珠藻属植物（Nostoc）"。

在构成有机体的物质中，还有百分之一其他物质。在这些比例很小的物质中，有许多重要的元素（包括微量金属元素在内），其中有一种微量元素，由于它在循环中所起的作用及特性，必须引起人们的特别注意。这就是磷，它对生命来说是很重要的，它加入一个较氮简单而更关键的循环系统。磷也是大量储存在岩石和矿床中的，存在于海洋和有机体中。磷和氮一样，参与动、植物的蛋白质合成。岩石中储存的磷是通过火山的磷灰石和来自海鸟及鱼类的排泄物和残余物而得到补充的。溶解的磷酸盐，被动物、植物和细菌所利用；而它们的排泄物、骨头和牙齿，被带有磷酸盐的细菌转变成一种能再次适用于蛋白质合成的物质。在这个循环系

统中，海洋与海洋深处不断地失去磷，除非通过火山活动或海水涌动才能补充，否则磷就会从这个系统中失去。显然，今天的磷循环是不完整的，这个系统中磷的回收补充速度远不如被消耗的那样快。

我们的认识逐渐提高了：人类伙伴中又增加了四种元素，碳、氢、氧、氮和一种重要的微量元素——磷。我们认识到迄今为止不为人所知的某些低微的藻类和菌类、含珠藻属植物和固氮菌等，它们对人类是极为重要的；我们懂得了应为深海的碳和磷的损失担心，水和海洋是环境适应性的基本组成部分，应得到人类尊重。

我们现在能否认识到那些无穷尽的再循环的元素，也就是那些从海洋转移到空中的，从岩石转化为溶液，也就是储存起来而又重新被火山活动释放出来的有限的物质；是否知道就是那些有限的物质经过生命流（streams of life），组成了原生质（Protoplasm），存在于活的和死的生物中，从生命中的开始起就永远地在生物中流动呢？这些物质来自火山中心，来自于古代的石灰矿床、高层大气或深海，无止境地进行再循环，支持着生命，适应着生命。

假如我们忘却了包围在我们周围的环境——大气，即围绕地球的一层膜，它的气体广泛深入大海和土壤，渗入所有有生命的生物体中，那么，即使我们发现了生物圈的主要作用者，我们的认识还是很不完全的。

大家似乎普遍地承认，地球的大气层是次生的，关于这一点，假如不通过别的方法，而只是指出大气的重稀有气体含量极低就足以证明。最初的大气中二氧化碳的含量不会那么多，这也是明显的……有理由肯定，最初，大气中没有游离氧，主要的成分很可能是氨，当失去氢时转化为氮，还有沼气。当缺少氧时，它是一种相当稳定的气体。*

这就是G.伊夫林·哈钦森（G.Evelyn Hutchinson）描写的早期的大气。根据当时的情况，哈钦森推测"（浅海中的）固体表面的反应，可能

---

*G. E. Hutchinson in The Earth as a Planet, p.422.

使土壤铝矽酸盐化，其结果可能不仅为有机合成，也为初期的生物有机体的形成，提供了进一步的条件和机会。"*

似乎有理由相信，生命的原始形式是厌氧的微生物，无须氧就能生存的微生物。确实有这样的推测：生物体发光（很像今天常见的萤火虫）是当时那段时期的残迹，那时有机体需要排除有害的氧。进一步更为有趣的推测就是这种原始的生物体发光是向动物的神经系统，因而也是向需大量消耗氧的人类大脑进化的早期形态。这就使人联想到大脑是早期废物处理系统的派生物。

接着，出现了消耗二氧化碳而排出氧的植物。植物光合作用产生的游离氧，开始在海洋中，随后在大气中，不断地增加。因有了氧和水蒸气及二氧化碳，辐射的毒害减少了，生命生存的舞台扩大了。恰恰是生命改变了大气；而大气反过来保护了生命，而且促进和维持生命的发展。

然后，让我们设想一下地球的"皮肤"——大气，生物圈外边的一层薄膜。让我们设想一下原始地球的状况，当时这层薄膜从海洋中升起，动物和植物散发出氧和二氧化碳，加上水蒸气，它们允许给予地球生命的阳光（life-giving light）透过，同时滤掉具有破坏性的射线。气泡从海洋中冒出，扩散到包围大地和整个地球。这层薄膜是不断发展的，确实成了生物界的一层"皮肤"，促进和维持愈来愈复杂的生命。现在，维系地球生命的大气，即我们的外层薄膜正在高高地笼罩着我们，它是古代生物呼吸的产物，它保护和维持我们的生命，给我们带来了温暖，替我们遮阴避雨，通过电闪雷鸣使地球充电。它通过白天、黑夜的变换调节光照，它带来了季节、气候和天气的变化，它使远处的星星闪烁，这就是弥漫在我们四周的大气层。

海洋中和陆地上的叶绿体创造了能维持生命的大气。是物质、水、叶子和分解物连同太阳，成为现在和过去一切生命的基础；也是从古至今全部生命完成的生命秩序的基础。维持生命的大气的形成是进化过程中一个最重要的组成部分。

亨德尔森观察到，由海洋显示出来的对温度和碱度的控制力量，与有机体内的自我平衡具有明显的相似之处。维持人体内的健康，体温应在华氏98.6度，只允许有非常小的偏差。人血液中的含碱量和海洋一样，是由二氧化碳来决定的，容量限度均很小，十亿分之四十四视为健康，要是降到十亿分之零点一则会昏迷和死亡。

海洋也是通过二氧化碳的作用保持着稳定的含碱量，和大气保持平衡。海洋的温度从总体上来说保持着平衡，当卡路里数量特别高，水就要通过蒸发和对流改变其温度。有机体和海洋均证明具有相似的保持动态平衡的机能。大气是否也表现出相似的机能呢？它在某些方面的变化是否也是有机的和演进的呢？

植物排出新陈代谢的副产品——氧，同时在呼吸过程中也消耗一部分氧；动物消耗氧并呼出二氧化碳。这样二氧化碳的可获得量限制了植物的数量；氧和植物蛋白质的可获得量限制了动物的数量。而当可获得的二氧化碳的量降低到较低限度时，通过温度调节也会限制植物的生长。所以大气和海洋一样，也显示出具有自我调节的机能，这种机能被亨德尔森描述为"有机的"。因此，大气也必然符合以上的描述，也就是说，必然是有机的和演进的。

当我们掌握了这些基本事实后，必然会改变对世界和我们自己的看法，当我们把大气和水体看做是演进的，显示出有机体的特性，而且大气和水体又具有自我调节的机能时，我们的生物圈的概念必然会扩大，不仅包括地球上一切有生命的生物的薄膜，而且还包括广阔海洋上面的大气。水和空气运行于所有的生命体中，空气包围和遍及我们人体左右，水湿润着人体这个贮水池。"整个演进过程，包括宇宙的和有机体两者的演进过程，是一个统一体；生物学家现在有理由认为，就其本质而言，应该以生物为中心。"**而没有必要以人类为中心。

但不会死亡的生命是令人难以想象的。给植物群体以阳光、营养、水和合适的生长环境，当这些

*Hutchinson, p.424.
**Henderson, 1913, p.312.

条件和体内所有获得的营养结合起来时，它就会繁殖。生命不仅是由刺激和反应决定的，而且是由生长来决定的，不能进一步获得营养，生命就不可能延续。因此，无生长力的有机体，若是把它们自己的物质包裹起来，不释放出来为系统所利用和再利用，有机体就会挨饿和死亡。

因此，死亡对于废物的分解和作为新生命的物质来源是必需的。当病原体和分解物把活组织的物质分解并重新把它们组织到可被其他有机体利用的形式中去，这些物质加上阳光和水，使创造新的生命有了可能，新的生命通过突变和自然选择，保证了生物的进化。

生命的开始也就是走向死亡的开始，寿命在遗传密码中已编排好了。寄生虫、病原体和老化在它们的宿主内侵袭宿主，而同时，环境和掠夺者从外部袭击生命。这些病害的力量促使生命走向死亡。食尸者、食腐者、昆虫和它们的幼虫、蠕虫、真菌和细菌把物质分解为可再利用的形式，这是一个过程，而不是瞬间完成的。

生命在延续，生物在生长、繁殖、死亡，它们的子孙后代获得突变体，因而进化才能进行下去。在这一物质还原以支持生命的阶段中，带病的物质促使生物死亡，它们与分解物共同参与生物的破坏和再循环过程。

在有限的地球上，物质是永恒的，而由古代的阳光下生长的生物死后尸体积累起来的残留物逐渐增加，地球上的物质由于分解物不断地对动物和植物的废弃物和死尸进行分解和再循环，而一次又一次地运动着的。

分解物被描述为生命循环系统中促进还原的物质。插图中可见几种分解物，我们不是希望大家都来识别这些分解物，而仅仅让大家知道这些不可缺少的有机体的形状和大小。我们也不用记住它们的名字，但这些生物确实应受到我们的尊重。第一组是藻类，毛枝藻属的细枝藻（Stigeoclonium tenue），接下来的是镰孢霉属管状霉（Fusarium aqueductum）和独缩虫属多针菌（Carchesium polypinum）。下一组是胶基杆菌属（或译"动胶菌

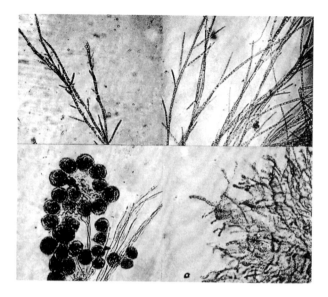
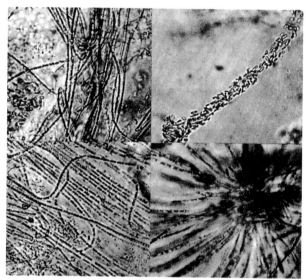

各种分解物*

---

*W.欧文（W.Irvine）所摄污水真菌和其他微生物照片。H B N Hynes. The Biology of Polluted Waters（《污水生物学》）[M]. Liverpool University Press, 1960:96.

属"）的枝状菌（Zoogloea ramigera）单独的形状，然后是和球衣菌属的浮游菌（Sphaerotilus natans）的混合，再下面是白硫菌属（或译"贝氏硫菌属"）的阿尔巴菌（Beggiatoa alba）和阿普地亚菌属乳状菌（Apodya lactea）。接下来的是成团的胶基杆菌（a massive form of Zoogloea），另一组是高倍放大的图。倒数第二例是纤毛菌属的赭色纤毛菌（Lepothrix ochracea），而最后一例是披毛菌的赭色披毛菌（Gallionella ferruginea）。

我们列举的这些自然与环境的特性，虽然仍只是局部的，但对于认识它的一些主要的工作者来看，已过多了。在缺少对自然和环境专门的认识和尊重的情况下，假如我们能对整个自然采取尊重和解的态度。或者，甚至进一步，开始去了解自然并从了解中采取行动，那就更好了。

达尔文提出了生物进化的概念，是以自然选择为其基本的机制。亨德尔森观察到，地球特别适合于物质、生命、生物和人的进化。从这两个方面来描述这种适应性都是必要的；它们是相互补充的。生物的进化仍在继续着，它很难对人有意识的操控做出反应，因为有机体的存在导致了环境是永远地并且是不可避免地要被改变。

环境包括土地、海洋、空气和生物，是变化的。因此，问题出现了，能否有意识地改变环境，使它更适应世界上的人和其他生物的需要呢？回答是肯定的，但是要做到这一点，我们必须先了解环境、环境中的生物和它们的相互作用，也就是说要了解生态学。这是规划的根本前提，它可以阐明有关目标的种种选择和实现这些目标的措施。

在长期的观察中，我们能了解物质和生命的伟大进化过程，包括时间和生命形式的历史和方向。霍尔德根据确切的证据，富有想象地大胆推断，讲到：原子渴望的正是它们从氢向最重的元素进化；化合物渴望向氨基酸进化；单细胞生物渴望向多种多样的形式进化；最早的树鼠和它们的后代渴望向人类发展；同样的，人也是渴望进化的。

观察世界和它的进化过程，我认为没有比把它们看做是无时无刻不在渴望进化更好的了，这种渴望是在一个极其爱好进化和生命的背景中产生的，在这个背景中环境是适宜的，并且可能愈来愈趋于适宜；在此背景中，适应环境的能力及环境本身的适应能力是要受到检验的。

没有过去就没有现在，没有过去和现在就没有未来。现在怎样，只能依据过去是怎样的才能理解。过去是怎样的可以解释现在怎样，但是不能预测将来会怎样。

过去是怎样的已有详尽的证据。这一点我们能给予注意。许多过去的事物已留下了它的证据。它们已被写在地貌学、解剖学、生理学、形态学和文化历史上了，尽管有些太过含糊而无法阅读。各种场所和生物是很好的教科书和老师，它们能将一切实际情况告诉那些愿意了解和能够理解的人。

生态学的观点在概念上最大的贡献或许就是把世界和进化作为一个创造的过程来理解。研究早期的地球和我们今天所知道的这颗行星之间的差别，就能简单地证明这一点。让我们追溯到地球仍是无生命的球体，受到火山猛烈的震动，当时仍没有海洋。太阳的能量当头照射在地球上面，同时相等的能量又失去了；或者说大量的能量在这个过程中递减了。

现在设想海洋已在地球上出现。太阳的射线不仅促进海水本身的蒸发，而且是水蒸气由高往低流动的动力，从而形成向地面上的降水。在这一过程中，使用的能量是和以前一样的，但是作了功，标高较高处的水比海洋里的水有更大的潜在能量。因此，水总是向低处流动，就像所有的能量总是要递减的一样。水作用于地面，通过冲蚀和沉积改变其面貌，使之趋于平坦，处于这种条件下，物质运动从较大的随机性（randomness，即无目的性）改变为较小的随机性。但是，正如保罗·B.西尔斯（Paul B.Sears）指出的"当无机的物质系统和能量系统趋于静止时，那些包含生命的系统，只要它能获得能量以保持它们向前发展，就能显示出一种相反的趋势，即趋于活跃。"*

---

*Paul B Sears. The Ecology of Man, Condon Lectures. University of Oregon Press, 1957:44.

在任何系统中，熵〔译注〕（entropy）或递减的能量必然是增加的，但在生命系统及其实现的有序化的过程中可以证明如同西尔斯描述的一样，具有一种反趋势，能量不是递减而递增的。"能量影响到生物的群落并储存在碳化合物中，维持着多种多样的生命形式，促进了它们的个体和群体的组织，加强了支持生命生存的能力，控制水体运动系统和化学变化——简言之，做功。"* 在这种情况下的能量，通过生命活动过程和物质一起被应用。能量是暂时被摄入的；它不可避免地会损失为熵，但是能量也能补充。同时，有生命的生物坚持要发展，在它们生存和改变地球的过程中，起到提高物质秩序水平的作用。这种趋势（是所有生命和全部时间的总和）与全部生命和时间已实现的有序化过程，称之为"负熵〔译注〕"（negentropy）。或者可更确切和通俗地称之为"创造"——世界的创造力。

现在，我们能把地球视为能量不可避免要递减的、不断下降的过程。但是，通过物质的演进过程和生命进化过程，能量能被生物捕获和摄取，在进化过程中，可以把物质提高到越来越高的有序的程度。我们能看到物质进化的有序化过程，这是由降水、冲蚀和沉积、火山作用和地壳上升、雷雨和蒸发等来完成的，所有这些减少物质运动的随机性，对有序化来说都是必须的，但是最重要的是：植物可视为捕获和摄取阳光基本的执行者，有序化的基

本的执行者。这就是负熵和创造。

熵是衡量作功能量大小的尺度；所有能量注定要递减的，但是当生命系统不断向更有序、更复杂，减少随机性进化时——向负熵进行时，地球上的物质系统变得更加有序。抽象地讲，当所有的能量假定是递减的、随机的、简单的、单一的、无序的，不能进一步做功，在这种条件下，才是绝对的熵。相反，理想的负熵应显示高度的秩序、复杂、多样、独特、有能力做功。这不就是对生命和进化方向的描述吗——生命和进化是负熵的、创造性的。

能否把负熵想象为一股有序的潮流，这股潮流对抗着熵的力量移动，花很小的力量，使无生命的物质秩序向生命秩序进化，使简单的生命向复杂的生命进化，使单一向多样，少量物种向无数的物种进化；在向前进化时，总是在惊险的逆境中争取动态的平衡？在这一过程中，生命、死亡、腐烂不断地循环，再生产，不断地增加有序物质的库存，这些有序的物质是通过系统，从熵那里夺取的。在生物圈内，生活在群落和它们的自然环境中的生物，它们的复杂性增加了，共生关系加强了，负熵加大了，从而进化了——正如泰亚尔·德·夏尔丹（Teilhard de Chardin）提出的，进化的自觉性不断增加。

现在，我们可以十分肯定地认为：我们人类依

*Paul B Sears. The Ecology of Man, Condon Lectures. University of Oregon Press, 1957:45.

〔译注〕

热力学第二定律指出自然界中的一切实际的宏观热力学过程都是不可逆转的，这种不可逆过程是多种多样的，每一种不可逆过程都有各自的判断热力学过程进行方向和限度的标准。例如热量只能自动地由高温物体传向低温物体，最后达到两物体温度相等为止，故其判断标准是温度。又如气体分子是由密度大处向密度小处自由扩散，直到各处密度相等为止，故其判断标准是密度。因此，人们要寻找一个共同的标准来判断各种不可逆过程进行的方向和限度，发现存在着一个新的态函数——熵，它可以作为在一定条件下确定过程进行方向和限度的判据。

"能"这一概念从正面量度运动转化能力。能越大，运动转化的能力越大；熵却从反面，即运动不能转化一面量度运动转化的能力，表示转化已经完成的程度，或运动丧失转化能力的程度。在没有外界作用的条件下，一个系统的熵越大，就越接近于平衡状态，系统能量的不可利用的部分越来越多，所以熵表示系统内部能量"耗散"或"贬值"。也就是说，熵是能的不可利用的量度。熵越大，不可利用程度高，反之，不可利用程度低。

比利时科学家普利高津（I. Prigogine）在耗散结构理论中指出，一个远离平衡状态的开放系统，由于不断与外界交换物质和能量，熵的变化可以分为两部分：一部分是系统本身由于不可逆过程引起的熵增加（dis），根据熵增加原理，这项永远是正的。另一部分是系统本身与外界交换物质和能量引起的熵流（des），这一项可正可负。整个系统的熵变化为：

$$ds（系统熵变化）=dis（熵增加）+des（熵流）$$

在孤立系统中，根本无熵流，des＝0，则ds＝dis，这就还原成热力学第二定律，dis≥0。在开放系统中，熵流des可能大于零或小于零，如果熵流是负值（简称"负熵"），且des＝-dis时，则ds系统熵变化＝0。若负熵的绝对值大于dis，即：

$$|-des|>dis，$$

则ds<0，即系统的熵变化可以小于零。这就是"熵减少"。这时总熵逐渐减少，使系统由无序变为有序，则系统保持一个低熵的非平衡的有序结构，即耗散结构。

地球就是这样的开放系统，它接受的太阳能绝大部分都释放出去了，使地球附近保持一定的温差区域，在这个区域之内，是一个低熵的关系，它输出了熵，这个体系的熵不断地减小，生物进化实际上是体系内的负熵不断增加的演变过程。

赖于太阳、各种重要元素和化合物、水、叶绿体和分解物。有了这种新的认识，我们现在可以转向太阳说："你的光辉，使我们得以生存。"我们能洞察物质世界，然后说："宇宙、世界和生命就是由物质组成的。"对大海可以说："这是我们古老的家，水滋润养育着我们。"当看到云从海中升起，降雨和流动的河水时，我们说："你们来自大海，滋养着我们，我们才得以生存。"见到植物，说："通过你们，我们才能呼吸，得到食物，方能生存。"我们要求大气："保护并持久庇护我们。"抓起一把土，就知道重要的分解物就在其中，然后说："由于你们的存在与工作，才有我们。"

当我们如此对待这些事物，通过理解来解释这些事物，我们就跨越到另一个王国去了，把愚昧无知、头脑简单抛在脑后了。现在我们再来看世界，我们的同盟者和我们自己，就十分清楚了。我们阐明了一个基本的价值体系，就可以进一步阐明工作人员的准则，一个良好的管理人员的观点。

Nature in the Metropolis
都市里的自然

——费城大都市地区开放空间和空气库的研究

讨论物质循环时好像没有必要离题去研究生物物理学。究竟是否有必要呢？细想起来，由可怜的好心人（bleeding heartism）发起的争论，显然不足以抑制愚蠢的破坏的扩散。因此，有必要拿出更好的论据来。开始积累关于世界运转方式的证据是一个有效的起点。我早年同那些无知的人进行的斗争，很显然是不成功的。我发现，虽然我献出了跳动着的火热的心，却没有取得什么效果。但是，用生态学的基本理论来诊断和处理问题却更有力量，更有价值。

假如我们设想，读者就像一名宇航员一样呆在飞船里，他对物质运动和生物进化的基本规律与宇航员同样的了解，我们能推测，他对自然的兴趣就不再停留在模糊的感情上了。我们进一步设想，他的兴趣是热切地希望理解这些不可缺少的自然演进过程的知识。我们还指望这一开创性的论述现在能引起读者更深的理解而且接受下面的观点：自然可视为相互作用的过程，有规律的，能组成一个价值体系，自然内在地为人类提供利用的机会和限制条件。现在我们的头脑得到了更好的武装，我们能把自然作为演进过程来理解并应用它来处理问题——分辨大都市地区内自然的位置。

若干年前，有人邀请我对费城地区内那些适宜作为开放空间（open space）的土地提出建议。在一开始就很明显，如果只限于在有组织的劳作场所去寻找开放空间，答案就难以找到；如果在大都市地区寻找自然的场所似乎就更为有效。为了确定自然的场所，提出下面一点似乎是合理的：自然，无须人类的投资，却为人类作出贡献，而这种贡献确是代表了价值。同时要指出，某些地区和某地自然演进过程是不适合人居住的而且有害。例如，地震区、飓风带、洪泛平原以及其他类似的地区，这似乎是合理的。这些不利地区应该禁止建设或作出规定以保证公众的安全。这似乎是一种合理和谨慎的探索问题的方法，但是我们要承认这样做的确尚属罕见。

想一想，假如你要设计一段楼梯或人行道，那么有许多明确而严格的规定；还有禁止向未成年孩子出售烟酒的规定，社会强烈地反对出售和使用麻醉剂，为制止斗殴、强奸和凶杀制定强有力的法律。我们确实应感谢这些保护措施。但是如何保证你的房屋不建在洪泛平原上，不在不稳固的沉积物上面，不建在地震带、飓风地带、易起大火的森林或者易遭沉陷、滑坡塌方的地带上，相比之下，这些在法律中却没有反映。

一方面人们以很大的努力，保证走路不踬脚；另一方面却缺少措施阻止向公共的供水资源中倾倒有毒物或污染地下水资源。人们可以防止拳头、匕首和枪弹等的袭击，但是不能免受大气中的碳氢化合物、铅、一氧化二氮、臭氧或一氧化碳的威胁。

不能防止噪声、强烈的光辐射和紧张的城市生活等的侵袭。这样，一方面考虑周全的政府为了你的安全与方便给你提供帮助；不过，同时你也仍有可能在洪泛区被洪水淹没，在沿海地区的洪水泛滥中或在地震或飓风中遭受生命和财产的损失。这种生命和财产的损失，从最坏的方面说，应归罪于犯罪性的疏忽；从最好的方面说，是由于没有政府的规定和法律等保护措施，这种无知是不可饶恕的。

很明显，应该需要些简单的规定，保证社会保护自然演进过程的价值，也就是保护社会自己。可以想象，这些具有内在价值而且限制使用的土地将成为大都市地区开放空间的来源。要是这样，这些土地应满足双重目的：既要保证至关重要的自然演进得以进行，又要把不适合于建设的土地留作别用，免遭那些经常性的自然剧烈变化的危害。也可以说，应在那些从本质上适合于建设的地区，即无各种危险以及无害于自然演进的地区进行建设。

编写这些规章不需要新的科学知识；19世纪后期的知识就足够我们使用的了。我们能够初步地描述大自然的重大演进过程及其相互作用，从而确定对某些土地允许利用的和禁止使用的程度。这样做了，接下来就属于政府和法院的事了，他们可通过适当地行使警察权，确保我们得到保护。

在我们达到上述目标之前，有必要评论一下其他两种观点。若要排除这两种观点，就要加以分析研究。第一种是经济学家的观点，认为自然总的来说一律是商品，这种商品是按时距、土地和建设费用来评价的，按照单位人口的土地量配置的。当然，自然不是一成不变的，由于历史地质、气候、自然地理、土壤、植物、动物等作用，所以自然资源内在的情况和土地利用的情况总是千变万化的。河湖、海洋与山岳这些可能不是经济学家所需要的地方，其原因是众所周知可以理解的，总之，自然**从根本上**就是多种多样的。

喜好几何图形的规划师，提出另一种不同的观点，他们主张把城市用绿环（包括农田、公共事业和其他类似用地）圈起来，建议保留绿带或引入绿带。通过法律来强行实施这种绿带，确保绿带成为永久性的开放空间，在没有其他可供选择的方案的

情况下，他们是成功的。但很显然，在这条绿带外和绿带内的自然条件没有什么不同，这条绿带不一定是最适合农业或游憩活动的地方。生态学的方法建议，大都市地区保留作为开放空间的土地应按土地的自然演进过程（natural-process lands）来选择，即该土地应从根本上适应于"绿色"的用途；这就是大都市地区内自然的位置。

某一流域高地上的一滴水，可能呈现并再现为云、降水、河湖和池塘小溪中的地表水或地下水；它能参与动物和植物的新陈代谢、蒸发、浓缩、分解、氧化、呼吸活动。同样这一滴水，可以在考察大气候和小气候中看到，也能在洪水泛滥、治理干旱和冲蚀中看到，也可以在工业、商业、农业、森林、游憩、美丽的景观中见到，这滴水也可以在云、雪、小溪、河流和大海中出现。结论是，自然是一个单一的相互作用的体系，任何部分的变化都会影响到整个体系的运作。

假如用水来说明自然演进过程中相互的作用，我们看到砍倒高地上的森林，会明显地加大洪水泛滥的发生率。这种泛滥经常是由于把江河入海口的沼泽地灌满水而造成的。地下水的污染也会影响地表水资源，反过来亦然。城市化会加大径流量、冲蚀量和沉积量，使水浑浊，水生有机物减少，天然水的纯度降低。反过来要增加疏浚费用和水处理费用，还会带来水灾的破坏和增加抗旱费用。

因此，我们可以说，陆地的演化过程是和水分不开的，新鲜水的形成过程与土地是不可分割的。接下来我们可以说，土地的管理会影响水，水的管理会影响土地演变。我们不能跟踪每一点水走过的路线，但是我们能选择某些可以辨认的水体，如降水和径流，河溪、沼泽、洪泛区的地表水，含水层中的地下水资源，还有最为重要的方面，地下含水层的回灌水等等进行研究。我们现在能提出一些简单的建议。这些建议几乎简单到无人不晓的程度，但是对于相关的地方政府的规划过程和办事人员来说却是高深而新鲜的。

水质及水量与土地管理及水的管理都有关系。泛滥是自然现象，显示出周期性频发的特点；清洁的水体中有机物质减少，但随着四季、浑浊度、溶

解氧、含碱量、温度和有生
命的种群量等的变化而变
化；冲蚀和沉积是自然现
象，但是几乎所有人类的生
存适应活动都会加快这种进
程。一块质地均匀的土壤，
通常情况下，坡度越大，冲
蚀也越大。地下水和地表水
是相互作用的，在降水量小
的时期，河沟中的水通常是
地下水；各种土壤由于它的
结构、有机物质、化学成
分、海拔高度、坡度和朝向
的不同导致农业生产力也不
一样。沼泽地是储存洪水的
地区，通常也是地下含水层
的回灌区，成为野生飞禽的
栖息地，是它们产卵和繁殖
的地方；这里是城市清洁空

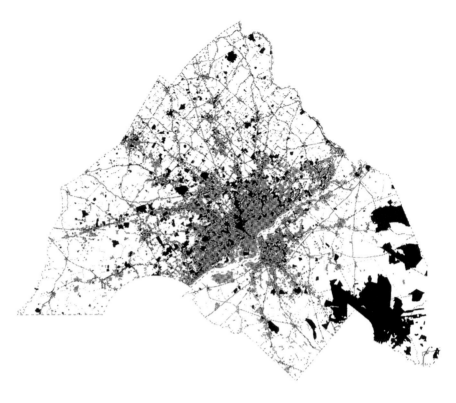

费城大都市地区现有的开放空间

气的来源，产生的新鲜空气可以替换城市排放出来
的污染空气。城市周围广大的农业地区有助于缓和
夏天的高温气候。我们是否能应用这些资料来鉴别
哪些土地应保留其自然状态，哪些土地允许其作某
种用途的开发而不允许用于其他用途，哪些土地适
合于城市化，不会带来危险，不破坏其他价值？

但是，从自然演进过程来看，是否能有足够的
土地任我们保留下来，加以合理开发，以便从中获
取利益呢？确实是可能的：因为土地是大量的。根
据法国城市地理学家让·戈特芒（Jean Gottman）的
说法，今日美国城市化土地大约只占国土面积的
1.8％。*即使在大都市地区也有大量的未开发土
地。在费城标准大都市统计地区（the Philadelphia
Standard Metropolitan Statistical Area）有3 500平方英
里（约9 065平方公里）中只有不到20%的面积今天
已经城市化了，即使人口增至600万，那时还留有
70%或2 300平方英里（约5 957平方公里）的空地。

如果真是这样，那么问题在哪里呢？简单地讲
是在城市发展的形式上。城市化是通过增加边界内

的密度以及扩大边界来进行的，总是要消耗开放空
间。结果与其他硬件设施不同，人口稀少的地方开
放空间最富裕。我们看到的这种发展增长形式是完
全不顾及自然的演进过程及其价值的。理想地讲，
大都市地区最好有两种系统，一个是按照自然的演
进过程保护的开放空间系统，另一个是城市发展的
系统。要是这两种系统结合在一起的话，就可以为
全体居民提供满意的开放空间。目前的城市发展方
法继续首先占领边缘地区，造成开放空间远离人口
的中心。从几何学的观点看，这种方案不是不可思
议的，假如整个费城地区划一个圈来表示，其半径
约为33英里（约合53公里）。目前的城市化地区可
以包括在半径15英里（约合24公里）的范围内。假
如现有的和计划的城市发展规模加在一起达到600万
人，以1英亩（约合0.4公顷）开放空间内为30人
计，那么其半径为20英里（约合32公里），比现在
仅增加5英里（约合8公里）。

我们并不是要提出一个适用于各种情况的开放
空间标准，而是从自然演进的角度找出土地形态上

---

*Jean Gottman. Megalopolis. New York: The Twentieth Century Fund, 1961:26.

的差别，及其各自的价值和限制：由此遴选出开放空间来，进而提出一个不仅包括大都市地区开放空间的布局，而且也包括确切的建设用地布局。

接着，我们将看到土地的形态、土壤、河流的分布、植物群丛、野生动物的栖息地以至于土地利用等，都有其稳定性。这些都可以通过自然地理区域的概念加以研究。现在应用这一概念还不成熟，目前只要强调自然为人类工作就够了：在许多情况下，土地在自然条件下工作得最好；还要强调，某些地区，从土地的内在性质来看，最适合于某些用途，而其他地区此种适应性就较低。从这一简单的命题出发，我们可进一步对各种土地的资料加以汇集整理。假如我们选择自然演进过程中形成的八种主要形态，按其价值和不允许人们利用的程度来排列，然后再把它们的次序倒过来，就能看到适合于城市利用的土地大体上的层次。

自然演进过程的价值；不适宜城市使用的次序	被城市使用的内在适应性次序
地表水	平地
沼泽地	森林和林地
洪泛区	陡坡地
地下水回灌区	地下含水层
地下含水层	地下水回灌区
陡坡地	洪泛区
森林和林地	沼泽地
平地	地表水

不过，在这个层次中存在着明显的矛盾，平地经常是选作城市用地，但也是适合于农业用地；这一类土地必须小心地对待。因此，头等的农业用地应确认为不适合城市化的用地，而且具有高度的社会价值；而其他的平地用自然演进的尺度来衡量，具有较低的社会价值，是适合于城市化的，而且能产生较高的价值。

在大都市区内，自然形态特征是多种多样的，这就可以选择普遍存在的某些形态特征并确定其土地利用的允许或限制使用的程度。这些规定的条款不是绝对的，要是在有价值的或者具有潜在的自然灾害危险的土地上进行理想的开发建设时，必须断

定这种开发能创造极高的价值或将来的灾害损失能得以补偿才行。

一项完整的研究应包括识别自然演进过程对人所起的作用，分清哪些土地是保护人的或者对人有危害的；哪些土地是稀缺的或特别珍贵和有价值的；哪些土地的价值是容易被破坏的。属于第一类的有促进自然净化水，驱散大气污染，改善气候，储存水体，控制干旱、洪水和冲蚀，促使地表土增厚，森林和野生物数量增加等作用，对人有保护作用或有危险的，包括入海的沼泽地和洪泛区等等；第二类是有重要的地质、生态和历史意义的地方；而海滩上的沙丘、产卵和繁殖的场地和集水区等是属于价值易遭破坏的第三类土地。

在这一研究中，不准备对上述的问题作详尽的研究。不过，识别了八种自然演进过程，从而就可用图来对这些过程加以说明和评价。每种自然特征都以考察其是否允许或禁止某种用途为出发点加以描述。从这些分析中，费城大都市地区在自然中的位置就能找出来了。

地表水（直线长度5 671英里，约9 126公里）

原则上，土地只允许那些必须占用临水位置的单位使用；即使如此，也只限于不会降低目前的和将来的地表水供应、游憩或环境美化价值的那些单位使用。预计在这一地区内临水的工业用地要求，充其量占用水岸线50直线英里（约80公里）。因此，即使满足以上要求，还能保持5 000英里（约8 047公里）水岸线的自然状态。

和这一原则一致的土地利用应包括：码头和港口设施、船坞、水厂和污水处理厂，与水有关的和在某些情况下必须用水的工业。不破坏这些水资源的土地利用有农业、森林、游憩设施、公共事业机构和居住区的绿地等。

沼泽地（173 984英亩，约704平方公里，占总面积的8.09%）

原则上，沼泽地的土地利用政策要反映其排洪蓄水、野生动物栖息和鱼虾产卵繁殖的场所等主要作用。不影响这些主要作用的土地利用的内容包括游憩活动、某些类型的农业（例如著名的酸果蔓沼）以及起到隔离城市建设的作用等。

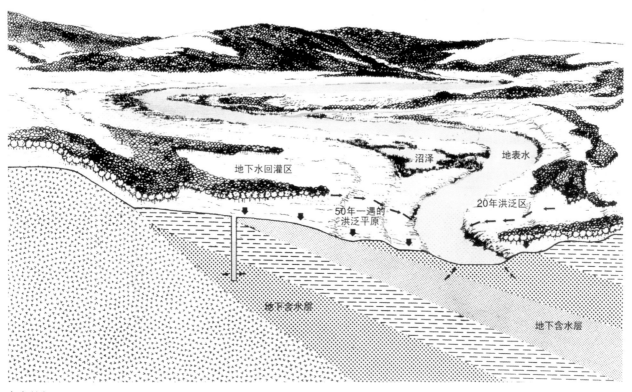

沼泽

地表水

地下水回灌区

20年洪泛区

50年一遇的
洪泛平原

地下含水层

地下含水层

水文特征

46

地表水

47

沼泽地

48

洪泛平原

森林和林地

陡坡地

一级农业用地

土地特征

洪泛平原（339 706英亩，约1 375平方公里，占15.8%）

这一地区洪泛平原的面积，每50年可能增加2%，这是普遍接受的。因此，在这个面积范围内应排除所有建设项目，留作不会受洪水泛滥之害的或和洪泛平原不能分离的建设项目使用。

根据前面的分类，洪泛平原可用作农业、森林、游憩、公共事业的开放空间和居住区的开放空间等。从与洪泛平原密切相关的这类土地利用来看，可以安排港口、码头、船坞，和水有关的工业和在某些情况下用水的工业等。

地下含水层（181 792英亩，约736平方公里，占8.3%）

含水层是一层含水的岩石、卵石或沙砾地层，根据这一定义，一般来讲可以圈划出大量的这类土地。在所调查的地区中，沿海平原有大量的多孔物质，由于延伸范围和蓄水能力不同，它和本地区其他含水层相比，是很容易辨别的。这可能是本地区内唯一的极为重要的未开采的资源。相对于新泽西州的费城来说，地下水资源估计每日产水10亿加仑（45.5亿升）。很明显，这一有价值的资源不应只是保护起来，而且还应管理好。应禁止建设排放有毒的废物或生物粪便和污水的项目。应该停止使用灌注井向含水层灌注污染物。

在地下水可能被污染的地方，使用污水管道比修筑污染地下水的化粪池显然是更符合要求的，但是要考虑到污水管道漏水达到一定数量就会造成公害。

地下含水层，由于它们的水量和水质是很不相同的，因此和其他类别的土地利用相比，土地利用

一级农业用地

森林和林地　　　　　陡坡地

的规定更是困难。不过，很显然，农业、森林、游憩和低密度的建设不会危及水资源，而工业和城市化总的来讲对地下水资源是有害的。

所有未来的土地利用活动对地下水层的危害程度，应给予确切的审查；禁止那些有害于地下水层的建设。要知道有许多河道和溪流横穿地下水层，因此，管好河道和溪流对有效地管理好地下水是很重要的。

和其他的许多城市一样，费城的水源是由肮脏的大河供应的。水是经过仔细消毒后成为饮用水的。和通常的观点相反，人们应选用脏水供人使用并施加大量的氯来消毒使之无害于人，看来，首先选用纯净水（pure water）是比较好的。这种纯净水在现有的含水层中是很丰富的；这些地下水必须保护起来，以免遭到像河水一样的命运。

地下水回灌区（118 896英亩，约481平方公里，占6%）

这个词意指地表水和地下水层之间相交汇的地区。任何一个水系内好像都有这种重要的转换地区。在河水流量小的时候，这是一个地下水向地表水流动的地区，用地下水补充河流和小溪。显然，这个转换地点通常也是被污染了的河流与相对说来清洁的或许多情况下是干净的地下水资源的转换地点，因此，这些转换地区对于保护和管理好地下水资源是十分重要的。

在费城地区，特拉华河（Delaware River）和有地下含水层的支流之间的转换地点是最为重要的。特拉华河水很脏，经常可以观察到缺少可分解脏物的氧，从而形成了臭水沟。不过，它有很厚的泥沙层，几乎有30英尺（约9米）厚，起到密封垫的作

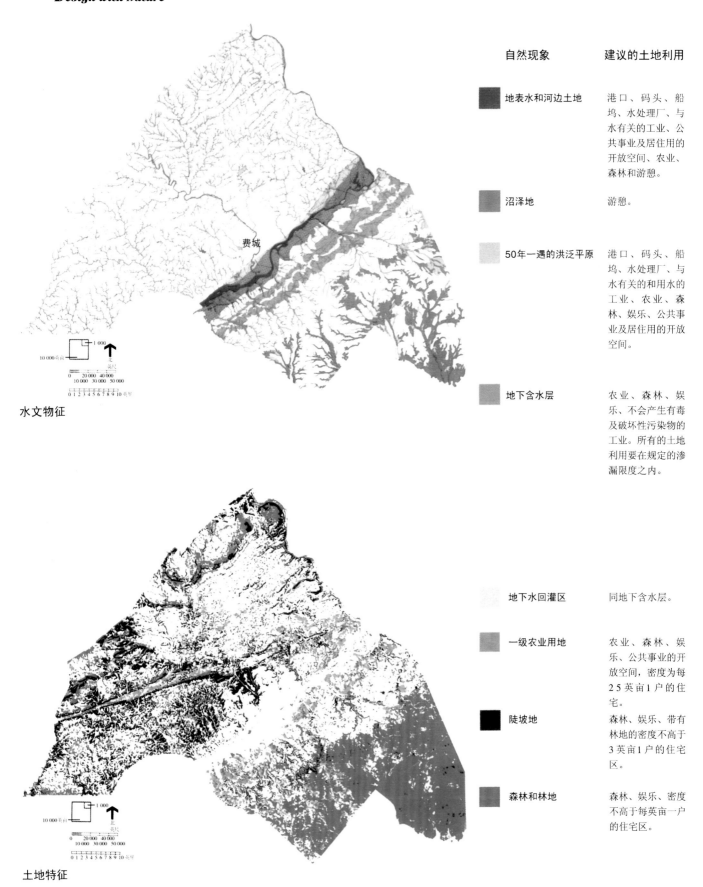

自然现象　　　建议的土地利用

地表水和河边土地　港口、码头、船坞、水处理厂、与水有关的工业、公共事业及居住用的开放空间、农业、森林和游憩。

沼泽地　游憩。

50年一遇的洪泛平原　港口、码头、船坞、水处理厂、与水有关的和用水的工业、农业、森林、娱乐、公共事业及居住用的开放空间。

地下含水层　农业、森林、娱乐、不会产生有毒及破坏性污染物的工业。所有的土地利用要在规定的渗漏限度之内。

地下水回灌区　同地下含水层。

一级农业用地　农业、森林、娱乐、公共事业的开放空间，密度为每25英亩1户的住宅。

陡坡地　森林、娱乐、带有林地的密度不高于3英亩1户的住宅区。

森林和林地　森林、娱乐、密度不高于每英亩一户的住宅区。

水文物征

土地特征

费城部分大都市地区的水文和土地特征综合图

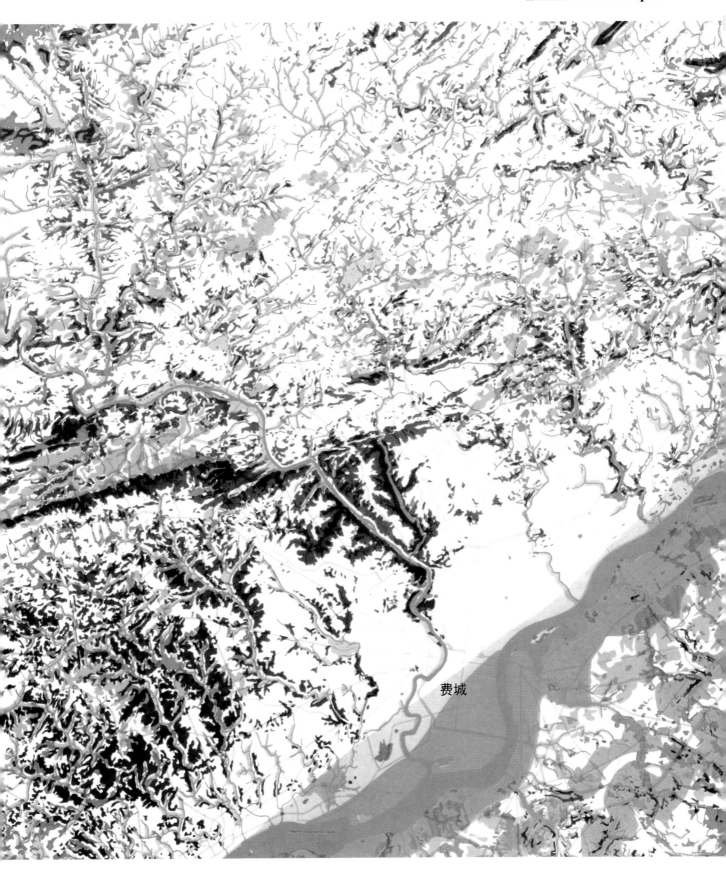

费城

用，减少了被污染的河流对邻近地下含水层的污染。只有通过地下含水层上面覆盖的多孔的土层，地表水才能渗透回含水层中去。

因此，这些地区的土地管理应从两方面来考虑，并作出规定。一方面要注意把污染的河流和地下水层分开；另一方面要保管好横穿地下含水层的河流，使之保持清洁，地下水就能得到管理和补给。在有利于地下水补给的渗透性的地表上，要管理好土地利用，保证正常的渗透进行。

陡坡地

陡坡地及其形成的土岗，其核心问题是控制泛滥和冲蚀。坡度超过12°时，土壤保护局（Soil Conservation Service）建议坡地不再作为耕地使用。出于防止冲蚀的原因，上述坡度的土地也不适于建设开发。土壤保护局推荐陡坡地应造林而放弃种植业。

要使陡坡地能起到控制冲蚀和减少径流速度的作用，这是个原则问题。土地利用要和上述作用相一致，主要应该用作造林和游憩，有时也允许建造低密度的住宅。

一级农业用地（248 816英亩，约1 007平方公里，占11.7%）

一级的农业土壤意味着最高的农业生产水平，最适合于集约耕作，对水土保持不产生危害。当这种土地用来修建比较便宜的住宅时，它们的现金价值要比农业用地高至十倍，致使农业用地的保护十分困难。不过，农田是基础性的工作场所——农民是国家最好的园艺师和维护工，也是优美景色的守护人。农田的市场价值是很低的，不能反映它蕴藏的长期价值或这些有生命力的土壤不可替代的宝贵性质。把所有的农田一揽子地保护起来是困难的，但是保护好大都市地区最好的土壤不仅是可能的，而且显然能取得满意的结果。

琼·戈特曼提出"在特大城市地区，土质优良的土地面积不多，把它放弃而作非农业使用是种浪费"。*戈特曼所说的土质就是指大都市地区的一级农业土壤。

农民由于城市化而离开了最好的耕地，经常迁到土壤质量低劣的地上去。在土壤极好的土地上，建筑物代替了农业，最后，农民只能在劣质土壤上进行生产。但这需要农业基本建设投资。"今天还未被考虑为耕地的土地，明天会变成耕地，但要以很高的投资为代价。"**

在费城标准的都市区中，至1980年，城市化的用地面积占30%。70%将留作空地。一级农业用地仅占11.7%。因此，一级土地不应开发为城市使用。

美国农业部（U.S.D.A.）确定的一类土壤，原则上规定不得进行城市建设，除非用于不降低生产潜力的特殊用途。这表明可把空闲的一级土地作为森林或作为公共事业、游憩活动等开放空间使用，或建设密度不高于25英亩（约10公顷）1户的住宅。

森林和林地

该区域内大部分自然植被是森林。这里目前的状况是森林改善了小气候，对水文状况起重大的平衡作用，减少了冲蚀、沉积、泛滥和干旱。林地美化环境的作用明显，提供了游乐的场所，它们作为游憩活动场所的潜力是所有土地类型中最高的。此外，森林维护费用低而其景观是自生不灭的。

森林可用作木材生产基地，能够调节水文，作为野生动物的栖息地、空气库（airshed）和游憩活动场所，或者能起到以上任何几种功能结合起来的作用。此外，可根据满足自然演进的要求来决定，承受一定量的集中建设。

解决大气污染主要依靠减少污染源。这个课题的讨论愈来愈激烈了，但补救措施没有相应的加强，也许是该考虑一个事实的时候了，这个事实如果能被大家认可，那至少能提高将来解决问题的可能性。城市产生污秽的空气，农村送来清洁的空气。假如我们能够弄清主导风向，特别是结合反常的气温条件来考虑，保证产生污染源的工业不放在这些城市腹地的关键地区，我们就至少不会再使情况恶化了。

空气污染集中的表现是和气温的反常，即"逆

---

*Jean Gottman. Megalopolis. New York: The Twentieth Century Fund, 1961:95.
**Edward Higbee, Chapter 6, in Gottman, Megalopolis, p.326.

温现象"有关——接近城市地面的空气不能上升，
周围的空气进不来，不能取代被污染的空气。逆温
现象的特点是：晴朗无风的夜晚，地球由于长波辐
射的影响而变得很冷，接近地面的空气因此也是冷
的。在这种反常的气温情况下，有一层稳定的地表
空气层使空气的流动受到限制，城市中的污染因此
不断地集中起来。在费城，三天中就有一天发生这
种严重的逆温现象。和逆温现象相对应的是高空污
染的发生，1957年至1959年间，曾发生过2～5天的
24小时"事件"。可见逆温现象是很普通的事，因
此高空污染也会经常发生。这两者结合起来并持续
下去是危险的，解救的办法，除了彻底根除污染源
外，风有驱散城市上空污染的作用，还必须有干净
的空气来取代被污染的空气。

　　费城污染源集中覆盖的面积为15英里×10英里
（约24公里×约16公里），其长轴的走向近似东北
方向。我们以二氧化硫为污染的指标（每天排放830
吨），空气污染的作用范围为高度500英尺（约152
米），要更换约15立方英里（约62立方公里）的空
气需要4英里/小时（约6.4公里/小时）的风速，把它
选为临界的速度。因此更换1立方英里（约4立方公
里）的空气取决于风速，每英里（约1.6公里）需走
多少时间，可见更换长轴的空气需要风走3.75小
时，短轴需要2.5小时。所以，为了保证长轴的新鲜
空气的需要，相应的在污染地区以外要保留15英里
（约24公里）长的用地，短轴方向保留10英里（约
16公里）长的用地。费城地区的风向玫瑰图（反映
某一地区风向与该地气候情况关系的图表），在逆
温期间，主导风向是西北、西和西南，约占
51.2%；其他五大风向约占48.8%。

　　这项十分概要的研究提出了空气库应根据逆温
期间预期的那些风向，延伸到城市污染源10至15英
里以外。空气库地带的宽度应和污染核心的尺寸相
一致，大约为3～5英里。这些称之为"空气库"的
地区应该禁止安排污染工业。

　　人们在研究大气问题的同时，还在研究气候和
小气候问题。在研究地区内主要问题是夏季的炎热
和潮湿。消除这种湿热要依靠风的流动。而城市周
围的腹地有较稳定的气温，特别是夏季较低的气温

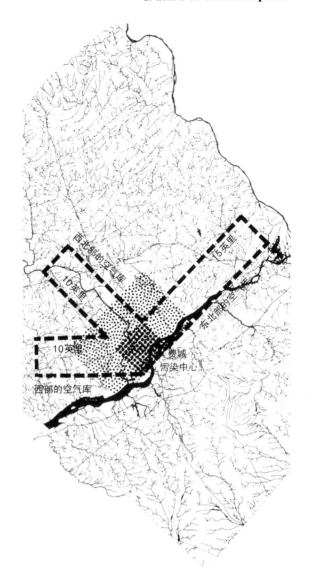

空气库

52

对于改善城市气候是很重要的。众所周知，有植被的地区，特别是森林，在夏天明显比城市凉快，相差10华氏度（约5.5摄氏度）也是常见的。在这些地区，空气的流动将较冷的空气带入城市，消除潮湿也主要靠空气流动。这种空气流动的方向和消除逆温现象的方向是一致的，因此是十分重要的。可以说，选为城市空气库的地区很可能就是选为用于改善城市小气候的地区。不过，通过空气库来清洁污染空气，很重要的一点是要在这一地带上禁止和限制污染源。而要消除夏季的炎热和潮湿，重要的是这些空气库用地上应实实在在地覆盖上植被，最好是森林。

建立城市空气库以控制空气污染和小气候，如满足了前面两项必要条件，就能创造出农村腹地楔入城市的手指状的开放空间。这大概是在大都市发展和大都市开放空间的分布方面，考虑自然过程最广泛的概念了。显然，这一建议指出城市应在各空气库走廊之间的空隙中发展，而大都市地区的开放空间也就在这些走廊里。*

人类适应自然不仅带来了利益，也要花费代价，但自然演进过程不总是具有价值属性的；也没有一个综合的计算体系来反映全部费用和利益。自然演进过程是整体的，而人类的干预是局部的和不断增加的。人们没有认识到填平河口沼泽地、砍伐高地上森林的结果及相关的对水体的影响——洪水泛滥和干旱等，也没有看到这两种活动的结果是一样的。一般都没有认识到郊区的建设与河道的淤积是有关系的，也没有认识到在河中废物积聚和远处井水的污染是有联系的。

让我们观察一下某些事实。通常的城市发展总是不断扩大而与所在场地的自然演进过程没有什么联系。但是这种发展方式所聚集的后果是从不计算的，也不将费用分摊给每个建设项目。然而某些对整个自然演进过程有害的开发建设定能增长收益，（例如：砍光伐尽森林或把农田变成一小块一小块的建设用地。）这些利益是特别的（particular）（相对于选择伐树或毁坏土壤的土地所有者而言），而后果和损失则是普遍的（general）。这

样，损失和收益很可能归属于大量的不同的无直接关系的个人、公司和各级政府。轻视自然演进过程不太可能会有长远的收益增长，但可以肯定和证明轻视自然的结果最后一定是要负担大量的费用。最后，总的来说，时常发生的收益（一般都是经济收益）太多归于私人部门，而整治环境和长期的费用通常是当地公共部门负责的。

这一探索的目的反映了自然的演进过程具有整体的特性，必须在规划过程中考虑：对系统的局部改变会影响到整个系统，自然演进过程确实具有价值，而这些价值应统一到一个单一的计算体系中去。但很不幸，我们掌握的具体调节自然过程的成本—效益比例的信息资料不多。不过，某些综合性的关系已显示出来了，作为判断基础的假设已经提出来了。显然，需要精心编制有关土地利用和开发建设的法规，以便反映公共利益的损失费用和私人行动的后果。目前的土地利用规章既没有考虑自然演进过程中的洪泛、干旱、水质、农业、美化或游憩等方面所包含的公共利益，也没有使土地所有者或开发者的行动负有责任。

即使在快速增长的大都市地区，我们看到的土地也是非常丰富的。因此，至少可假定，我们有可能对建设用地和开放空间的位置进行选择。

开放空间的分布必须要反映自然的演进过程，这一假设是研究的核心。这一概念对任何大都市地区来说，不管其位置如何，都是适用的。在这个针对费城大都市地区的特别方案研究中，人们力图围绕基本的自然演化过程进行研究，可以看出它与确定大都市的发展形式和开放空间的分布形式方面有着最密切的关系。

问题不在于绝对面积有多少，而在于如何分布。我们探索一种能使开放空间和人口聚居相互结合的概念。在城市地区和它的边缘地带内属于价值低的开放空间，我们促使将它改变成城市用地。在习惯上，城市化排除了相互的结合，消耗掉外围的开放空间。

虽然城市圈面积的增长和半径的平方成正比，但在城市边界内部，大片的开放空间能继续保持增

---

*费城空气库的研究是在作者指导下，由希迪基·希密朱（Hideki Shimizu）完成的，宾夕法尼亚大学景观建筑系，1963年，未发表。

加，而从大都市中心至边界的半径距离或时距却不
会有很大的增加。

　　这一研究方案说明应用生态的观点选择大都市
地区的开放空间问题。现在，已可看出，这一观点
对目前的规划模式会有相当大的改进。原有的规划
模式完全忽视自然演进过程，在选择开放空间时更
多的是根据千人用地指标而不是关心大都市地区的
自然面貌及其位置来编制方案。

　　这项研究出自宾夕法尼亚和新泽西州城市重建管理局（Urban Re-
newal Administration）支持的一个研究项目——"从自然发展过程中寻
找大都市地区的开放空间"（Metropolitan Open Space from Natural
Process）。本书作者是主要的调研人员，这里出版的文章完全出自于他
的研究成果。最初的项目指导是惠顿博士（Dr. W. L. C. Wheaton）。
随后这项工作得到戴维·A.华莱士博士（Dr. David A. Wallace）更多
的指导。其他调研人员包括安妮·路易丝·斯特朗（Anne Louise
Strong）、威廉·格里斯贝博士（Dr.William Grigsby）、安东尼·托马
辛纳斯博士（Dr.Anthony Tomazinas）、诺海特·图隆博士（Dr. Nohad
Toulon）和威廉·H.罗伯茨先生（Mr. William H.Roberts）。负责绘图
的研究助理有唐纳德·菲米斯特先生（Mr. Donald Phimister）和弗兰
克·肖先生（Mr. Frank Shaw）。

谁能想象长年积累起来的美洲处女地，它是如此的富饶、稳定和肥沃，超过了人们梦寐以求贪婪向往的一切。大约一万年以前，这里曾出现过一个新世界，但那个世界我们现在再也不能看到了。然而，在间冰期，当人们沿循巨大的食草动物的足迹，由西伯利亚横过大陆桥行至美洲，他们或许辨别不出有什么变化；这一新发现的环境是和古老时期的环境很相像的。只有当人们深入到南方才看到显著的变化。不过，随着时间的流逝，有关遥远的大冰原的追忆很可能仅仅是些在部落中流传的掺杂着幻想和神话的历险故事。

当时首先进入这个新世界的人类是另一种食肉动物，在某些方面和剑齿动物没有什么区别。与其他的食肉动物一样，他们的生活也要受猎物数量的限制，但是人类使用了一种新的有威力的工具，证明了他不再是普遍的猎手。

侏罗纪时期种子的出现促使花朵的数量激增。被子植物比早期的裸子植物或较早的孢子植物更能适应环境变化并能不受限制地自由扩散。就是这些新的开花植物，把它们具有果肉的胚囊移植到世界各地，成为食物的源泉，在过去的年代里，这一点还鲜为人知。被子植物的影响远远赶不上青草覆盖的大草原。大草原维持了大量能远程快速奔跑的动物群落，接着这些动物又成为食肉动物的猎物，终于人类又成为猎杀这些食肉动物的主力。青草覆盖

的大草原，哺育着食草动物并使其得以繁衍，以此为背景才出现了一种新的食肉动物，他拥有更强大的工具，超过了他的需要，超过了他的控制能力，并会造成严重的后果——也就是说要批判地评论原子时代的人类。

火是新的破坏性的工具。火在草原上不是新奇的事物，雷电引起火灾是经常的事，草原鼎盛时期确实如此。但是猎人引起的火灾比自然发生的更为经常。为了把北美的野牛、鹿、猛犸象和柱齿象驱赶到封闭的山谷中或悬崖上，很多草原就被烧掉了。当时的气候也非常恶劣，不仅威胁生物，也威胁人类，被认为是猎人破坏和恶劣气候破坏兼有的时期，结果造成北美第一次人类的巨大遗产——草原食草动物的灭绝。要是食草动物像火一样地把草原的草吃光扫尽，那么青草又会像火似的蔓延生长，而土著猎人的火，加快并完成了草原和食草动物的灭绝。这是在原始部落时期人类对大陆的第一次重大冲击。

此后一千年中，尽我们所知，再也没有类似的劫掠暴行了。从北美印第安人的习俗推测，那里的人类和自然之间变得十分和谐和平衡。从事采集和狩猎的人们知道了采猎活动要和农作物和猎物的容量相适应。在进化过程中，他们必须不断地对植物和猎物的习性有所了解。狩猎必须考虑繁殖季节，保护怀胎的母体，选择多余的雄性动物宰杀。这是

人类的一大进步。人类最早的祖先树鼠和巨大的食肉恐龙相比是很小的生物。但掌握火的猎人就不再是弱小的动物了，他已经具有与食肉恐龙相同的劫掠力量了。但是，猎人把他的打猎习惯与猎物的习性和容量适应起来，这一点确实说明他已是有思想的人了，这也是第一次证明人的大脑是管理生物界的"专用设备"。从此，人不再是简单的会说话的动物，而成了石器的制造者、火的操纵者，这就是人——有思想的猎人。不过我们必须注意，不要过分地自夸。许多别的动物，它们的大脑是不值一夸的，但是它们也能控制它们的种群数量与可获取的猎物相平衡。

对于"原始"人的认识，由于看法上存在巨大分歧，所以还十分含糊。有人理解为"高级的野蛮人（noble savage）"，另一些人认为原始的部族是设想中的存在于类人猿与人类之间的"过渡动物（missing links）"。显然，这种简单的说法既不承认也不否认高级性质的存在，原始人的脑子与他最复杂的同类的脑子是没有多大的区别的，后者所以成为至高无上的统治者，就其自身而言，是由于他们从前辈那里继承了工具、知识和才能。除极少数例外，"野性的自然"（wild nature）总是很少提供理想的环境，因而生活在原始社会的人很容易感染疾病，使寿命缩短，还容易受到极度的冷热、干旱、饥饿和曝晒的威胁。他们经常担惊受怕而且迷信，但是他们经常从环境、生物和它们的发展过程中获得令人吃惊的经验知识，这些知识都被吸收到宗教或迷信中去了。可以确切地说：他们的成功、适应自然的能力，也恰恰就是由于这些知识。能自我维持成千上万年之久的社会，就证明这种知识的存在；这确实是认为大脑是生物圈的管理者最好的证明。

信奉异教是个多余的贬义词，而泛神论[译注一]

却是一个较好的词。谁能如此完好地了解上帝，以至于拒绝其他类似的信仰呢？人们要问伏尔泰的信仰究竟是什么[译注二]，泛神论中充满了泛灵论[译注三]，它包含一种理念，认为存在着一种和物质不可分的非物质的本原（principle），所有的生命和行动都可归因于这种本原。泛神论者认为世界上的所有现象都具有神一般的属性：人和这个世界的关系是神圣的。他们相信人在自然界中的行为能影响他自己的命运，而这些行为会对生命带来影响，直接和生命有关。在这种关系中，既不存在非自然（non-nature）范畴，不存在浪漫和感情色彩。

易洛魁人[译注四]的观念是典型的印第安泛神论。易洛魁人的宇宙志是以一个理想的空中世界开始的（a perfect sky world），地球的母亲是从天上掉下来的，被鸟接住，落在一只海龟背上，即地球上。她的两个孙子是双胞胎，一个善，一个恶。第一个孙子带来的是愉快和美满：两条相似的河流向两个方向流动，使谷物饱满，猎物丰富，石头湿润，气候温和。双胞胎中的恶者带来了蝙蝠和毒蛇、漩涡和瀑布、枯萎的谷物、冰天雪地、衰老、疾病和死亡。生活的舞台就是这两种力量的对抗；这两种力量受到现实世界中人的行动的影响。总之，人的所有行动，出生与成长、生育、吃喝拉撒、打猎和采集、航海和旅行都是神圣的。

在狩猎社会里，对待猎物的态度是至关重要的。在易洛魁人中，熊受到高度尊敬。它不仅给人提供极好的熊肉和熊皮，还提供了可以长期储存供烹调用的熊油。人们站在猎得的熊面前，在宰杀之前，要作一番长长的独白，猎人要做充分的解释和保证，说明宰杀的动机是出于需要而不是不敬。以上这些对待猎物的态度确实是狩猎社会中一种进步的观念，它能确保社会的稳定，就好像烧杯中的高锰酸钾晶体，扩散以达到稳定的平衡。猎人相信所

〔译注一〕泛神论（pantheism）认为神融化在自然界中，"自然界是万物之神"，"上帝就是自然"，每一种事物本身就是上帝。泛神论的所谓"上帝"不是超自然的人格化的神，而是自然的别名。泛神论思想古代已广为流传，但"泛神论"这个词，最早于18世界由英国唯物主义哲学家托兰德提出，16世纪—18世纪流行于西欧。

〔译注二〕伏尔泰（Voltaire，1694年—1773年），法国启蒙思想家，作家，哲学家。他批判教会，但又承认神的存在，认为神是宇宙的"第一推动力"和"立法者"，为了约束人民，对神的信仰是必需的，甚至说：即使没有上帝，也要造出一个上帝来。

〔译注三〕泛灵论（animism），或译万物有灵论，认为宇宙万物都有自己的灵魂，它把自然现象精灵化，认为精灵对人和动物的生命以及世界上的一切事物都有影响。

〔译注四〕Iroquois，昔日居于北美的印第安人之一族，性强悍好战，文化程度颇高。

有的物质与行动是神圣的，都会产生一定的后果，他们要尊敬和理解他们和环境之间的关系。他们与环境要保持一种稳定状态，由此才能生活在一个和谐的自然中并得以生存下去。

我们早已放弃了这种观念。关于人的起源的构想——认为全部是神给的，给予人统治所有生命和非生物，享有征服地球的权力，这种观念在《创世纪》的创世故事中便包括了，而这正是和泛神论的观念完全对立的。希腊人不仅想出了人化的神，还有自然的神，这一信仰一直保持到盛行人文主义的文艺复兴时期之前，而对于西方的传统来说，现在泛神论经已消失了；在欧洲只有拉普人（Lapps）还坚持这种信仰。然而，布伯（Buber）、海斯希尔（Heschel）、蒂利希（Tillich）和韦格尔（Weigel），甚至泰亚尔·夏尔丹（Teilhard de Chardin）等重要的神学家都对《创世纪》的经文感到惊恐，放弃了对它的信奉，并且被它

55

的傲慢的超然存在激怒了。相比之下，泛神论者比较平和顺从的观点似乎是一种更好的人类起源的说法，至少是一个有益的假设（working hypothesis）。要是有神存在，那么一切都是神圣的。要真是如此，当然人在自然中的一切行动也就都是神圣的了。

中美洲和南美洲的原始社会发展了很高的文化，如玛雅（Maya）、阿斯特克（Aztec）、托尔梅克（Tolmec）、托尔铁克（Toltec）等文化。在北美洲没有产生这些文化。在这里只发展了原始的农

业，还是个简单的狩猎和采集社会，有思想的"食肉动物"在此经营和维持着体系的平衡长达几千年之久。他们对自然和自然的发展过程有了很敏锐的反映，这些反映在多种多样的泛神论者的宇宙志中得以制度化并成为习惯。这些东西可能不被现代西方人所接受，但作为人与自然的关系的一种，对当时的社会和他们的技术产生了实际而有效的影响。

总的来说，这些土著的社会成员指望他们的孩子所继承的物质环境，至少和前人继承时的环境一样好，这种要求今天我们很难做到。他们是美国历

史上的第一批居民，他们声称自己很好地经营了他们的资源。在随后的若干世纪中，生活与知识已经变得更为复杂，但不管我们提出了什么样的借口，很明显我们做不到他们那样。

再造就一个由哥伦布（Columbus）和科尔蒂斯（Cortes）、卡伯特（Cabot）和卡蒂埃（Cartier）、弗罗比舍（Frobisher）和德雷克（Drake）经历过的使人敬畏的发现（新大陆）的场景是完全不可能的了。随后成千上万的人到这里来寻找避难所、土地、黄金、白银、毛皮或自由和基地，我们难以感受当他们面对这些从未接触过、从未见过的土地和希望时所产生的惊喜，但他们是否知道，这是最后一块恩赐的"丰饶角"（cornucopia，在希腊神话中象征富饶）。有谁再能像巴波亚（Balboa，西班牙探险家，西太平洋的发现人）一样，发现一块新大陆和新的海洋呢？

但是至今仍剩下许多未触动过的地方，人们仅仅见过或留下足迹。交通不便和贫困是个"伟大"的保护者，保证了这里仍是早些时候西方人开拓新大陆时的景象。例如：麦金莱山（Mount McKinley）和阿塞巴斯卡冰川（Athabaska Glacier）；北大西洋拍打的缅因州的岩石海岸；夏威夷的基拉韦厄火山（Kilauea Volcano）；约塞米蒂（Yosemite）和蒂顿（Tetons）的壮丽地质奇观；得克萨斯州和俄克拉何马州的公园风景；亚利桑那和新墨西哥州的广阔如画的沙漠；宰恩（Zion）和布赖斯（Bryce）的棕榈、红树林沼泽地和刻蚀（sculpture，即由于侵蚀而改变的地形）；科罗拉多大峡谷的地质幻境；哈特勒斯（Hatteras）的沙洲；阿巴拉契亚高原（Appalachian Plateau）；东部森林的腹地；太平洋沿岸巨大的红杉林；以及凝聚其间的雾气；克雷特火山口湖（Crater Lake）；南塔基特（Nantucket）；哥伦比亚（Columbia）和桑格雷-德克里斯托山脉（Sangre di Cristo Mountains）；纽约州西北部的雨林和阿迪朗达克山脉（Adirondacks）丰富多彩的景色；密西西比河流域和它的三角洲。

在这些地方，很多动物已经惨痛的绝迹了，但是一些灰熊还保存到现在，还有美洲野牛、大角鹿、驯鹿、叉角羚、野山羊、山狮、美洲豹、猞猁、美国山猫、草原狼、白头雕和鱼鹰、大苍鹭，在加利福尼亚外海产仔的鲸、海豹和海狮、鲨鱼、海豚、旗鱼和金枪鱼。

早期的美国人居住在班杜里亚（Bandolier），他们的后代在弗德台地（Mesa Verde）活动，而今天他们生活在新墨西哥的祖尼（Zuni）、陶斯（Taos）和内华达州的阿科马（Acoma）。这些地方是极其珍贵的遗产，其中大部分地区可以称之为希腊神话中的"丰饶角"，但今天只留下了野狼的踪迹。铁路边缘的和野生的灌木树篱，是形成深厚肥沃草根泥的植物的后代。这种草根泥是地质学上的财富，超过了所有梦寐以求的金银和煤铁。美国中西部的大草原上已不再有一度统治大草原的巨兽的痕迹了。

当哥伦布、庞斯·德·利昂（Ponce de Leon）、科尔蒂斯、卡布里卢（Cabrillo）和科罗纳多（Coronado）到达美洲时，他们把伊比利亚人的文化传统带到了美洲。卡伯特（Cabot）、弗罗比舍、德雷克、赫德森（Hudson）和巴芬（Baffin）等人带来了英格兰的风俗习惯，而卡蒂埃、马尔凯特（Marquette）和乔利特（Joliette）是传入法兰西文化的先驱。这些人和他们后来的同胞，都是在醉心于探险和征服的旗帜下统一起来的，尽管他们对待这块原始大陆的态度有着重大的区别。

假如我们通过狭窄的历史窗口，去观察这些外来文化对这块土地的态度，可以看到有四个明显的阶段，每个阶段都和某个民族有联系。16世纪，最初的探险者带来了文艺复兴时期伟大的人文主义思想。文艺复兴起源于意大利，而在这里能找到对人和自然的人文主义的表达。

这种抵制中世纪宇宙观，体现人的伟大力量的设想，在一系列工程中都可以见到。最早是在佛罗伦萨出现的花园和别墅，此后，这种形式集中表现的中心移到了罗马和蒂沃利（Tivoli）。伯拉孟特（Bramante）、利戈里沃（Ligorio）、拉斐尔（Raphael）、帕拉迪奥（Palladio）和维尼奥拉（Vignola）在这块土地上创造了象征人文主义的形式，可以看到：美狄奇别墅（Villa Medici），德·埃斯特（Villa d'Este）和兰特别墅（Villa Lante）、

中世纪花园

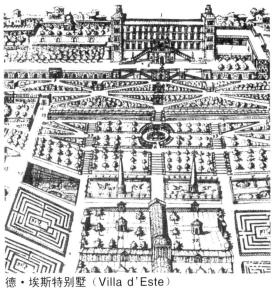

德·埃斯特别墅（Villa d'Este）

德·埃斯特别墅的喷泉墙

58

刺绣式花坛

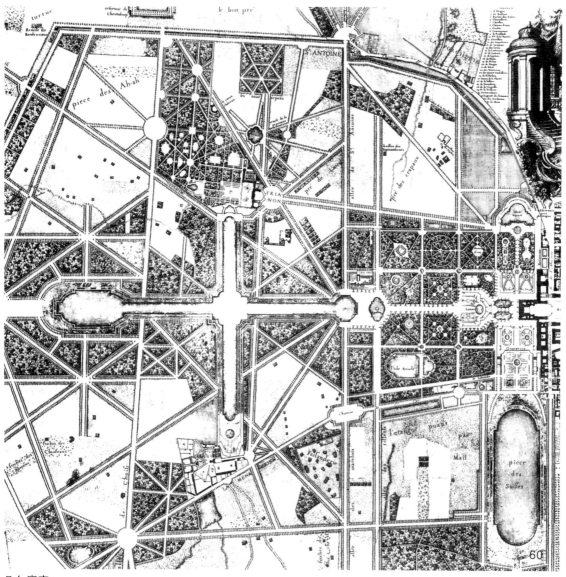

凡尔赛宫

马达姆别墅（Villa Madama）和博博里花园（Boboli Gardens）；后期有奥尔多布兰弟尼别墅（Villa Aldobrandini）和蒙德拉贡别墅（Mondragone）。在这些花园别墅中，通过强行设置简单的欧几里得几何形状的景观，可以看到人们的权威和力量，而在这段时期内，这种形式用得越来越多。人们将简单、有趣、有规划的幻想和伟大的艺术结合在一起，强加到当时人们不了解和不关心的自然中去。这种花园体现了人的优越感。

第二阶段是在一个世纪后出现的，这是最早的殖民时期，但是影响力和表现的中心转向法兰西。在一块平坦而任人处理的土地上，大规模地应用了同样简单的人格化的景观，所以在孚—勒—维贡别墅（Vaux-Le-Vicomte）和凡尔赛宫（Versailles）可以见到安德烈·诺特（Andrede Le Notre）的作品所表达的法兰西巴洛克形式，在这里欧几里得几何图形达到了顶峰。路易十四在凡尔赛宫设置了一对对交叉的轴线，象征着君权神授；错落有致的花园，证明他是神的化身，对其领地和受其支配的自然有至高无上的权力。或者说让人看起来真是如此。

在西方的传统中，除了英国18世纪和它的扩张时期外，都把风景建筑和造园看做是一回事，正像阿尔罕布拉宫（Alhambra）、圣·高尔大教堂（Abbey of St.Gall）、德·埃斯特别墅或凡尔赛宫那样。在这一传统中，把装饰性的和易整形的植物布置成简单的几何图形，成为一个可以理解的超自然的象征，即一个由人创造的顺从的和有秩序的世界。

在这里，植物的装饰性是压倒一切的，决不被生态群落的概念所动摇。植物和家畜、狗、猫、矮

孚—勒—维贡别墅

马、金丝雀和金鱼等的功能是一样的，既要忍受人的摆布，又要依赖于人；草地、树丛、花丛和树木都易于处置和于人有益，因而就成了人的伴侣，成为家庭中的供养物。

这是一种用墙围起来、和自然分开的花园：它是仁慈的象征，使人愉快、平静，是供人思考和反省的孤岛。这种花园一贯不变的最终象征是花朵儿。

这些花园不仅是从自然中精选出来的，经过了装饰和栽培，通过有规则的装饰布置，它们不像大自然那样的复杂，而是简化为一个简单的可以理解的几何图案了。因此，人们仅仅要求这些精选出来的自然能够保证创造一个象征亲切和有秩序的世界——这是世界上的一个岛，却又与世界隔绝。不过，人们还是认识到围墙之外的自然形式和景观显然是不同的。劳伦·依斯莱（Loren Eiseley）说过："人们还不知道自己是和野生世界紧密联系着"。这种花园象征着一个人工栽培的自然，野生的东西是被排除在外的。的确，只有那些相信自己可以与

格莱米河畔的布兰希姆宫（The Glyme, Blenheim Palace）

自然分离的人需要这样的花园。对于泛神论者来说，自然本身是最好的花园。

每个世纪你都能看到一种影响力的转变，到了18世纪即第三阶段，这种影响力转移到了英格兰，那里开始出现了现代的观点，但还未达到真正的全盛时期。人们相信，人和自然的某种结合是可能的，这种结合不仅能创造而且能加以理想化，一批风景建筑师利用这一时期的作家和诗人的幻想、画家的想象，以及来自东方学家（Orientalist）威廉·坦普尔爵士（Sir William Temple）提供的完全不同的有关秩序的启示，继而又通过后继者威廉·肯特（William Kent）、汉弗莱·雷普顿（Humphrey Repton）、兰斯洛特（"能人"）·布朗〔译注〕、尤维得尔·普赖斯（Uvedale Price）、佩恩·奈特（Payne Knight）和威廉·森斯通（William Shenstone）等人的努力，终于把英国杂乱的地形和景色变成我们今天见到的美好的样子。没有任何一

个社会能将整个景观改变得如此完善，这是西方世界最伟大的艺术创造，而它的经验至今仍鲜为人知。

18世纪的英国风景建筑师，他们"越过围墙，看到整个大自然是一个花园"。*在围墙外面，"人们眼前是一个新的世界"。这种飞跃是随着活动领域的扩大，新的自然观驱散了老的自然观，新的审美观得以发展后才发生的。

最初的农村到处是荒山秃岭，农业也极为落后，还保持着中世纪的小土地所有制。最后新的风景传统使整个乡村复兴起来，这种美好的形象一直持续到今天。事实证明了肯特、布朗、雷普顿和他们追随者的预见，他们缺少生态科学知识，采用本地的植物来创造群落，很好地反映自然过程，使他们的创造物持续至今并能自生不灭地生存下去。

从功能上看，这种景观的目的是要造就一个有生产力的、良性运转的环境。山顶和山脚种植森

〔译注〕兰斯洛特·布朗（Lancelot（"Capability"）Brown，1716年—1783年），人们称他"能人"布朗，曾设计过许多著名的英国乡村别墅的花园，对18世纪的风景园林建筑有很大的影响。

*Horace Walpole, Anecdotes of Painting in England with some Account of the Principal Artists, collected and digested by George Vertue, Henry G. Bohn, London, 1849. Vol. III, p.801

林，河谷覆盖大草地，并在其中建设湖泊和弯弯曲曲的河溪。这种新的景观促使产生了广阔的草地和牛、马、羊群。森林提供了有价值的木材（伊夫林（Evelyn）早就痛惜过森林的缺乏），并维持猎物的生存，而草原上自由分布的矮树成为牲畜躲避阳光的地方。

考虑到造船的需要，最好种植橡树和山毛榉，其树形最为高大，但是需要从小树开始种植。但在北坡土层薄的地方以及高处，不适于种这种树，应种松树和桦树。河道两旁种杨树、柳树更为增色，而低洼地宜于芳草和草甸花生长。

不过，要达到这一目标，远比单纯的功能复杂。克劳德·洛兰（Claude Lorraine），波辛（Poussin）和萨尔维托·罗莎（Salvator Rosa）绘制的许多罗马四郊平原的风景画是歌颂自然的颂歌，它使诗人和作家们着了迷，从而发展成一个理想的自然的概念。这种关于自然的概念在中世纪的景观中显然是不存在的。它毕竟是种创造。其主导的原则是："自然是最好的园艺设计师"，这是一种经验主义生态学的观点。围墙内花园里装饰性的园艺技术被人蔑视，早期的生态学观念代替了它。唯有低洼的草地是由人工技艺栽培的，其他组成部分保持自然状态。把自然中具有引人注目的和美感特性的东西开发利用起来，真实地表现自然，但是首先出自于观察自然。

自然本身产生了美；人们放弃了文艺复兴时期简单的几何图形（并不是图形简单而是头脑简单的表现）。"自然厌弃直线"。在东方，则把美建立在内在的不对称平衡的基础上，这也肯定了以上这种观点。18世纪时景观开始了革命，排除了古典主义的形式和强加的象征人和自然结合的几何图形。

这种传统在许多方面是很重要的，它在景观中树立了以应用生态学作为功能和美学的基础。的确，在现代建筑宣言——"形式追随功能[译注]"——提出以前已被18世纪的概念所取代。在那种观念中，形式与过程是单一现象不可分割的两个方面。这种观点由于影响范围很大变得十分重要。回

想起当要求"能人"布朗承担爱尔兰的一项工程时，他回答说："我还没有把英格兰搞完呢"。其重要的另一个原因在于事实上这是个创造。这里的风景建筑师，如同一个有经验的医生，为一块病态的土地带来生机和美丽。人是懂得自然法则和形式的艺术家，很好地加速了自然的再生产过程，今天谁能辨别人工加工的和未触动过的自然的区别呢？是大自然完成了人类的工作。

这个传统很难找到它的毛病：但必须看到人们普遍接受它的生态学和美学原则，而实现这一原则的行动只限于特定的范围。这种原则本质上反映了基于牛、马、羊的农业经济。它从来不针对城市，城市在18世纪仍保持着文艺复兴的原型，只是在城市的广场、公园、绿带和自然的植被等方面和18世纪以前的城市是有区别的。

否认自然是粗野的、恶劣的——破落的天堂——承认土地是生命的环境，它可以变得富饶而美丽，这是西方世界伟大的根本性的观念大转变。这无疑会有一些奇怪的鼓吹者；他们的脑子里充满了高贵的野蛮人的幻想和许多其他的观点，就像一些满脑子极度浪漫主义的隐士一样站在岩洞和破碎的希腊瓶瓶罐罐旁边，但这代表了早期生态学，它的实践家们比理论鼓吹者更有理解力和能力，从而一直坚持到现在。

不过，这种完全新奇的观点，对所有要打开一个伟大的自然宝库的人来说是最好不过的，但是，一直到19世纪中叶它才进入美国人的意识，当时安德鲁·杰克逊·唐宁（Andrew Jackson Downing）鼓吹哥特式建筑的偏见已到了最后阶段。一直到19世纪末，英国风景的传统才由弗雷德里克·劳·奥姆斯泰德（Frederick Law Olmsted）很好地宣传提倡，但这已太晚了，不能深刻地影响美国的时代思潮；美国西部已开放，大规模的劫掠一直没有停止过。不过，由于有了这种生态学的观点，美国国家公园体系、两旁种草种树的林园大路、学院的校园以及充满人情味的郊区都应运而生了。

但是美国的风格只有一部分是受到伟大的18世

〔译注〕"形式追随功能（form follows function）"的口号，最先由芝加哥学派的沙利文（Louis Henry Sullivan，1856年—1924年）提出，这一口号为功能主义的建筑设计思想开辟了道路。

中央公园，纽约

纪经验的影响。占统治地位的意图是征服自然，由此而形成的结果，不是证明其自身的掠夺性，就是表现为头脑简单的欧几里得几何图形。18世纪的景观传统只是保存在那些保留着自然美的专用地中，以及在那些小而珍贵的、作为城市补偿的绿岛中还能看到。

还有一种比以上这些传统更古老的传统，从某种意义上讲，它是一种有生命力的传统。不过，它的观点十分与众不同：它源自伊斯兰教，被西班牙和西班牙—美国传统吸收应用。从9世纪至12世纪，摩尔人（Moors）开化了北非和伊比利亚半岛，证明了他们具有落后的欧洲邻居梦想不到的文化。他们经受得住野蛮的十字军的讨伐，但在西班牙他们屈从于查理五世大帝〔译注一〕，他毫不留情地破坏了穆斯林艺术和建筑，用西班牙文艺复兴的狭隘粗俗的东西来代替它们。

伊斯兰教对自然的态度，实际上和查理五世的野蛮态度同出于一源。两者都来源于《创世纪》。摩尔人把重点放在第二章上，奉谕来装饰花园并维护它，人是花园的掌管人，他们相信人能够制造一个天然的花园，天堂能由聪明人创造并由艺术家来实现。甚至天堂里的花园都带有城市形式的成分。

这种亚洲人的非基督教的最为仁慈的观点渗透到西班牙人的思想中去。由于它特别巧妙地适应了干热气候，因此一直坚持到今天，而且创造出一种直截了当的美丽的形式——伊斯兰建筑形式。最为光辉的实例有：以装饰豪华著称的中古西班牙摩尔人诸王的宫殿，阿尔汉布拉宫〔译注二〕和吉纳勒尔莱夫花园（Generalife）。但是伟大的伊斯兰传统现在已差不多消失了，而目前给人的印象是美术学院派（Eco des Beaux Arts）的那种颓废的城市形式组成的，并受到新的不协调的国际建筑风格的侵扰。

最后一个阶段包括19和20世纪。这种观点极大程度上代表了旧时代征服自然的态度。但是，这时采用了威力越来越大的工具来征服自然，引起了对社会公平忧虑的不断增加——但是对于土地来说，至今还没有什么改变。我们看到的是弱小的萎缩的原始动物的后代，它们得到的食物相当可怜，随意杂食腐烂的动物尸体、植物的根茎、禽蛋，偶尔能猎杀的一些猎物，对仁慈自然的养育，已经产生了很大的敌意。人类的本能和天性（曾维系过他的类人猿祖先以及后来的人类祖先的经验知识）已消失

〔译注一〕Charles V, 1500年—1558年，曾于1519年—1556年为神圣罗马帝国皇帝，1516年—1556年为西班牙皇帝，西班牙称他为查理一世。
〔译注二〕Alhambra, 阿拉伯文原意为"红宫"。建于1238年—1358年的西班牙安达卢西亚地区格兰纳达的摩尔人王国的宫殿和城堡。

阿尔汉布拉，长春庭（Myrtle Court）

了，而人类祖先的脑子当时还不足以令他从"丰饶角"取得足够的食物：因此他的敌意增加了。今天，人类能从土地的恩赐中得到好处和乐趣，但是他的敌意还如退化了的尾巴或阑尾一样保留着。

我们的信条是很明确的：人是具有排他性的神，被给予支配、主宰地球的权力。在阿伦·戴维·戈登（Aaron David Gordon）为了犹太复国主义提出所谓犹太人回到故土上去再发现上帝之前，犹太教就已信奉这种观点了。中世纪的基督教会引进了超世俗、修来世的习俗，它只是使古老戒律中诸训喻引发的后果更加严重。现在尘世上的生命被看做是今后生命的准备。世界和自然是物质的，它们成了魔鬼的觊觎。这是个堕落的世界，因此从伊甸园掉了下来，自然分担了人类的原罪：实际上这是指自然是人类的诱惑物，以及人从天堂降落凡间

的原因。还有两种相反的观点：邓斯·斯科特斯〔译注一〕和埃里杰纳〔译注二〕谋求通过自然显示上帝的存在，而阿西西的圣芳济〔译注三〕谋求去热爱自然而不是去征服它。但圣芳济的这一观点没有很好地被接受，他死后，他的圣方济会被交给了基督教世界中最腐败的一个人。

在耶稣教新教运动中，有两种明显不同的观点。路德教徒（Lutherans）强调上帝随时随地都存在于宇宙万物之中，需要的是感觉和领悟而不是行动。相反，加尔文教徒（Calvinists）决心要完成上帝在地球上的工作，通过神圣的人的工作拯救自然，加尔文相信他的作用是要征服世俗的、无理性的自然，使它屈从于上帝的信徒——人。

细读这几段文章后，你会看到两种明显相反的论点。同样是闪米特人〔译注四〕，同样生活在干旱和

〔译注一〕 Duns Scotus，1265年—1308年，苏格兰的圣方济会修道士和哲学家。
〔译注二〕 Erigena，公元9世纪时著名的科学家。
〔译注三〕 Francis of Assisi，生于意大利的阿西西，并于1208年在该地创立天主教圣方济会。
〔译注四〕 Semitic people，指阿拉伯和犹太人。

65

洲农业最为落后的地位而成为欧洲领先的国家。不过，同样是在英格兰，人口中主要是英国圣公会教徒（他们的观点更多地和路德教相似，而不同于加尔文教），它成了工业革命的摇篮，成为征服和掠夺自然的先驱。

还要提一下永远无法完全压制住的、离经叛道的异教徒和无宗教信仰者的观点。他们的观点先在古希腊出现，以后广泛地在罗马流传，中世纪时还有其痕迹（在基督教节日举行的庆祝活动中还保留着某些他们古老的内涵），还有18世纪自然主义者的观点。在今天我们称为"保护运动"中，这种对往日的追忆还极为强烈地持续着。似乎可以肯定，无论哪种宗教都要追随某种信仰，它们热爱自然，抚育和爱护自然，而在犹太教或基督教中自然没有获得什么地位。

在荒芜的地方或在简单的聚居地，犹太人的态度对自然很少有直接的影响。在中世纪基督教会中相同的态度也很少有影响。中世纪的城市在城墙里面挤成一团，而围绕它们周围的自然如同茫茫大海。在城墙里面，拱顶高高耸起的庄严的哥特式建筑内响起了赞歌，但是自然没有受到影响。文艺复兴时期，在人文主义观点的基础上，或者说在人与自然关系很不充分理解的基础上，产生了许多美丽的花园。这些花园（如果不把它们作为抽象的象征）仅能使人感到愉快。但是在法国文艺复兴时期，人们又高谈阔论着同一议题，人们对这一伟大的幻想开始害怕起来。一些支持者

恶劣的环境中；他们的宗教观都出自于《创世纪》的同一来源，但对于人和自然之间关系的看法却发展出两种很不相同的观点。第一种是以伊斯兰教为代表，强调人能在地球上建造天堂，使荒芜土地开花结果，他们将成为创造者和管理者。但犹太人和后来的基督教则强调征服。

18世纪时，把全部自然看做是一个大花园的观点在英国发展到使人吃惊的鼎盛程度：人能使土地顷刻间富饶和美丽起来。这种新观点使英格兰在一个世纪内消除了中世纪的穷困面貌，改变了它在欧

们似乎看到即将来临的地球末日，把他们的征服者的信条带给了别的民族以及所有等待开发的土地。

18世纪产生了新的观点——自由人：这一变革影响到了一个国家，但对分散到世界各地掠夺土地的所有的"征服者"〔译注一〕的态度来说，没有丝毫的改变。这种观点确实不足以安抚下一代英国人，他们如此热衷于鼓吹工业革命。假如斯托（Stowe）和伍德斯托克（Woodstock）、劳谢姆（Rousham）和利斯奥（Leasowes）是18世纪工业革命的象征，那么曼彻斯特（Manchesters）和布拉德福德（Bradfords）等工业城市中环境恶劣黑暗的工厂是它们后继者的代表。

这就是我们继承的许多破烂的古老观点，这些观点大多数出自于无知，使人产生恐惧和敌对情绪，肯定会产生破坏，无助于创造。让我们看看人形外表内绝对以人自身为中心的自私本性，你会看到人是破坏者、原子炸弹专家、砍伐森林者、不顾一切的采矿者，他使空气和水质恶化，破坏整个野生物种：只会令开推土机的驾驶员满意，愈加丑化了环境。

到这块大陆来的早期殖民者确实是在哥白尼学说产生以前，但他们的无知不能成为我们原谅自己的借口。对他们的掠夺行为如果感到可悲的话，是可以理解的。他们的天赋似乎就是向自然开战；他们决心要征服这一敌人。他们没有觉察到这和耗尽他们自己的具有历史意义的家乡故土上的资源同样是无知的，是完全一样的掠夺。他们继承的传统和观点认为：自然是无人性的、粗野的、荒凉的，是充满物质欲、肉欲和情欲诱惑的场所，是与热望神圣完全相反的。我们应很好地问一问这种惊人的错觉是从何而来的，这是所有观点中破坏性最大的，这证明他们在侵略中带有根深蒂固的自卑感。他们所碰到的土著民族没有产生过这种愤恨自然的观念。他们对于人类的命运和义务具有不同的观念。

我们已经看到，许多不同民族的祖先对待自然的态度和他们带给这块沉睡大陆的不同信条。今天我们能看到这些观点的结果，也就是记录在土地上的我们的制度和城市。其中许多看起来是非凡的，证明了这个民族的伟大。这里是唯一一个社会革命获得成功的地方。正义的俄国革命的幻想破灭了，半个世纪后，追随俄国式革命的中国也一无所获〔译注二〕。法国革命没有结果，阶级矛盾依然存在。伟大而光荣的麦迪逊（Madison）和汉密尔顿（Hamilton）、杰弗逊（Jefferson）和华盛顿（Washington）设计了第一个成功的社会革命。从某些方面看，这个革命的好几个方面还不完善，但是它仍然给世界留下了一个伟大的例子。

在取得伟大成就的同时，产生了一些反面的问题。就在这同一时期，当殖民的人流和流亡者们勤奋工作并发挥他们的独创性，劳动成果的分配不断增加时，这里却发生了世界上空前的、非常严重的资源掠夺。不仅如此，这些所作所为产生的后果在城镇中都能看到，这些城市越来越成为世界历史上前所未有的最丑陋和最庸俗的场所。而许多较小的国家，如瑞士、挪威和荷兰，能为世界提供许多优秀的管理土地和城市建设的例证。

对世界上最后一块伟大的"丰饶角"的洗劫产生了看得见的后果，出现了人类从未有过的、最大的、最不人道的和最难看的城市。这是对美国实验（American experiment）的最大控诉。贫穷能对粗俗起到很大的限制作用，而富有能使这种粗俗泛滥，但仅仅这一点是不能解释美国的失败的。显然，正是由于极度的无知导致我们没能为自由的土地创造一个美丽的面貌，没能为勇士们的城市和家园创造富有人性的更能适应人类生活需要的形式。

〔译注一〕指16世纪征服秘鲁、墨西哥等地的西班牙人。
〔译注二〕这是作者片面的观点。

A Response to Values

对价值观的回应

——沃辛顿河谷地区研究

今天，我们关心的是要树立一种观念，即自然现象是相互作用的、动态的发展过程，是各种自然规律的反映，而这些自然现象为人类提供了使用的机遇和限制。每块土地或水面对某一种或多种的土地利用都具有内在的适应性，在这些使用的类目中都有它的次序——这些都是可以衡量评价的。但是什么是土地的容量呢？能否用一块现有的场地，根据它可预期的发展来试验一下，证明这一概念呢？进一步说，例如河谷地区（The Valleys）的例子，能否说明它是普遍的社会问题呢？这是一个大都市地区郊区发展的研究方案。在通常情况下，这样的地区会变成早期郊区化的牺牲品。因此，问题是要应用生态规划的原则并试用这些原则来抵制大都市的发展和市场机制的要求。

每年三月都要举行全国性的大赛马会。为了赢得马诺尔夫人和马里兰杯（My Lady's Manor and the Maryland Cup），每年第一流的赛马骑师和他们优秀的障碍赛马来到马里兰州巴尔的摩县这个美丽的格林·斯普林和沃辛顿河谷（Green Spring and Worthington Valleys）来。这里的春天景色秀丽，马匹、无角黑牛（Aberdeen Angus）和赫勒福德种牛（Herefords）在白栅栏围起的牧场中放牧，琼斯瀑布（Jones Falls）在美国梧桐和柳树林中蜿蜒流过。高地从河谷升起，上面生长着茂密的森林，穿插着狭窄的道路，这些道路在教堂或基督教教友会聚会处汇合。这片农场景色是由许多家庭经过二百多年的辛勤耕耘而形成的。当巴尔的摩不断发展的时候，长期以来这里没有什么变化，周围还包围着许多绿色空间；但是由于建设了放射状的高速公路以及周围环形公路，这块充满农牧生活生气息的飞地（enclave）突然纳入城市圈子了。俨若一项新的宅地法（Homestead Act）已签署生效，每个开发者好像都整装待发，卡车上装满了货物：柏油和混凝土、木材、砖、钢材和玻璃、管子、成盘的电线、餐车、标牌，当然还有广告牌等等。他们来到了这里，每个人都等待着贷款，做交易，订合同；就像准备射击一样瞄准那些将允许初始开发的土地。人们在进步和利润的名义下，无情地在大地上散布许多污点，消灭数个世纪以来相传的农业遗产。由于现有的规划和分区管理力量完全不能阻止这种掠夺性的开发（在美国其他的大部分地区也是如此），因此，许多土地所有者联合起来进行干预。许多有责任心的市民得到县行政当局的鼓励，特别是得到县规划和分区管理办公室的支持，于1962年组成了格林·斯普林和沃辛顿河谷规划委员会（Green Spring and Worthington Valley Planning Council, Inc.）。

这个地区的大约五千个家庭在这一灾难面前联合起来，取得了一致的意见，他们的结论是需要一个行动计划。他们求助于戴维·A.华莱士博士（Dr. David A. Wallace），他在领导巴尔的摩复兴活动中

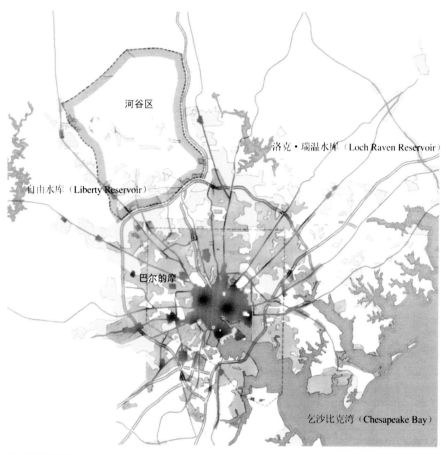

洛克·瑞温水库（Loch Raven Reservoir）

河谷区

自由水库（Liberty Reservoir）

巴尔的摩

乞沙比克湾（Chesapeake Bay）

巴尔的摩区域

这个地区具有被天然的规划边界限定的有利条件。研究的区域范围自贝尔特路（Beltway）延伸到小西河（Western Run）的北坡，自赖斯特敦路（Reisterstown Road）和西马里兰铁路（Western Maryland Railroad）到巴尔的摩—哈里斯堡高速公路（Beltimore-Harrisburg Expressway）。它的面积为70平方英里（约44 800英亩，约181平方公里），其中包括蜿蜒的大河谷、林木覆盖的山脊高地、河流、农场、农村道路和灌木林等纵横交错。这是一份美丽的遗产，使我们负有严肃的责任；这是一个受到威胁、向我们提出了挑战并给我们发展机会的地区。

河谷地区的城市化压力比巴尔的摩地区任何其他地区或许更大。由于近来的发展，这一地区三面受到蚕食；公路建设创造了巨大的发展潜力；最近的排水调查指出，高密度建设的排水问题不久也可解决。如果不加控制，这种发展必然会抹去这一地区的历史特点和舒适的环境。只有负责任的土地所有者和县政府的干预才推迟了这种灾难的发生。

为查尔斯中心（Charles Center）所做的规划反映出来的才能使他获得了人们对他极大的信任。他得到了本书作者生态学观点的帮助，提出了河谷地区的规划方案。*

这个委员会是个自发的、非营利性的城市居民组织。它负责编制规划，保证环境保持最佳的水平，同时允许适度的开发。这个组织的许多成员代表了河谷地区众多的居民和土地所有者。

在这种情况下，好的公共政策显然需要符合明智的所有者的切身利益。双方都认识到，为了私人和公共的利益，必须保持该河谷地区美丽的自然风貌。双方的目标不是反对不可避免的环境的改变，而是要防止不经规划混乱的开发，这种开发对乡村

---

* 《河谷地区规划》，华莱士—麦克哈格联合会，费城，1963年。

一定会带来掠夺和破坏。这个目标不是建立在美学或感情基础之上的。初步分析清楚地表明，最初投机性的开发对充分地发挥这一地区的潜力会产生破坏性的影响。少数人可能在损失其他许多人利益的基础上获利。因此，居民和土地所有者的利益和公共目标是一致的，即保证适度的发展和平等分配利益。

这种威胁格林·斯普林和沃辛顿河谷地区的城市扩张今天已成为全国性的问题。在这里或其他类似的地区，开发者通常都希望开发不受限制，进行分散零星的开发，这反映了他们的短期利益，不考虑风格和技巧。这种开发使自然慢慢地衰退，不断地被一块块孤立的建设用地所代替。这些孤立的"岛屿"早晚会连接成一大块低级的城市网，把所有美好的自然环境消灭掉，使无论从历史的和现代的观点看均十分稀有而珍贵的东西不断减少。把实现美国理想的机会推向更为遥远的地区和未来的一代，希望变得更加渺茫。由于这已成了一种特有的建设方式，通过这种方式把那些逃到乡村来的人安置在一个千篇一律毫无特色的郊区中，或者说，使人感到无地可容。

这种郊区化过程的迹象是太明显了；类似这种郊区化地区的例子是太多了；这种过程好像已成为一种不可避免的趋势。从整个美国的情况看，特别是每一个大都市地区，每个自然面貌优美并有重要意义的特定风景区，均需要对这种所谓的"不可避免性"提出疑义。在一个具有美丽自然景色的地区，难道我们不能创造出一个人能居住的环境，在这里保存了自然的美，而同时人们又能居住在这个社区中吗？

我们必须从内心里相信这是可能的。格林·斯普林和沃辛顿河谷地区是一个很好的说明私人参与，以及市民和政府行动相结合的例子。这里是一个小社区，居民富有智慧，在历史上这个社区曾出现过一些领导人才。由于只有单一一级政府，加上私人和公共的目标是一致的，因此，问题变得十分简单。规划进程首先得益于建立了规划委员会，而后又制定了计划，确定了计划实施进程。整个发展过程从一开始就十分顺利。从此能看到，问题能得

到解决，预期增长的人口能被容纳下来而不必破坏环境。新的社区可促使这个地区的环境更加美丽。

美国正需要有一个大规模的、美丽的风景区来向全国示范，这个风景区应该是智慧、技巧和品位的结晶，也就是说要发展形成一个能产生优美的物质环境并使之不断提高的规划和建设的方法，这是实现美国人理想的重要一步。今天，没有比格林·斯普林和沃辛顿河谷地区现有的环境更适合于作示范的了。此时此地这里就是一个挑战。

河谷地区的发展规划，包含了对规划理论与实践的某些独创和贡献。其起源来自于委托人及这里产生的问题——这里的土地所有者提出创议并担负起决定他们命运的责任——这一点立刻得到不寻常的反响和赞赏。

假如规划要求说明各个供选择方案的费用和利益，就需要证明这块土地的现状和发展到将来时的物质和经济的后果。这是研究的第二部分内容，它需要涉及更为广泛的问题。

虽然这是一种能提供社会选择，值得赞美的手段，但另一方面，预测将来也是相当困难的。为了揭示河谷地区无规划发展的后果，戴维·A.华莱士想到了无控制增长模型（Uncontrolled Growth Model）。为了说明这一点，需要对施加在这一地区的压力和要求的性质详细地说明。这就需要人口控制预测，这项工作由威廉姆·C.麦克唐纳先生（Mr. William C. McDonnell）承担；这需要精确地弄清产权的归属——它们的业主、所有者的性质（真正属于农民的、信托财产或投机者的财产）——弄清土地和建筑物的价值。还要熟悉州和县计划中的公路、排水和分区管制规划。威廉姆·格里格斯比博士（Dr. William Grigsby）进行了一项住房市场分析，从这一分析中可以确定对住房的类型、价格和位置的要求。

从这些信息中，华莱士博士模拟了在缺少规划或无新的管制措施的情况下可能发生的增长模型。土地划成一块块，经过了细分又细分，忽略景色的美或自然地理现象，在这一风景地区上展现出一幅开发图。每块土地都是精心设计的，然而其结果却正如笼罩在这块土地上的幽灵一般，极其混乱。

威胁

区的发展潜力后，那么，哪些原则能阻止掠夺，保证提高环境质量并得到和无控制发展相同的开发价值呢？河谷地区规划（The Plan for the Valleys）采用自然地理决定论（physiogyraphic determinism）来揭示最佳的发展模式。这是创造性的第三个组成部分。简言之，自然地理决定论建议发展应反映自然演进过程的运作。地区与地区之间反映出来的这些过程是不同的。在这个研究区域中，运用某种概念来做决定是偶然的，而这种概念是普遍适用的。

人们对土地作了调查研究，揭示出作为城市建设用地内在的机会和限制。此后，在某些许可建设的地区又对住宅市场来做检验时发现只要在密度上作必要的很少一点增加，就能做到适应需要。

根据以上的建议，对其产生的开发价值进行研究，可以看到预期创造的开发价值将比无控制的发展模式超出700万美元。

在有了一个人口预测数之后，下一个问题是如何实现，既要满足舒适的环境要求，又要满足开发设想的价值要求。这方面重大的革新是建议组成房地产辛迪加（real-estate syndicate）。这一措施建议河谷地区的土地所有者自己组成一个辛迪加，比其他机构或个人更优先地以现金或股票购得土地开发权。辛迪加可看做是一个辅助公共规划过程的私人规划或开发手段。

不过，这一令人担忧的发展过程在出售土地及开发中产生了大量的利润。在研究区域，至1980年总的开发价值可达3 350万美元。结果是任何其他的开发方案必须要接受这一希望达到的开发价值。但是当无控制发展的性质用生动的材料和经济数据加以说明后，该地区的居民认为这个方案不可接受而把它否决了。

在已知该地区预期的可容纳人口数目以及该地

河谷地区规划最后的问题可能要涉及广泛的方

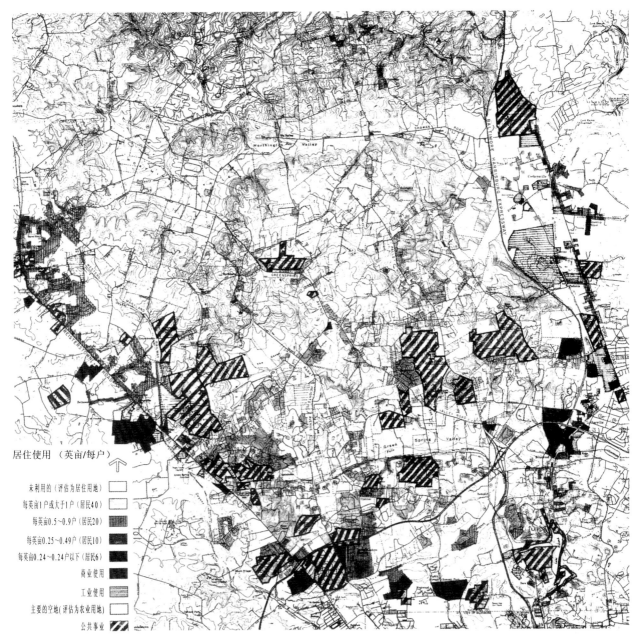

居住使用 （英亩/每户）

未利用的（评估为居住用地）

每英亩1户或大于1户（居民40）

每英亩0.5~0.9户（居民20）

每英亩0.25~0.49户（居民10）

每英亩0.24~0.24户以下（居民6）

商业使用

工业使用

主要的空地（评估为农业用地）

公共事业

1963年土地使用情况

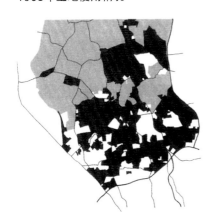

1963年未利用的土地价值由1 000美元至7 000美元分为五种价值

当时的土地再划分活动

排水和公路

方面面，这就是设想把各方面的力量集中起来。私人和公共两者的行动次序，包括获得新的开发力量，按照时间的先后在同一程序表中表示出来。

建议：

　　这是一个美丽而又容易遭到破坏的地区；

　　发展是不可避免的，必须容纳增加的人口；

　　无控制的发展必然是破坏性的；

　　发展必须和区域目标相一致；

　　遵守保护的原则能避免破坏并保证提高环境质量；

　　这个地区能接受所有预期的发展而不受破坏掠夺；

　　有规划的发展较无规划的发展更理想，可以得到更多的利润；

　　公共和私人的力量能联合起来，共同参加到实现规划的过程中去。

这是个美丽而又容易遭受破坏的地区

　　什么地方展现出这一地区的美，为什么它容易遭受破坏？这里的景观精华和特色是什么？这个区域虽有许多内在很美的地区，但真正具有景观美感的地区分布在格林·斯普林、凯夫斯（Caves）和沃辛顿河谷，以及河谷两边起围护作用的林木坡地上。假如要保持这个地区的景观和特色，那么广阔的河谷地区以及它们的田园景色应加以保护，不得改变。

　　这些广阔的河谷地区是极容易遭受损害的。没有别的景观像广阔的绿茵如画的河谷那样，一旦侵入一些小小的建设项目，就会立刻遭到破坏。没有别的地方更能吸引开发者们来破坏它们了。这些河谷地区的景观特点是由河谷两边的林木台地和河谷的谷地形成的。要是树木被砍伐或被建设项目所取代，美丽和平静的景色就会消失。只是因为河谷地区缺少排水设施，使得它们至今免受开发的劫掠。

发展是不可避免的，必须容纳增加的人口

　　今天，这个地区还没有开发，但土地价格已经很高而且还在上升，证明这个地区的开发已迫在眉睫。由于它具有优美舒适的环境、大量可供利用的建设用地以及交通上的便利等优点，因此在巴尔的摩整个区域发展中所分担的发展份额会不断增长，这是不可避免的。预计在今后的三十年内，该地区容纳人口将由1.7万人增加到11万人，事实上可能达到15万人。这种增长是不能阻止或逆转的，必须把它视为巴尔的摩区域应尽的义务，把增加的人口安置在这个地区。

无控制的发展必然是破坏性的

　　要是不能建立新的权力机构，这一地区大量人口增长和开发的形式会和其他地区发生的情况一样。假如没有新的规划权力机构，就没有理由确信，能改变这个地区被贝尔特路（Beltway）和高速公路穿过和任意乱建的性质。无控制的发展是分散和零星发生的，对地区的特点不加区分，若任其蔓延，它将慢慢地但肯定会使河谷的特色消失，无情地在这片风景地区撒上许多污点，无可挽回地破坏所有美丽和使人难忘的景色。不管每一块单独的细分的小块土地设计得怎样好，不管是否在住宅群中点缀小公园，大的景观都将会被抹掉。

发展必须和区域目标相一致

　　这个研究区域可容纳的区域发展规模已明确了。区域和县的规划机构对无控制的发展已感到悔恨，因此建议在研究区域的边缘建立四个大的集中开发地区，即派克斯维尔（Pikesville）、赖斯特敦（Reisterstown）、陶森（Towson）和赫里福德（Hereford）。

　　在这个规划中，坐落在这些都市中间的地区，建议作为区域的开放空间，允许一般的低密度的开发建设，这里排除了区域性的工业和商业。河谷地区的规划和这一目标是一致的。这里设想容纳适当的区域发展的份额，一般是低密度建设，但是建议建设小的集团，有利于满足区域开放空间的要求。这个规划从而和区域的目标相一致。

遵守保护原则能避免破坏并保证提高环境质量

　　考虑到对区域应尽的义务，河谷地区必须在今

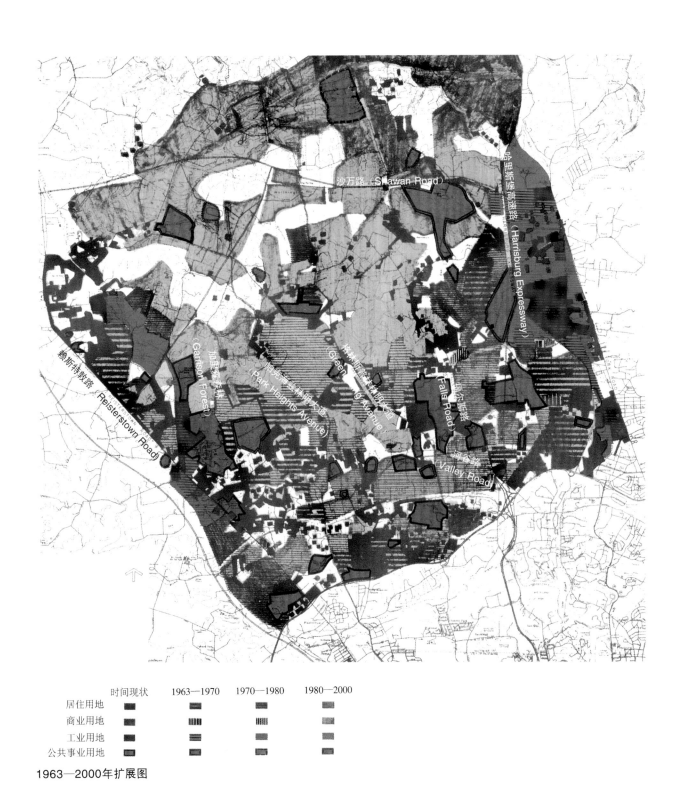

时间现状　　1963—1970　　1970—1980　　1980—2000

居住用地

商业用地

工业用地

公共事业用地

1963—2000年扩展图

无控制发展的混乱局面

后的四十年中容纳增加的11万人口。因此，人口的增长和建设开发是不可避免的，但另一方面，如果我们对此加以控制，这些增长和开发就不会破坏这些地区。这一章节的目的是要讨论应采用哪些保护原则，以避免破坏和保证提高环境质量。

对自然演进过程的研究，包括地形和地表下层的地质、地表水和地下水、洪泛平原、土壤（特别是有关它们的渗透性或不可渗透性）、陡坡、森林和林地。

每一种自然演进过程和其他的自然演进过程是相互影响的，每种自然演进过程和开发建设是密切相关的。在弄清每一个地区的承受开发能力，对掠夺的敏感度以及景观内在的限制和机遇等等问题上，这些自然演进过程是起主要作用的。

自然地理的保护和发展原则

以下这些原则表明与各种各样自然地理特点相适应的建设类型和建设密度。

1. 河谷地区应该禁止开发建设，将其保留起来，作为与现有的田园景色相协调的土地利用。包括：农业用地、大庄园、低密度建设、公共事业开放空间，公共和私人的花园和游憩场所。

2. 所有科基斯维尔大理石含水层上（Cockeysville Marble aquifers）应禁止建设。

3. 在50年一遇的洪泛平原应禁止一切建设，留作农田、公共事业开放空间和游憩使用。

4. 目前的州卫生标准规定，禁止在不适于建化粪池的土壤上修建化粪池，应该严格执行这一规定。在允许施建的土壤上进行建设时，建设密度应

该根据土壤的渗透性和对地下含水层的影响作出规定。

5. 在河流两岸宽度不小于200英尺（约61米）的范围内，应保持自然状态。一般情况下，不应在上面耕作。

6. 闸坝基地和它们的贮水地区应禁止建设，作为未来的水资源地区和人工的地下水回灌区及游憩地区。

7. 所有的森林、林地、灌木林和测径仪上直径超过4英寸（约10厘米）的单棵树木，应加以鉴定并根据规定加以保护。

开发的原则如下。

没有森林覆盖的河谷阶地 这种土地应禁止建设，种植树林。当在这些土地上适当混植硬木，树木平均高度达到25英尺（约7.6米）时，则按以下内容考虑。

森林覆盖的河谷阶地 这些阶地，坡度在25%或更大的时候，只有在永远能保持现有的森林面貌的情况下，才可进行建设。允许建设的最大密度应为每3英亩建一户住宅。

河谷阶地和坡度为25%或更大的坡地 河谷阶地和所有坡度为25%或更大的坡地禁止建设而应植树覆盖。

植林的高地 在高地的森林和林地上，建设密度应该不大于每英亩1户。

隆起的基地 在特定的种有林木的隆起地点，密度限制可以放松，允许施建建筑密度低的塔式公寓住宅。

不同的发展模式

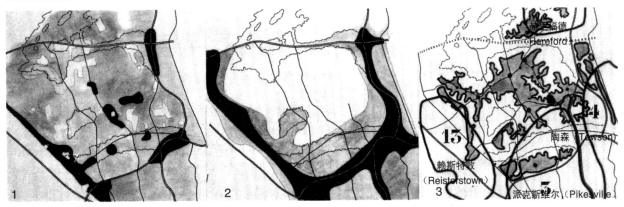

1. 无控制的模式　　2. 沿干线发展　　3. 河谷和都市规划平面

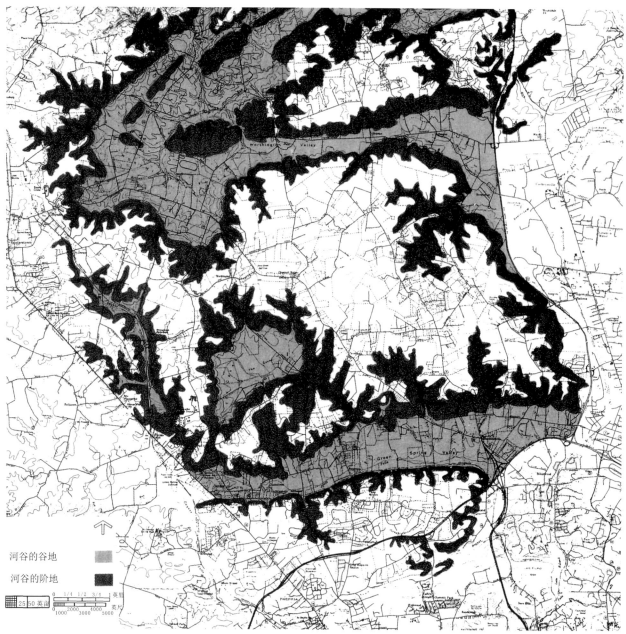

河谷的谷地 ▨

河谷的阶地 ■

25 50 英亩

0 1/4 1/2 3/4 1 英里

1000 2000 3000 4000 5000 英尺

基本的环境优美地区

空旷的高地　建设应大量地集中在空旷的高地上。

这个地区能容纳所有预期的发展
而不会受到破坏掠夺

事实上,这里不是缺少土地而是土地很多。问题是要把建设开发转向高地上去,高地是有能力容纳这些建设的,同时要求不能在河谷地带建设开发,因为在河谷地带建设,其结果一定是破坏性的。经过验证表明高地能够容纳预期的发展,和住宅市场提出的密度要求相一致。若按建议进行建设,就能避免破坏——在指定的建设地区内,只需要少量增加平均密度,就能容纳预期的人口。**少量增加平均密度是合理的,这出于两方面的考虑:第一,由此可以保护舒适优美的环境和开放空间;第二,另有一个有利条件是可使建设开发相对集中在乡镇、村庄和小村子上。预期的发展能够安排在高地上,从而不再侵犯河谷地区或破坏森林覆盖的坡地,密度可与市场的要求一致。**

当自然地理的保护和发展原则应用到这一地区

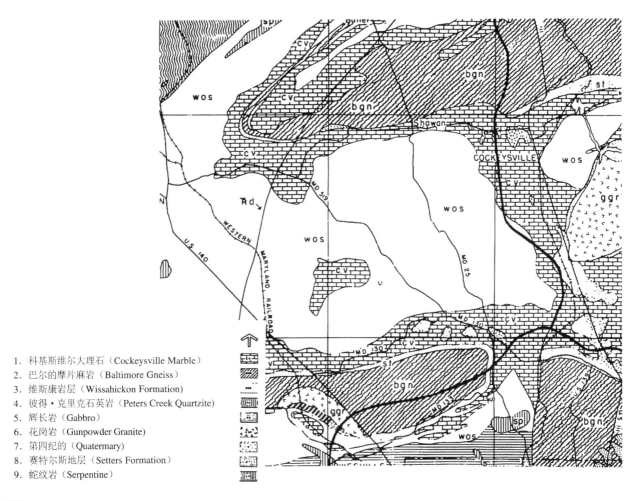

1. 科基斯维尔大理石（Cockeysville Marble）
2. 巴尔的摩片麻岩（Baltimore Gneiss）
3. 维斯康岩层（Wissahickon Formation）
4. 彼得·克里克石英岩（Peters Creek Quartzite）
5. 辉长岩（Gabbro）
6. 花岗岩（Gunpowder Granite）
7. 第四纪的（Quatermary）
8. 赛特尔斯地层（Setters Formation）
9. 蛇纹岩（Serpentine）

地质

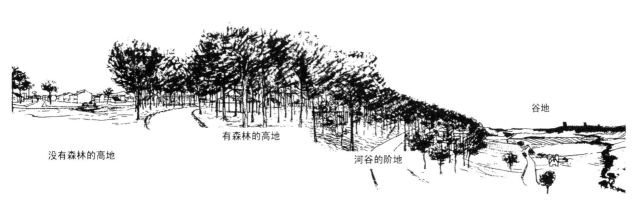

没有森林的高地　　有森林的高地　　河谷的阶地　　谷地

自然地理剖面图

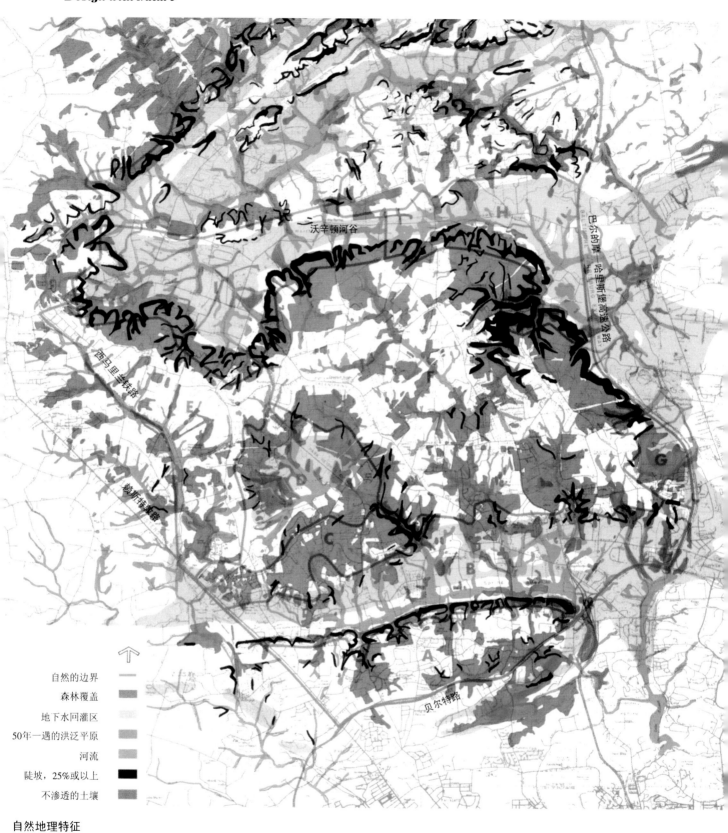

自然的边界
森林覆盖
地下水回灌区
50年一遇的洪泛平原
河流
陡坡，25%或以上
不渗透的土壤

自然地理特征

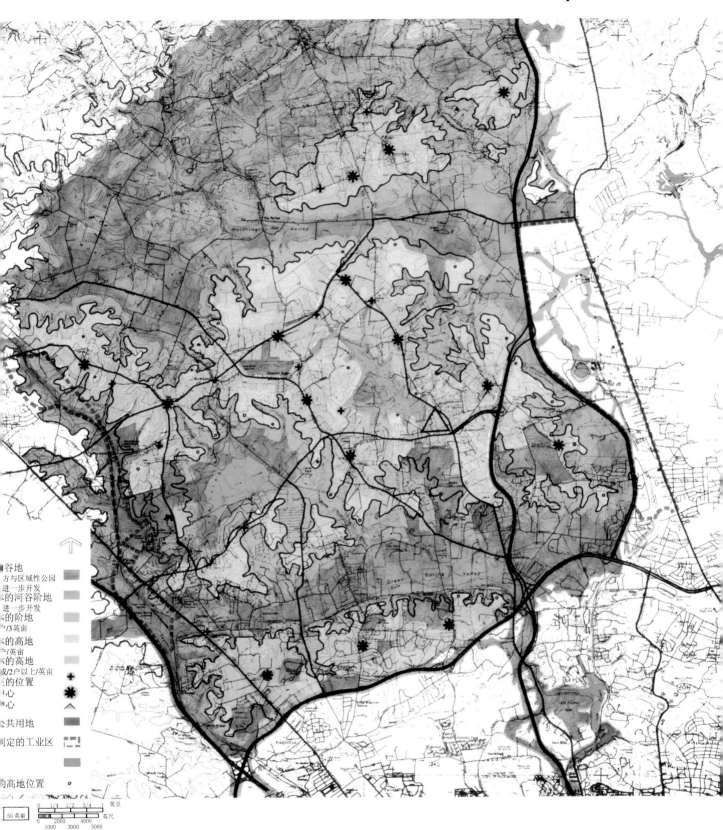

谷地
方与区域性公园
进一步开发
的河谷阶地
进一步开发
的阶地
/3英亩
的高地
/英亩
的高地
或2户以上/英亩
的位置
心
心

共用地

定的工业区

高地位置

50英亩   0 1/4 1/2 3/4   英里

0   2000   4000   英尺
1000   3000   5000

的土地利用图

没有森林的高地

有森林的高地

有森林的河谷阶地

梅氏教堂村（May's Chapel Village）

城镇中心（Town Center）

村子（Village）

小村庄（Hamlet）

时，很显然有利的建设位置主要是在高地上。当运用这些原则依次地对陡坡、林地、河流、谷地和适合于建设的相连地区作了分析研究后，发现许多场地本身就能说明是否适合建设。根据不同的地理变化情况提出了多种多样的社区等级规模：有未来人口为2万的新镇，有5 000居民的大村落，以及人口规模只有大村庄十分之一的小村子。一个单独的县镇，比起十多个村子或许许多多的小村子更能满足住宅市场的要求。这样的聚居地等级体系重点是建设社区，而不是建设郊区。住宅将围绕社区的设施集中，它们的边缘是低密度的建设地带，包括邻近林地内的一英亩一户或树林坡地上的三英亩一户的住宅。设想在社区周围有一个开放空间体系，社区内部的开放空间和大的体系相连通。

有规划的发展较无规划的发展更理想，
可以得到同样多的利润

这一建议的前一部分是无可置疑的。许多被我们誉为出色的城镇，其规划也是杰出的。有关利润的问题是很难说明的，只因为至今我们还不知道如何对环境的美和富于人性作出价值评价。假如不考虑这些至关重要的因素，仅从土地买卖的获利来比较，这个研究地区的有规划发展超过无规划发展700万美元。由于实现这个规划依赖于要排除在河谷地

鸟瞰图

区的建设，这将是十分理想的，条件是要付钱给河谷地区的土地所有者，作为失去开发权利的补偿。到1980年，以平均每英亩2 300美元计，超出无规划发展的700万美元足够补贴禁止开发的3 000英亩土地。因此，保守地讲，有规划的发展至少和无规划的发展，其利润是一样的；而肯定地讲，有规划的发展是更为理想的。

联合公共和私人的力量
共同实现规划设想

建议的土地利用图还不是一个实施计划。它只表达物质环境、社会和经济的目标。这是一张这些目标的结合图，通过公共力量和私人力量联合实现这些目标，才能判明"规划"是合理的。在指导、控制和实施建设这一连续过程中，必须把积累各种

力量视为重要的部分。

在私人方面，一个最为重要的建议是土地所有者和居民自己组成一个房地产辛迪加并承担实现规划的主要责任。辛迪加不仅能开发土地，而且能保护开放空间。它既可获得开发权利和优先购买土地的抉择权，还可拥有土地产权，这是一种保证开发符合规划要求的方法。这些权利可以用股票或现金支付，以一次付清或分期付款等形式来体现。它也可以成为一个代理机构，通过它，土地所有者之间可商定符合规划要求的双边或多边协议。而后它可以根据规划出售地契或土地所有权，或出租建设用地，或者自己作为开发者——即可独自经营，也可和其他代理机构合作。从这些土地交易和开发中得到的利润将用来补偿给那些地产不作为规划建设用地的土地所有者，支付取得土地权或地契的附加费

用，支付全部开发费以及支付辛迪加成员的利润。

这个建议的基础在于，预期至1980年，有规划发展比无规划发展土地价值将会增加700万美元，土地价值随时间的推移将会提高，特别是在高地上，房地产辛迪加能够利用这些增加的价值作为经营的基础。

规划还建议建立一个保护信托公司（Conservation Trust）接受捐赠的土地或金钱，用来购买作为开放空间的土地，并由该公司维护管理这些土地。

实现规划所必需的公共管理力量，要从加强现有的管理力量开始，扩大到由新的管理力量即州立法全面控制。主要目标是要使公众接受规划原则，这些原则反映在县政府各个机构的指示中。一个最重要的保护该地区的措施在于县政府要解决高地的排水问题，而不是去考虑河谷地区的排水问题。由于缺少排水设施，目前州卫生健康标准规定，禁止在50年一遇的洪泛平原上、不透水的土壤上和陡坡上进行建设，这是极为重要的。这些规定应强力施行。排水和公路建设的政策能战略性地引导建设向高地发展，从而避开了河谷地区。

此外，必须寻求新的公共管理力量，包括强制的成片建设的分区管理，再扩大到地契转让地产的管理，最小的每英亩3户（每公顷7～8户）的分区管理；建高层建筑的高地的分区管理；每英亩25户（每公顷60户）的分区管理等等，这些都得到了提倡。还有自然资源分区管理，包括建议某些地区必要的补偿政策；洪泛区的分区管理；森林和林地的分区管理；陡坡地的分区管理和滨水区的分区管理。至于设立特别评价区（Special Assessment Districts）和公共开发公司（Public Development Corporations），那是下一步的目标。

实现这个规划需要一个公共的和私人的参与过程，在这里面，现有的管理力量将不断得到新的管理力量的补充。还需要有策略，分清近、中、远目标。这些管理力量应当集中起来应用。

六年前，这个河谷地区面临两个极端不同的选择方案。第一个是通常掠夺性的方案，另一个方案则是依靠整合私人和公共管理力量的规划。仅仅是通过私人和政府的合作来采取行动，在不断的发展过程中，避免了灾难。

在实现规划的六年中，没有一个建设项目的实施是与这项规划目标相矛盾的。这项规划原则上已被县政府当局接受，它的建议也已被州的许多部门接受了。开发者曾寻找机会，建造一些与规划相矛盾的项目。他们要求修改分区管理遭到了拒绝，这些决定都得到法院的支持。结果，开发者终于愿意实现这个规划。第一个重要的建设项目是规划和设计一个社区，即梅氏教堂村（May's Chapel Village）。至今，还没有组成一个房地产辛迪加，但有几个现在正在筹组过程中。为了针对在不适宜建设的地区强行建设这种威胁作出较直接的反响，受到最大威胁的河谷地区的主要土地所有者联合起来，达成了多边的书面协定，团结起来，相互约束，反对与规划不符合的土地买卖或土地开发。我们推荐的不断积累起来的公共和私人的管理措施，除房地产辛迪加外，几乎都是按计划如期进行的。

这个地区的规划、土地所有者和居民们的行动避免了掠夺性的建设。至今，建设都是在建议的规划范围内进行的；公共的政策和措施是配合实现规划的目标。在这一方案中，某一地区的人民寻求运用某一种控制他们自己命运的措施，明显地取得了不同程度的成功。这种开发形式直接来自于生态的观点。

这项研究是由华莱士、麦克哈格事务所于1963年为格林·斯普林和沃辛顿河谷地区规划委员会作的，于当年全文发表，题为《河谷地区规划》。顾问有：安妮·路易斯·斯特朗女士（Mrs. Anne Louise Strong）、威廉·格里斯贝先生（Mr. William Grigsby）、威廉·H.罗伯茨先生（Wr. William H.Roberts）；驻地规划师为威廉·C.麦克唐纳先生（Mr. William C. McDonnell）。

The World Is a Capsule

世界好比是一个宇宙舱

头脑里只具备很少一点生态学和生态观点就向公路局（Bureau of Public Roads）挑战，这不是件简单的事；运用同样少的知识就去分析和设计新泽西海岸或一个大城市地区的开放空间体系，或去规划七十英里的巴尔的摩郊区，这是件有点引以为自豪的事。假如你同我一样，相信生态学及其提出的观点能够完成奇迹般的工作，那么，增加这一新兴领域里的知识就很必要了。我们从而甚至能对付更大、更难处理的问题。

我们能用宇航员作为我们的导师：他也正在追索同样的问题。他渴求研究解决（如何在宇宙舱中）生存的问题，而这恰好和我们想知道的是一致的。

当第一个宇宙舱的实验开始时，我们富有想象力的宇航员相信，身体的适应性即使不是最重要的，也是重要的属性之一。要保持这种适应性，他就要执行一种极严格的锻炼方法。每天他要步行、跑步好几英里，大部分行程都在森林之中。起初，这仅是一种苦差使。然而，经过一段时间后，他就变得喜欢这个绿色的世界，喜欢照射在小路上的斑斑点点的阳光。他领略到高大的深色的树干支撑着顶上光亮的树冠，波光粼粼的河流，美丽小鹿的臀尾。森林显露出它奇妙的形象：巨大的灰色山毛榉，它紧绷的树皮铭记了旧时的恋情；腐叶中生长着明亮的血根草，身上带着苔藓、地衣等斑点的墨绿色的铁杉树，已有五亿年的历史。他对同事们教他的某些著名的植物名字，如橡树和鹅掌楸、梧桐、梣树和枫树等更加了解了。当季节变换时，各式各样的植物外貌引起了他的注意：唐棣、山茱萸、野樱桃、杜鹃花和月桂树等等，在夏天的森林中逐渐改变着自己的色彩，暗示着秋天的到来，开始出现的只有深红色的紫树〔属〕，然后是黄樟、枫树和白杨的深黄色、鲜艳的果实、闪闪发光的琥珀色、最后呈现出由树叶组成的一片暖色的海洋，再后，森林只剩下了光光的树干。

动物也在变化着，这可从不被察觉的痕迹和鸣叫声中，以至于片断的迹象中可以感觉到。例如，只闻其声不见其影的樫鸟；水边留下的小鹿的痕迹；负鼠和浣熊的足迹；乌鸦的号叫引来枭的追逐；羽毛和血告诉你鹰的行踪。森林的变化是有预感的。例如，最初不引人注目的枫树花、北美产安息香黄花等的蓓蕾的增大，预告腊嘴雀或骚动的鸣莺和成群结队的臭鼬即将到来，蕨类植物将繁茂，树叶将开始变成深红色。

但是在宇宙舱里的实验占用了宇航员全部的工作时间，这个实验告诉他许多苛刻的事情，诸如：生物总量和能量系统、食物金字塔、共生现象等——总是与生存有关的事。经过一段时间后，他明白了森林不像他过去想的那样，只是一群仁慈的和美丽的生物，它们有次序地、平和地、互不相关地集合在一起，而确实和实验舱中的那些有生命的东西及其生长过程性质是相同的，反映相同的规律：这种规律对他的生存同样是不可缺少的，但是森林的复杂性超过了他的想象。宇航员懂得了，可以把外部世界当作宇宙舱内模拟的世界一样来观察。但是人们必须更早地开始去了解范围更广阔的事物。

人们在对土地进行改造以前，需要了解物质的演进和生物的进化过程，这是不可缺少的一步，但这是远远不够的。还必须知道世界是怎样"运作"的。谁是行动者以及它们是如何对环境、物质演进过程和其他生物产生影响的？在宇宙舱的实验中，人们已经涉及了这类最为广泛的命题，但只是一个低劣的模仿。虽然这是真实的，但简化到几乎是愚蠢的地步。幸好对于世界来说，生物和人要比这个实验复杂得多。我们能否进一步增加一层知识，了解复杂的自然及其相互的作用呢？作为人，我们是需要知道这些知识并开始行动的。

然而，向前迈进的步伐是艰难的。我们羡慕地回顾那些早期的、数量较少的人，他们的能力也较小，慢慢地建设，一定时间内只有很少一点建设成果，而且不带危害性，无须考虑会有什么变化。

因此，让我们回到一个想象的密封舱里来，里面只坐着宇航员，还有藻类和菌类，但是看不到念球藻属植物和固氮菌或其他什么。按照这种景象，宇航员毫无热情地凝视着藻类的培养基；他对他的这些同伴没有一点信心；对这项实验忧心忡忡。而他必须很好地生存下去。几十亿年生物进化的成果是复杂和多样的——重复性、相互关联和重叠等作用的结果。这些都是最好的生存保证，而这在密封舱中是没有的。这个实验纯属无知，是把事物简单化的结果。令人感到幸运的是，宇航员在营造一个自我维持的生态系统失败的同时，与之平行的火箭技术的实验取得明显的进展。对此我们不必感到惊奇：一个无生命的体系毕竟比有生命的体系要简单得多。不过，火箭推进力的成功使增大宇宙舱的尺寸成为可能，从而宇宙舱的生物群的数量可以增加，它的结构变得复杂和严密起来。

当然，由于宇宙舱内乘客群体的扩大，探险的危险性就会减少，这是显而易见的。在早期的实验中，假如藻类和分解物死掉了一个，那么人也就死定了。无知和虚荣在这里是无地可容的。大多数主张人类中心论的人，都希望在登月之旅中获得更好的安全保证。

在扩大的宇宙舱中，目标保持不变：去创造一个自我维持的生态系统，这个生态系统唯一接收外界的东西是阳光，唯一排出的是热量，这个生态系统必须能够维持一个人一定时期内的生命。

现在我们对这些规律了解得更多了。四个层次的食物链比三个层次的会更好、更稳定；所以在新的实验中，应有植物生产者、植物的消费者、食肉者或第二消费者（人是最高级的食肉动物），最后是不可缺少的分解者。这些营养层在数量上要足以形成一个能量金字塔。我们还知道，生产者的机体越小，它的产品单位重量便越大，所以我们集中研究小的生产者。我们还知道，除极少数例外（其中稻米和甘蔗最明显），水生体系（aquatic system），即在水中的动植物，比陆生体系（terrestrial system）的生产力更高。因此，我们将集中研究水生的环境。

由于需要寻找体小而生产力高的、善于进行光合作用的有机物的代表，促进我们重新正确地对待藻类，这些最为古老且具有忍耐力的植物：细丝藻（filamentous algae）、绿藻（green algae）、兰绿藻（blue-green algae）、硅藻（diatoms）。但是，从关心旅行者的饮食来考虑，我们还要增加水田芥（watercress）和野生稻。在光合作用的基础上，我们能加上最小的消费者——浮游动物，如：惊人的螺旋式推进的轮虫（rotifers）、桡脚亚动物（darting copepods）和枝角目（Clalorera）等所有的食草动物。下一组吃植物的动物包括较大的生物：池螺、淡水小龙虾、石蚕蛾幼虫、蜉蝣蛹（mayfly nymph）。而另一层的食草动物，体量再次增加，包括青蛙和蝌蚪、龟、小鲦鱼和翻车鱼。食肉动物组成一个较小的群组：潜水甲虫（diving beetles）、水蝎（water scorpion）、豆娘（damselfly）和蜻蜓幼虫（dragonfly nymphs）、欧洲鲈鱼，当然还包括人。分解者不只包括常见的细菌和真菌，还包括蚯蚓，"幽灵虫的幼虫"（phantom larvae）和淡水蛤。

简言之，现在我们掌握了尤金·P.奥德姆（Eugene P.Odum）*的池塘生态体系中的主要生物。但是我们只掌握了食物链中的生物，它们的生存环境又怎样呢？因为这些生物如同需要食物一样还需要环境，所以我们加上香蒲和芦苇、慈姑和水百合、眼子菜（pondweeds）和麝香草。这些植物起到完成光合作用的作用，但是它们的重要性不在于食物链而在于作为环境要素，提供避难、栖息、隐蔽和防护的场所。

现在，我们已经说明了生产者和分解者，还必须考虑养分，各种养分全都要保持适当的比例。如何才能最好地做到这一点呢？假如我们能从一个健康的池塘中发现健康的生物，我们就认为它们处于最优的数量状态。因此，这确实是我们要去做的工作。首先，要测量一个得到控制的池塘生态系统中的氧、碳、氮、氢等的发生率，植物所需的大量化学养料（磷、钾、钙、硫、镁）和微量元素（铁、锰、铜、锌、硼、钠、钼、氯、钒、钴和碘）。空气、水及泥土中和人体中的这些元素均要加以测量。类似的池塘生态系统和它的养分组成，在宇宙舱中得到采用。

当作此实验时，让我们思考一个引人争论的论断，即在一个生态系统中，保证适当的营养分配的最好办法是要保证相互吞吃的生物，它们的实体和它们的排泄物，首先是健康的。这就是说，为了保证生态系统中的成员健康，而成员彼此之间是相互依存的，那么所有的成员必须是健康的。假如它们是健康的，那么系统中的养分在这个或那个有机体中以及它们的环境中将保持应有的比例，这些养分通过系统的循环，保证有机体的健康。但是，作为人，通常我们并不是从单一一个生态系统中得到食物的，而是从许多分离的、遥远的和不同的系统取得诸营养元素，最为经常的是取自农作物，它不是自然系统的组成部分。我们既不知道这些植物是否来自生态系统，也不知道这个系统是否健康。但在密封舱中，我们必须保证这个系统是健康的，因为生存就要依靠它。

许多实验倾向于提出证据支持这个结论。在一个稳定的森林群落中，在它的植物和动物中，健康是和微量金属元素一定程度上不变的分布分不开的，这些微量金属元素是通过系统长期的循环和再循环，而同时又处于最优的数量和分布状态中。在邻近的有机体的健康水平很低且受到困扰的群落中，我们发现那里的微量矿物质在环境中的分布和在有机体内的含量是很不规律的。

由于实验复杂性的增加，会给能量传递造成障碍。当食物链为简单的人和藻类的时候，人只获取藻类吸入的10%的能量。当藻类被翻车鱼所食，翻车鱼再被鲈鱼所食，人吃鲈鱼以前就有了三个能量传递者，每次只吸收前者的10%，植物就需要生产一百倍的能量，鲈鱼才能获得一单位的能量。但是在实验中，由于阳光是无限的，而且假定生物不太占据空间，我们便能克服这种障碍。

人们对系统进行了试验。氧—二氧化碳循环工作运转得很好。通过调节阳光、光合作用或呼吸作用，能以多种多样的形式增加系统中的氧或二氧化碳。在水循环中就有了相当大的改进。我们发现水生的生物群，事实上是一个净水系统，从而使水达

---

*Eugene P Odum. Fundamentals of Ecology（《生态学原理》）[M]. Philadelphia: W. B. Saunders Company, 1959.

到完全能饮用的程度。我们不要感到惊奇，就是这些水生的生物群保证了水的纯净度。这个废物处理系统不仅是通过细菌和真菌的活动，而且通过蜗牛、蛤和芦苇（bullrushes）的活动，确实运转得很好。但是改善最多的还要说是宇航员们的特定饮食：有野生稻成为主食，水田芥作色拉、藻类汤、蜗牛、蛤、蛙腿作正餐前的开胃品，小龙虾（crayfish）、龟、小鱼和蛤作为正餐，这比单吃藻类有了大大的改善，确实可称之为"美食大餐"。

这个实验一天天非常满意地进行着，但当它进入第二周时，某些不稳定的状况就出现了。某些有机体兴旺增生，其他则出现衰退的危险。人们猜测这事实上是由分解者造成的——被认为是这些分解者向环境及系统释放荷尔蒙，从而抑制了某些机体的生长，同时又激发其他一些机体生长。这种机制超出了研究人员的控制。他们眼看着实验瓦解，尽了最大的努力却毫无结果。没有人能说出，究竟这个系统有多大的欠缺，能否弥补和怎样补救。

当然，事后做了调查，得出的第一个结论是第二次实验取得了某些有限的成功。现在，技术状况已有了进步，但是遗憾的是科学仍无法全面了解有机群体各组成成分所起的全部作用，显然最令人搞不清楚的地方就是系统中的调节机制（regulatory mechanisms）。结论认为，研究应集中在这个问题上，但是同时又感到实验要取得成功，就要注意在更大程度上模拟一个已经证明长期稳定的更大的自然环境。在这一结论中，科学家承认有机体能完成自我调节并实现合成。因此，保持一个自然生态系统显然就够了，不需要去完全了解所有的组成过程。这个结论是很重要的：我们能够反映自然规律，即使当这些规律还没有被我们掌握。

当然，这个结论，对那些认为人是无所不知，支持人是地球上的细胞核和质体，也就是世界生命的控制者的学者来说，具有最大的遏制作用。但要使这个断言成立，人们需要拿宇宙舱试验中取得更大的成功来证明。总之，整个生物界完全是独立于人之外发展起来的。人作为一种生物存在仅仅只有一百万年的历史。直到不久前都还只是个微小而不重要的角色。他唯一的力量只是一种威胁力量。当然，他的最大的力量——破坏能力，是一股巨大的力量，但这种力量对宇宙舱的实验毫无贡献。假如我们要仿造自然或管理自然，那么我们需要显示我们的创造技能，而不是破坏技能。

让我们设想一下，空间探索试验在巨额拨款的推动下向前进步，又形成了一项新的计划。设想有一个空间浮体（buoy），位于太空中五个平动点（libration point）之中的一个平动点，在这里，物体就太阳和月球而言能相对静止地留在那里；这里地球、太阳和月球的吸引力十分均匀地保持着平衡，不会使物体发生移动。这些地点是研究宇宙碎石（cosmic debris）（这些碎石聚集在这些地点）和太阳"气候"的理想位置；也"适合于引力研究和重新测定引力常数，并在没有磁场的情况下，研究引力的性质和生物节奏"*。

计划是这样设想的，理论上的空间浮体必须包括有一个倾斜轴的自转的球体，以提供昼夜和季节变化。外面要有一个围护层，保护里面的居民不受暴晒之害，而同时又能允许必要的光线射进来。在这个围护层中必须要有大气，大气内包含适当比例及压力的必要的气体。还需要有一个能促进蒸发和凝结循环的、具有储存和再循环各类元素的水体，通过引力很好地运转起来。此外，还有一个岩石圈（lithosphere）用来储存各种物质——即生存土壤（living soils）的基地——也可视为一个隔热层（insulator）。温度调节是重要的：必须控制好水体、大气和岩石圈，以提供一个最优的温度范围。最后，最为必要的组成要素是：创造一个生物圈——一个较以前更大的能量金字塔，聚居着互相依存、互相补充的生物，具有相应健全而平衡的营养水平。

早先混乱的实验仍是件记忆犹新的耻辱。复制一个池塘生态系统的努力已经失败。实验中发现分解者已经释放出"环境酶（environmental enzymes）"，它抑制了某些机体的生长而且激发了另外一些机体的生长，结果使系统完全崩溃。实验

---

*Dr. I. M. Levitt，费城菲尔斯天文馆馆长（Director, Fels Planetarium, Philadelphia）。见《费城探索者》（The Philadelphia Inquirer），1966年11月8日星期日。

也不能等到弄清这些抑制物和刺激物的作用后再进行，由此科学家的结论认为，最好的途径是复制一个适应人并能够维持他们生存的，显示出长期稳定性的系统。唯一能符合上述条件的例子是农场；从而决定在空间浮体中重新创造一个小型农场。然而，农耕的历史很短，只有很少的地方施行农耕超过一千年。大多数情况下，农场远远不能自我维持，完全是依靠施肥、灌溉和补充有机物。

我们认为农场是谷物、根茎作物、牛羊肉和禽蛋的产地，当然，农场所做的不仅是这些。设想有一个直径几英里的大玻璃罩。把它放在一个农田上，造成的影响是很小的；植物为系统产生氧，利用二氧化碳进行呼吸，而且也能从分解中获得二氧化碳等。该系统中的动物和人的数量对系统产生的影响很小的，系统也不限制它（他）们。假如这个玻璃罩罩在城市上面。假如没有气体穿透这个玻璃罩，那么居民将缺氧和窒息。假如他们不能处置人类的废物，他们将被粪便等污物所困扰。如果他们不能自行生产或从外部运进食物，他们将会挨饿。城市是个水污染源，这里无法进行对自然的水质净化。但在农场里，情况并不如此，在很大程度上是一个自我维持的系统。所以农场能起到在第一个实验中藻类和分解者起的和第二个实验中改良的池塘系统起的作用；但农场这个系统中需要包括所有的生物，不只是那些表面上看起来对人重要的、大的、显眼的生物。

实验就这样进行下去，选择少量纯良的生物，要比诺亚[译注]设想的还要精致，对生物进行甄别，计算其数目，把它们合在一起形成相互依存的链，把藻类、真菌等编织起一个单一的有机体群落。无论是氧和二氧化碳、营养物的比例和分配、温度、光合作用和呼吸、分解和再循环、土壤、空气和水、酸与碱，还是提供生物生长的环境和活动范围，全都精确地测定和观察。

先前实验中的主要行动者，现在同样出现在我们新的空间浮体模型中，而它们在这个较大的农场似的环境中不再显眼了。对于宇航员和我们自己来说，这些伙伴是很熟悉的：这里有谷物，包括小麦、玉米、大麦、饲草；这里有各种蔬菜和某些不太熟悉的草；这里有果树和一片农场和林地。动物是些长期为人使用，自古就与人为伍的老伙伴：牛、羊、猪、鸡、鸭、火鸡、鸽子、狗、猫和老鼠。这里鸟和昆虫组成一个大群落；细菌存活在空气、水、土壤和生物体内；真菌和分解者则充斥土壤、农场、塘泥和活的有机体中。

必要营养物的分配是一个重要的问题，但在缺少进一步相关信息资料的情况下，最后推断认为：当所提供的生态系统内的水、土壤和生物都很健康的前提下，这个系统能包含所有必要的养分，而且它们的分配比例也是适当的。

整个实验重点强调创造一个动态平衡的、正常的生物能量金字塔。在这一过程中，有关生物群体的规模、寿命和更新换代等问题引起大家的兴趣，但是人又怎样呢？这个系统设想维持几个人的生存；他们应是几个男子、一个家庭，还是一个正在繁衍的人群呢？这最后一项是必定存在的，就如同其他生物一样，人自己必须永存不绝。

假如在我们的生态系统中，考虑人的生育，那么也不能忽略死亡。在非人类的生物群中，生死是考虑问题的最重要因素。为了生态系统的运行，预报种群的死亡是很关键的。所以，人在这个系统中，要遵守所有生物都奉行的规律，那么死亡和更新换代必须要包括在考虑范围内。人们如何保证系统中适当的死亡率呢？死亡通常是病原体所起的作用。这些病原体是什么呢？怎样使人对传染病产生免疫力，达到什么程度将维持正常的寿命？这是无法知道的，所以我们再次退却到经验主义上来。我们能设想：在非人类的生物群中（即使最初选择的都是健康的生物），病原体将出现，生命将像它在实验以外的环境里那样走完它的过程。我们只能设想人是不能长生不死的，人是要死的——也许由于在模仿的生态系统中的各种媒介物所致，也许由于老化的影响或环境的压力而死。

现在我们必须考虑操纵这个实验的人，不只是

〔译注〕诺亚（Noah），希伯来历史中一重要人物，族长。传说上帝启示他建造"诺亚方舟"，以在大洪水来临前拯救自己、族人及各种动物，见《圣经》旧约创世纪。

他们的健康，还要考虑他们执行这项任务的技能。在空间探索的初始阶段，即第一个宇宙舱实验时期，要求是简单的，只要求具备试飞员的经历、勇气、沉着；当然这些都是基本的品质。但是，当这项计划进入第二阶段时，显然，马马虎虎学过一些大学化学和生物学的宇航员必须更全面地学习多种科学知识。这样，他学习了物理和化学、植物学和动物学，以及最为重要的生态学；从而当实验进入目前的阶段时，宇航员成了一个自然科学家和一个杰出的从事研究的生态学家。不过，模拟的农场生态系统越来越多地要求技能，强调种植技能而不是深奥的知识；主要的任务显然不只是去了解这个系统，还要去掌握它。事实上，当宇航员学习了大量的不可或缺的科学知识，他最佳的技能就是能把学到的知识应用于管理这个生态系统。我们现在可称他为有知识的庄稼人兼管理员。

在组织这次实验的过程中，得到了某些重要的结论。显然，在空间浮体内的辐射水平不能超过正常的经验范围。过度的辐射会杀死重要的物种；水平过低，当它一点毒害也没有时，会影响突变率（rate of mutation）。^{〔译注〕}突变的发展是个不可预见的危机，科学家应该努力排除。有机体不能被杀灭，这一点也是十分重要的，否则实验就会失败。虽然在农场生态系统中，发现许多生物，它们被认为是不起关键作用的，但在系统中所有生物都能存活具有额外补偿的作用。因为所有生物的实体和它们向整个系统排放的废物是没有毒害的，不含除莠剂或杀虫剂，而是能被利用的。所有的废物必须被分解并按规律再循环。资源不能有损耗，因此，农场中发生的损失，如冲蚀表土、营养损失等，在宇宙舱中是不允许的。

本书作者和读者一样，继承了西方以人为中心的观点；但从基本的生态学考察，他的观点已有了急剧的改变。是否读者的态度已有了重大的改变呢？不管是否发生变化，我们能设想宇航员已是一个经过改造的人。没有人比他更感到惊奇了，因为，当他第一次自愿担任这一任务时，他没有想象到是如此情况。开始，比一般有知识的人来说，他只是一个简单而勇敢的人，才智比一般人高些。他是我们时代的产物，被看做是这一时代成功的、值得骄傲的象征。虽然他也许不大在乎这种比喻，但他已是20世纪的征服者。他肯定，他的目标很大程度上是无私的；他追求的是把人征服自然引导到新的领域中去，在人类以前从未到过的、空旷和寂静的空间中留下一道人类探索的踪迹。而最初，他对世界的看法是简单而明晰的；人——生物的顶峰，万物之灵，上帝唯一指定的建筑师，是注定要根据自己的想象来建设世界的。

虽然在准备实验的过程中，他知道了无数的银河外的星系，它们看起来似乎正以光速作倾斜运动，而且永远是未知的，但这一点丝毫没有动摇他的自信心。经过理性推理，他知道这需要用去一个人的全部生命中的大部分时光，只有以光的速度才能达到最近的星星，但这一点儿也不影响他固有的无限的优越感。他的以人为中心的观点仍然未受到阻碍，即使他居住在一个远离中心的较小的星群中，赖以生存的是一颗非常普通的星星，在这个不大重要的星体上，他是一个最先进的代表。确实，当他对有关这些事物的知识已足够时，没有任何方面能影响他内心深处对宇宙和他自己的见解；而事实上他是哥白尼以前的人（pre-Copernican），相信人支配地球，太阳围绕地球转，地球必然也是周围宇宙天体的中心，从而证明人是至高无上的，上帝是按照人的形象创造出来的。

〔译注〕突变率，又称"突变频率"。广义的突变包括基因突变和染色体畸变；狭义的突变专指基因突变，是自然界更为普遍、更为基本的突变。基因突变是染色体上某一点发生的化学改变，所以也叫"点突变"，例如，玉米的非糯性变为糯性，是基因 W×突变成 w×的结果。基因突变的方向是多样的、可逆的；大部分基因突变是有害的，有时甚至是致死的；基因突变在一个群体中可以多次重复地发生，但自然突变的频率是很低的，在高等生物中，每十万到一亿个生殖细胞中仅有一个基因发生突变。染色体畸变是一种突然发生变异的现象，新物种是通过不连续的偶然的显著变异即突变而一下子出现的。染色体畸变是生物细胞中染色体数目的增减和结构的改变，一般可分为缺失、重复、倒位和易位四类不正常的变化。畸变有自然发生的，也有人工引起的。一些物理因子（如电离辐射，原子辐射）和化学诱剂能大大提高畸变率。

自发产生的突变称"自发突变"，诱发产生的称"诱发突变"。突变可以在生殖细胞中发生或在身体细胞中发生。在高等生物中，突变首先在杂交子代中发现，所以突变一词一般指生殖细胞中的突变，而把身体细胞中的突变称为"体细胞突变"。

在一定时间和条件下，同一种突变在一个群体中重复发生的次数，称之为"突变率"。不同生物、不同的基因，有不同的突变率。

随着实验的进行，他完全变了，变得朋友和他自己都不太认得了。好像长期以来他是个双目失明的人，而今又有了视力，重见光明。他已懂得了宇宙是一个伟大的创造过程，包含着太阳和地球。或许需要有一颗新星爆炸，实现从氢到氦的第一个进化步骤；在一颗超新星（supernova）解体的大破坏中，形成了所有的元素。这些宇宙事变产生的物质扩展蔓延，提供造就地球和生命的材料，他了解了物质和生物演进的历史；他的祖先好像活生生地就在他眼前，和他们有着亲缘关系。从古至今所有生命所向往的也成了他的追求。当他观察这个世界时，他觉得无数生物的重要作用是在维持着所有的生命和它们的追求。他独具的人的作用微乎其微。

他把已有的知识视为寻找事物目的和意义的重要证据。这就有可能把自己和他的伙伴视为一个伟大过程的产物，这个过程通过了解历史是可以理解的，这个过程的未来无从预测，但它是结合过去和现在发展而来的。世界适合生命；生命要适应世界。环境可以变得更适合生命的需要——这显然是只有人类才能完成的作用。

在实验的过程中，宇航员已把自然科学和生态学的抽象知识和目睹的世界的现实和进程统一起来。他已从观察现象世界的现象经验中解脱出来，他事实上已变成（虽然完全是出于偶然）一个社会中真正值得骄傲的象征，但这个社会还不知道这一点，对他也不了解。他现在超过了哥白尼，可比作20世纪一部光辉的新约圣经，从他低劣的文化中解脱出来，把握住他的历史，意识到他在创造世界中的作用，唤起了他的自觉性。

新闻界的喧闹对他的启发愈来愈少，因为在充斥暴力和不合逻辑的报道中，找不到任何内容讨论重要的实质性问题。确实，生存是第一位的和超越一切的大事。当世界各国演出他们庄严的庆祝舞蹈并装扮出惯常的姿态时，在他们后面，朦胧地出现了身穿白衣的嬖幸——消灭世界生命的武器制造者。要不是为了这些长眠的无名战士举行的仪式，我们还可以容忍这些舞蹈者。这些无名战士似乎更像小孩似的勉强地、不大情愿地卷入了一场冲突，先是大喊大嚷，接着是相互拥挤，第一拳尚未打出

就已丧失了理智。但是当不拿武器的生物灭绝者们（extinctionists）站在他们后面时，小孩子就变了，第一击就导致了大规模的毁灭。

重要的是要将这些无形的人物放在光天化日之下曝曝光。他们已把一时的争吵升级为全部灭绝的威胁；对于争论的性质来说，他们的力量发展得过分强大了。他们是谁？是些什么人？他们是不是和早期的宇航员相像——一群勇敢的、清白无辜的、不可思议的工具，但还不是完全的人（full man）？他们十分害怕回忆儿童时期玩爆竹的情形；而年轻的战士却对破坏感到兴奋，他们已经发展到了完全成熟的阶段，想方设法施建阿拉斯加港或巴拿马运河，试一试致人死地的原子弹玩具。

这些年轻人不适合做所有生命的管理员，也不适于做所有生物遗产和全部人类的管理员。如果生命终止了，那么我们将会等待太阳的死亡。我们必须了解这些年轻人和他们的观点。假如他们像第一个天真无邪的宇航员，那么他们就可以多一点对无限生命历程的敬重。

生存是首先要关心的问题。我们要给予优先考虑，保证我们的命运不掌握在那些对自然还持有报复心理、观念陈旧的人手中，他们毫不关心而且忽视进化的成果，还要用灭绝所有生命的办法来解决人类的竞争。

假如我们能获得保证，人类的争端不以灭绝全部生命来解决，那么我们能讨论一个问题，即辐射问题（radiation）。什么是生命形式的本性呢？我们必须再回到令人厌烦的、躲在看不见的角落、身穿白衣的人身上，询问他们辐射水平或突变率。我们了解，这也是要以自然选择为条件的。当辐射和突变率增加了，生产的东西将是一个疏忽的结果而不是选择的结果。我们引进了更多的偶然性到系统中去；假如我们过多地增加突变率，我们可能变成促使进化倒退的代理人。这确实不是我们追求的、人类的独特角色要完成的事。我们中的那些拼命去寻找证据来反对"人是地球疾患"观点的人，在这里找不到任何支持证据。

假如我们能确保生存下去，并能排除突变倒退的灾难，那么我们可以进而考虑将能存活下来的人

口数目。较简单的植物和动物产生的大量孢子、种子和卵，作为延续生存的一种手段，但是随着生命形式的发展，它们越来越少地依赖于数量而更多地依靠保护和养育来生存。以人生长发展为例：人漫长的幼年期以及幼年期需要的关爱，可能是最好的证明之一，证明人是高度进化的形式。不过，这一伟大的适应必然包含爱护和养育的需要，这是创造新生命的责任。

野生动物，即使是那些简单的物种，发展了一种非理性的机制，凭这种机制，种群的数目得以控制。因此，这些野生动物不能超过独一无二的理性动物——人，也不能去完成低等生物不需思考就能做的事。这里我们再次寻找证据来支持人脑是生物进化的顶点这个论点，但这一研究列举的种种事实暗中又在诋毁这一论据。有利于增加人口的那些因素，即：人的营养、良好的食物、卫生、居住条件以及最为重要的医药等生存条件。这些条件对延续人的生命、传宗接代来说起很大的作用。必要的需求是和数量相关的——要以可获得资源和提供使幼儿长大成人的主要营养的能力为基础。

我们的结论是为了发展人的潜力，这些巨大的倒退力量，即原子大屠杀、辐射和人口增长失控，必须要解决。不管是因为突变或是由于数目过大使耕作枯竭导致的灭绝和进化倒退，都是对人类的控诉。我们要将这些威胁当作使世界更适于居住，使人类更适应环境发展道路上的一个必须克服的主要障碍。

从生态实验中新获得的知识，使宇航员有了深刻的变化。在第一个实验中，他惊诧地发现他的生存是依赖某些微小的藻类、细菌和真菌，显然他对这些生物的关心随着知识的增加而增长。当实验变得复杂时，更大量的生物成了他熟悉的伙伴，他的知识面和关心的范围扩大了。终于，它们成了他生存必要的伙伴，犹如他也是它们的生存伙伴一样。慢慢地他了解了藻类和硅藻、菌类和真菌、蜗牛、昆虫、蛤、甲壳类动物、蝇和幼虫、甲虫、轮虫纲动物、鱼和鱼卵、飞禽和禽蛋及幼禽；知道了它们的外貌、生活方式和作用。随之而来开始关注它们的生活和它们健康生活的先决条件。知识和关心在

这些相互依赖的实验中一起得到发展。

他不仅是从理智上，而且是从感情上终于明白了，并且实实在在感觉到，实验中的这些共同居住者——他的伙伴们对他是非常宝贵的、亲切的。在生存和进化中，他们是统一在一起的。他们统一在一起，完全保持他们自己的特性和依赖性；为获得生命、成长、繁衍、发展，他们渴望在系统中得到平衡，相互支持和相互需要而结合在一起。

在空间浮体中进行的最后的实验，是为充分地进入这个世界所做的一个极好的准备。如果你还记得它还附带有某些严格苛刻的条件，回想一下，我们的朋友观察到在这颗行星上的最后的结果。能源来自太阳；环境必须在（或者一部分在）一个具有引力的自转的球体上——地球。它具有一个倾斜的轴且可自转，才能产生昼夜和四季变化。周围的大气层是十分重要的；大气层起到保护我们免遭阳光毒晒的作用，但是允许必要的光线射入。这个大气层还必须具有一定比例和压力的气体。海洋是最大的水库；蒸发—蒸馏—传递—浓缩—降水的过程也就是水体的循环过程；江河与溪流、湖泊和地下水层是储存和循环的必要要素，通过地球引力来运行。在实验中，设计稳定温度的机制是个关键。所有的水体起到了稳定地球温度的作用，就像冰盖（ice cap）、云层、大气、土壤和植被所做的那样。清单中现在就开列第二级的名录还为时尚早，但植物首先能满足下一个条件，即保证地球稳定发展的过程中，其作用超过其他一切生物。按照严格的次序，下一个条件是要有一个转变太阳能使之成为所有生命的食物基础的机制。叶绿素完成了这一任务，我们的宇航员知道这一点。最后，需要有一个生物群安排在各级营养层中，在水平和垂直两个方面上相互起作用，使能量传递到整个系统，使物质能按照保证动态平衡的方式再循环。这也是一个对整个世界上普遍存在的生物群的详细描述。此外，还需要有一个适应的机制，生物借此就能改变数量、形式和关系，以便在承受环境改变的压力时，寻找生存的机会。突变，是遗传基因传递中重大缺陷造成的，它满足了上述的需要，要说明的是：突变的发生应是以自然选择为基础的。

　　当宇航员把头脑里两个分离的部分，即建设一个简化的世界和一个他逐步了解的世界，联系在一起考虑时，他和我们就不需要成为上帝的建筑师，而一同解脱出来了，不必再组装巨大而复杂的创造物。他明白了，世界是一个进化的过程，这个过程经过了不可想象的无限长的发展时期——变化、适应、显露出新的不确定形式，有些形式坚持下来了，而有些则失败了。然而就是经过这种考验之后，这个复杂、精巧、壮丽的世界确实进化发展了，而人只是在最近才进入这个世界，成为最新的占支配地位的物种——要么是地球上的疾患，要么是有光明未来的管理员。

　　宇航员知道，他生活的宇宙舱是一个很差的地球复制品，但是他认识到世界确实是一个宇宙舱。生存、持续和进化的价值就是理解和明智的介入。当他得出这样一个结论时，一个明智的世界会认定他太珍贵，因而决定不将他送到太空中去；他和那些像他一样的人，地球上是不可缺少的。他在宇宙舱中为了这里的生命而需要学习的第一课是：地球是一个创造的过程，人有无与伦比的创造作用，所有物质和生命的运动过程都是在其转换成熵的途径上捕捉能量的过程，这样做了，就是在创造一个自我不息和进化发展的系统。人类分享这一过程，这个过程中包括人的历史。他与生存和创造过程中不可缺少的伙伴们在一起，生活在这个不平常的世界中。这是好的管理员手册中，工作人员守则的核心课程。

Processes as Values
视发展过程为价值

——纽约斯塔滕岛环境评价研究

72

　　一段时期内，当许多有价值的地方贬值了，而往返斯塔滕岛（Staten Island）受人欢迎的五美分的船票一直坚持不变。当着手纽约市斯塔滕岛，即里士满区（Borough of Richmold）[译注]的方案研究时，我们欣赏到这里的魅力了。让我们在它的区域范围内，即纽约市的腹地，来观察这一地区。即使是极粗浅的调查，也可明显地看到曼哈顿和它周围地区为城市提供了一块极好的用地。这是一个极有价值的地区，曼哈顿地表或接近地表的是结晶岩，这为建设提供了极好的基础，还有一条壮观深浚的大河和天然良港，有杰梅卡（Jamaica）和纽瓦克（Newark）两个海湾，宽广的哈得逊河（Hudson）流经这块肥沃、美丽的腹地（印第安人天堂般的河朝两个方向流去），这里有海洋和海滩、沼泽和草地、断崖、山脊，此外还有许多岛屿，其中就有斯塔滕岛。

　　虽是后见之明，但假如几百年前对这些资源已作了评价，并将这个评价纳入规划，这将是件最为有利的事。在这样的环境背景下，在曼哈顿岛上可以建起一座伟大的人类栖居地，它的居民能深入大海和江河、海滩和海湾、沼泽和草地以及附近许多岛屿。

　　鱼与熊掌兼得的理想选择是很少有的，但是应尽可能把两者的优点或所有的优点结合在一起。人们梦想在一箭之遥的地方就有博物馆、歌舞餐厅、音乐厅和棒球场等，但是，要是再能站在家门口就看到山丘、海洋、原始森林，看到老鹰栖息的楼顶，那将是绝妙的理想境界。在曼哈顿，除了山丘之外，这些是容易办到的。

　　从郊区到城市上班，又回到郊区家中，这种每天来回的旅行是一种历史的回复；从乡村到城市的旅行，代表了从依赖于土地的生活向社区生活的进化，而经过一定时间后，反过来又由城市转向乡村，这里面反映出最早的人与土地的关系。人们深深地感到需要乡村，这种需要最有力的证据是人们纷纷涌向郊区，这是历史上最大的移民活动。城市的确有许多有价值的东西，广泛的人际交往、强大的社会组织机构、竞争、各种刺激，多样化和各种机遇，但是，人们古老的记忆使他们坚持要回到土地上去，到大自然中去。这种交替都是必要的和有益的。我们认为城市好比是一个巨大的动物园，在这里面，爱群居的动物每天从它们熟悉的小路走进它们的笼子，颇有几分像偏爱栖息在桥梁构架上的椋鸟，感到不舒服和不自在。笼中动物回归荒野的本性，似乎在所有动物中，包括驯养得最好的动物——人中，也保持着的。曼哈顿原有的环境为人们

　　[译注] 斯塔滕岛最早由韦拉萨诺于1542年发现，后为纪念查理二世皇帝之子而命名为"里士满"，是纽约市第五个区，岛长约14英里，最宽处约7.3英里，岛上风景优美，东部及东南部有许多优良海滩，为纽约市民假日休憩之处。

在城市和乡村之间的交替提供了极大的可能性，可以从人群最集中的地方到大自然中最荒野的地方去。如果把城市当作动物园的比喻使人不能接受，那么是否我们可以把这种形象的比喻和假设换个不同的方式来说：城市是文明人的居住地，大自然是动物园。那么在海洋和海湾、河流和沼泽、森林和草地中就会有许多陆地和水生生物的动物园，换句话说，把这些地方作为动物园是个绝妙的选择，让驯养最好的动物在这些花园里能去看看野生动物。但是，当人们看到笼子里凝视你的大猩猩之后，大家都知道，很难说谁在栅栏的后面。

不管我们的立场如何，曼哈顿的腹地显然是提供了供居民选择和享用的最大的环境范围，假如对曼哈顿进行一次评价，势必会显示出这样的情况。但是过去的情况并非如此，残酷无情的发展抹掉了这一伟大的财富及其价值，使它蔓延成一个污秽低级的城市地区。

我们回顾一下，在为城市人口提供的丰富资源中，斯塔滕岛排列的地位很高。它的地质历史造就了这样一个独特的地方。志留纪（Silurian）的页岩形成了该岛的脊，但是巨大的威斯康星更新世（Pleistocene）的冰川给该岛留下了痕迹，这里留有冰川尽头的石堆。斯塔滕岛有许多冰川湖、海滩、河流、沼泽、森林、老沙丘，甚至周围还有许多分散的岛屿。在它丰富的资源中，盛产牡蛎和蛤蜊的滩地异常广阔，连最早的居民也没有想到它们会被吃光。同其他许多资源一样，因为污染，它们已变得毫无价值。与曼哈顿附近地区相比，斯塔滕岛仍保持着田园风貌，但是在战后的一段时期，斯塔滕岛成了投机的建设者们目光短浅的建设和贪婪开发的场所。不过，还不是所有的东西都损失殆尽，即使韦拉萨诺桥〔译注〕敞开了城市开发的闸门，某些极好的场所：如绿带（Greenbelt）和该岛南部的许多地方还保存完好。更幸运的是，这个岛的许多地方归纽约市政当局所有，并由园林局（Department of Parks）管理。委托人要求对该岛作一研究，弄清它内在的适合于各种用途的程度，由此可以得出土地利用和布局的结论。

〔译注〕 Verazzano Bridge，此桥连接纽约市布鲁克林区。

这就产生了一个评价的问题：哪些土地适宜于保护，哪些作为积极的或消极的游憩使用，哪些适合于商业和工业，或居住使用？

斯塔滕岛是纽约市仅剩的一块独一无二的资源，但是它的价值正在很快地消失。最后由韦拉萨诺大桥促成的建设浪潮的冲击很可能导致它的崩溃。该岛免于这种灾难的唯一希望，几乎全在于留下的空地大部分归纽约市所有这一事实。因此，里士满行政区的命运完全要由纽约市的权力来决定。

这块土地的命运会是怎样的呢？它可能被住宅市场贪婪地吞噬掉。要是这样的话，纽约人的最后一块具有公共价值的宝地——斯塔滕岛将淹没在纽约市的其他环境之中。有没有其他办法呢？这一研究就是力图揭示这一遭围攻的岛屿未来的其他开发方案。

这里采用的基本前提是：任何一个地方都是历史的、物质的和生物的发展过程的总和，这些过程是动态的，它们组成了社会价值，每个地区有它适应于某几种土地利用的内在适用性，最后，某些地区本身同时适合于多种土地利用。

斯塔滕岛蜿蜒的山脊和辉绿岩（diabase）的堰堤只能通过地质历史来解释。该岛的地貌特征是更新世冰川作用的结果。长期的气候变化过程改变了地质的构成，说明了目前的地文、水系和土壤分布等的成因。由各种植物组成的各种各样的群落占据了这块地方，使无数的动物和物种得以生存。人类的居住根据他自己的需要改变着自然的过程。

这个岛是所有自然演进过程固有的动态发展的结果。它是造山运动的无声记录，沉浸在古代长期消失的海洋和熄灭的熔岩流之中，冰层覆盖在上面，以后又退去了。但是四季和潮汐的循环，水文循环和维持生命的营养物的再循环一直在进行着。山岳不断受到侵蚀，沉积物随着引力作用线路分布。随着时间的推移，形成了沙丘和海湾，这是长期淤填的结果。飓风横扫海洋，造成了潮水的泛滥。认识物质和生物的进化过程所具有的动态特性是很重要的，更重要的是要认识它们对人的影响，以及它们受到的人的干扰和影响。

基岩地质

地表地质

水文

土壤排水环境

土地、空气和水资源对于生命是不可缺少的，由此而形成社会价值，海岸作为娱乐游憩和居住开发，具有很高的价值，但湾岸易受潮汐泛滥的伤害，因而也有消极的一面。地表水资源具有供水、娱乐、稀释废水的作用，但是它们的积极价值很容易被污染减损。林地产生的几种社会价值是：水资源管理，防止冲蚀，为野生动物提供生存环境，作为学习研究和娱乐的胜地，然而一旦允许森林施行不断升级的开发时，这些社会价值就会失去。

在对自然资源的利用作出规定之前，首先要对这些自然演进过程中固有的社会价值有所识别。

一旦人们接受了"一个地方是自然演进过程的总和，而这些演进过程组成了社会价值"这一观点，就能进一步考虑有关土地的效用，保证最适当地利用土地和提高土地的社会价值等等。这就是指土地的内在适合度。例如，具有好的地表排水和土壤排水能力的平坦土地是内在的最适合于发展密集的娱乐游憩活动，而地貌变化多端的地区作为被动的娱乐游憩场所（passive recreation），则有更高的价值。

社会价值是由自然演进过程，而不是提供人类多样性用途的适宜性来反映的。平坦的、排水良好

土地利用现状

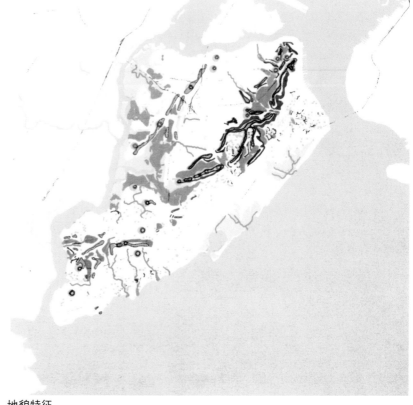

历史上的地标

地貌特征

潮汐侵蚀区域

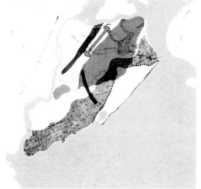

地质特征

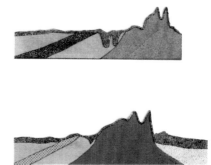

地质剖面

的土地既适合于发展密集的娱乐游憩活动，也适合于工业和商业建设。有极高的风景价值和环境多样性的地区，作为保护和被动的娱乐游憩活动具有很高的社会价值，同时，它用作住宅建设也是受人高度欢迎的。这些明显的矛盾能通过许多办法解决。某些资源，由于它们十分稀少而且易遭损害，表现出它们具有很高的被保护价值，应排除其他的用途。某些地区，假如内在的价值保证不会受到损害，则多种用途是允许的。不过，在另一些情况下，两种用途都是同等适宜的，这就要让社会来作出选择。

有了以上的前提，下面几页中我们可以看到每种内在的适宜性和它们的综合结果。现在让我们再来看一看。首先要说明一点：这不是一项规划。一项规划应包括：要提出全部规划的要求与内容，要提出解决这些要求的方案，并要结合社会或社会团体的能力去实现规划目标。斯塔滕岛的研究仅仅指出那些可以进行某些特定土地利用（不管是单一用途，还是多种的用途）的地区，能以最低的成本取得最大的节约和效益。为了作一项规划，必须要考虑土地利用组成的要求和它们的位置和形式上的要求，必须要看出无论是在公共和私人的领域内，社会可以利用的种种手段。这个研究正是为完成规划任务而作的资料方面的准备。

但是即使是在这一阶段，研究也带有创新的特点，以保证考察问题的正确性。第一个优点是采用合理的方法：证据主要出自那些严谨的科学。研究报告是建立在主要的学科，即地质学、水文学、土壤、植物生态学和野生动物学基础上的，资料全是从实实在在的材料中收集到的，不会有重大的失误。这就保证了解释大气污染、潮汐泛滥、岩石强度、土壤排水和其他等等的分区的正确性。

这种方法除了合理外，还具有明确性这一优点。任何其他人，接受这种方法和实证材料，很自然地会得出像这一研究中用实例说明的一样的结论。这种方法和大多数的规划方法是直接对立的，那些规划的标准经常是模棱两可、含糊不清，且相互矛盾的。此外，这一方法使规划方法有了重大的改进，这就是它能允许社区采用它们自己的价值体系。社区珍视的地区、场所、建筑物或空间从而就能加以识别并结合到这一方法的价值体系中去。今天，许多规划过程，特别是公路规划，是不能把这些因素结合到社区的价值体系中去的，而往往是把社区横断开。规划师应尽一切力量提出自己的明确的判断。

人们如何进行这项工作呢？好，我们要从最初提出的前提开始，这对我们有很大好处：自然是演进的过程并且是有价值的，为人类的使用既提供了机会也存在限制。因此，我们必须认识促成斯塔滕

现有植被

森林：生态的群落

现有野生生物生存环境

森林：现有质量

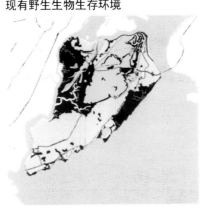

坡度

土壤限制因素：基础

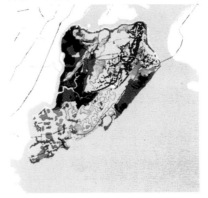

土壤限制因素：水位

生态的因素	等级标准	现象序列					土地利用价值				
		I	II	III	IV	V	C	P	A	R	I
气候											
空气污染	发生率：最高→最低	高	中	低		最低		○	●	●	
潮汐泛滥淹没	发生率：最高→最低	最高（记录的）	最高（预测的）			洪水线以上			○	●	●
地质											
地质独特，具有科学和教学意义的地貌	稀有程度：最高→最低	1. 古湖床 2. 排水出口	1. 终（冰）碛 2. 冰川范界 3. 漂砾痕迹	蛇纹岩山丘	外露的岩壁	1. 海滩 2. 埋藏谷 3. 黏土坑 4. 砾石坑	○	○		●	
基础条件	压力强度：最大→最小	1. 蛇纹岩 2. 辉绿岩	页岩	白垩纪沉积物	淤填沼泽	草沼和木沼				○	○
地貌											
地质独特，具有科学和教学意义的地貌	稀有程度：最高→最低	终冰碛中的冰丘和锅穴	外露的岩壁	沿湾滨的冰堆石崖和冰迹湖	蛇纹岩山脊间的断裂		○			○	
有风景价值的地貌	独特性：最突出→一般	蛇纹岩山脊和海岬	海滩	1. 悬崖 2. 封闭的谷地	1. 崖径 2. 海岬 3. 圆丘	无差别和特点	○			○	
有风景价值的水景	独特性：最突出→一般	海湾	湖泊	1. 池塘 2. 河流	沼泽地	1. 纳罗斯河（The Narrows） 2. 基尔范克尔河（Kill Van Kull） 3. 阿瑟基尔河（Arthur Kill）	○				
带有水色风光的河岸土地	易受损坏的程度：最容易→一般	沼泽	1. 河流 2. 池塘	湖泊	海湾（河湾）	1. 纳罗斯河（The Narrows） 2. 基尔范克尔河（Kill Van Kull） 3. 阿瑟基尔河（Arthur Kill）	○		●	●	○
沿海湾的海滩	易受损坏的程度：最容易→一般	冰堆石崖	小海湾	沙滩			○		●	●	
地表排水	地表水和陆地面积之比：最大→一般	草沼和木沼	有限的排水面积	稠密的河流和洼地网	中等密度的河流和洼地网	稀少的河流洼地网			●	●	●
坡度	倾斜率：高→低	大于25%	25%～10%	10%～5%	5%～2.5%	2.5%～0%			●	●	●
水文											
水上活动 商用船舶 游乐用船舶	通航水道：最深→最浅 可自由活动的水域范围：最大→最小	纳罗斯河（The Narrows） 拉里坦湾	基尔范克尔河 弗雷什基尔河	阿瑟基尔河 纳罗斯河	弗雷什基尔河（Fresh Kill） 阿瑟基尔河	拉里坦湾（Raritan Bay） 基尔范克尔河		○	○		○
新鲜水（淡水）积极的游憩活动（游泳、划船、游艇航行等）	可自由活动的水域范围：最大→最小	银湖（Silver Lake）	1. 克劳夫湖（Clove Lake） 2. 格拉斯米尔湖（Grassmere Lake） 3. 俄贝奇湖（Ohrbach Lake） 4. 阿比特斯湖（Arbutus Lake） 5. 沃尔夫斯塘（Wolfes Pond）	其他池塘	河流			○	○		

生态的因素	等级标准	现象序列					土地利用价值				
		I	II	III	IV	V	C	P	A	R	I
河边游憩（钓鱼、打猎等）	景色：最好→一般	非城市化地区终年的河流	非城市化地区间歇性的河流	半城市化地区的河流	城市地区的河流		●	●			
保护河流质量的流域	风景优美的河流：最佳→一般	非城市化地区终年的河流	非城市化地区间歇性的河流	半城市化地区的河流	城市地区的河流		●	●		●	
含水层	含水量：最高→最低	埋藏谷		白垩纪沉积物		结晶岩	●				
地下水回灌地带	含水层的重要性：最重要→一般	埋藏谷		白垩纪沉积物		结晶岩	●				
土壤学 土壤排水	由地下水位高度来表示的渗透性：最好→一般	极好	较好	较差	差	没有	●		●	●	●
基础条件	耐压强度和稳定性：最大→最小	由砾质土至石质土至砂壤土	砾质土或粉砂壤土	砾质土或细砂壤土	1. 砂壤土 2. 砾石 3. 海滩砂	1. 冲积层 2. 沼泽泥土 3. 潮沼地 4. 人造土地			●		●
冲蚀	易受冲蚀程度：最大→最小	超过 10%的陡坡	在砾质土至细砂壤土上的任何坡度	坡度适中 2.5%～10% 1. 在砾质土或粉砂壤土上 2. 在砾质土至石质砂壤土上	坡度在 0～2.5%之间在砾质土或粉砂壤土	其他土壤	●		●	●	●
植被 现有森林	质量：最好→最差	极好	好	差	已遭破坏	无	●	●	●		●
森林的类型	稀有程度：最大→一般	1. 低地 2. 干燥的高地	沼泽地	高地	湿润的高地	无	●	●		●	
现有的沼泽	质量：最好→最差	好	较好		差（已填满）	无	●	●	●	●	●
野生生物 现有的生长环境	稀有程度：最少→一般	潮间地带	与水有关的地带	陆地和森林	城市	海洋	●	●	●	●	●
潮间地带的物种	以海岸活动强度为基础的环境质量：活动强度最低→最高	1	2	3	4	5	●	●			
伴水而生的物种	以城市化程度为基础的环境质量：非城市化→完全城市化	1	2	3	4	5	●	●	●	●	●
陆地和森林的物种	森林质量：最好→最差	1	2		3		●	●	●	●	
与城市有关的物种	树木的外貌：多→无	1		2		3					
土地利用 地质独特，具有教学与历史价值的地貌	重要性：最大→一般	里士满城（Richmond Twon）	1. 安博伊路（Amboy Road） 2. 托滕维尔联合会（Tottenville Conference）	文物富有地区	少量文物地区	缺少文物地区	●	●			●

生态的因素	等级标准	现象序列					土地利用价值				
		I	II	III	IV	V	C	P	A	R	I
具有风景价值的地貌	独特性：最大→最小	维拉萨诺桥（The Verazzano Bridge）	海岸线水道（海岬）（Ocean Liner Channel）	曼哈顿轮渡（Manhattan Ferry）	1. 戈赛尔斯桥（The Goethals Bridge） 2. 外桥渡口（the Outerbridge Crossing） 3. 贝永桥（The Bayonne Bridge）	缺少	●	●	●	●	
现有的和潜在娱乐游憩资源	可利用的程度：最高→最低	1. 现有的公共空地 2. 现有的公共机构	未城市化的、潜在的娱乐游憩地区	城市化的、潜在的娱乐游憩地区	空地（较低的娱乐活动的潜力）	城市化地区	●	●	●		

C:保护；P:消极性娱乐游憩活动；A:积极性娱乐游憩活动；R:居住建设；I:工业与商业开发

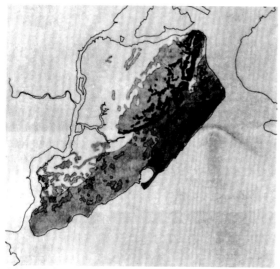

土壤：最大—最小冲蚀

土壤：最小—最大冲蚀

岛现状的重大物理和生物进化过程。在这一研究中，我们将不描述许多观察到的事实的内容。许多事实将用图解说明，这里揭示的只限于描述方法而已。先前研究如何从海洋中来生存，设计一条公路的线路和大城市地区中自然的地位等等，要比研究这个问题简单得多。在这个例子中，我们要识别整个地区将来的土地利用的内在适合度。如在公路问题中，要收集所有的基本资料并绘成图：包括气候、历史地质、表层地质、自然地理、水文、土壤、植物生态、野生生物生存环境和土地利用等资料。在使用这些资料以前，必须对这些资料作出解释并作出评价，否则无用。例如，一般的气象资料在这里是没有多大意义的，而飓风和它造成的泛滥是至关重要的，因为利用这些资料，我们能识别不同坡度的土地遭海淹的受损害程度。这些基本的资料由此得到解释并在价值体系中重新加以组合。在早先的公路研究中，可以看到，州际公路一般不超过3%的坡度。因此，任何超过这一坡度的现有土地会给使用带来不利后果；坡度等于或小于3%的是可取的。再说，开凿山石要比挖掘沙子和卵石昂贵得多。特别是这些沙石材料到处可取，用于公路建设中可节省许多资金。

从每一大类资料中，我们选出了多种因素并对这些因素加以评价。如从某一地区的地质条件方面，我们选出它的地质特征、科学与教学的价值，并从独特稀有到广泛富有划分等级；岩石按承受压

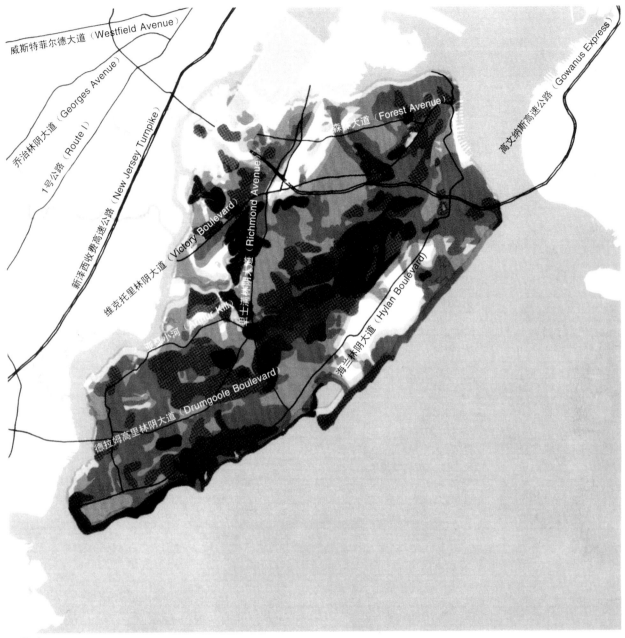

威斯特菲尔德大道（Westfield Avenue）

乔治林阴大道（Georges Avenue）

1号公路（Route 1）

新泽西收费高速公路（New Jersey Turnpike）

维克托里林阴大道（Victory Boulevard）

里士满林阴大道（Richmond Avenue）

亚瑟小河（Arthur Kim）

德拉姆高里林阴大道（Drumgoole Boulevard）

海兰林阴大道（Hylan Boulevard）

森林大道（Forest Avenue）

高文纳斯高速公路（Gowanus Express）

保护地区

力强度来评价，按基础要求划分等级，以此类推，对每一类都这样做。对某些土地利用来说，有些因素越高越好；而对于其他一些土地利用来说，某些因素越低反而价值越高。受潮汐泛滥影响最少的地区是受人青睐的，但是风景品质最高的地区，价值最大。

对每一种未来的土地利用来说，都会有某些最重要的因素，我们要将这些最重要的因素挑选出来。而且，应有一个按其重要性来划分的分级标准，由此这些因素就能排列成一个等级系列。此外，在某些情况下，某些因素将适宜于作为特殊的土地利用，而另一些土地利用要受到限制。在选择真正适合于保护的地区时，挑选的因素应是：历史价值特点、高质量的森林和沼泽、海湾和海滩、河流、滨水的野生生物的生存环境、潮汐间的野生生物的生存环境、独特的地质和地形面貌、风景优美的地区、水色风光和稀有的生态群落。举例来说明适宜的因素和限制的因素——挑选最适合于居住用的地区，应包括吸引人的环境、风景优美的地貌、滨水的居住区位置、有历史意义的场所和建筑物形

133

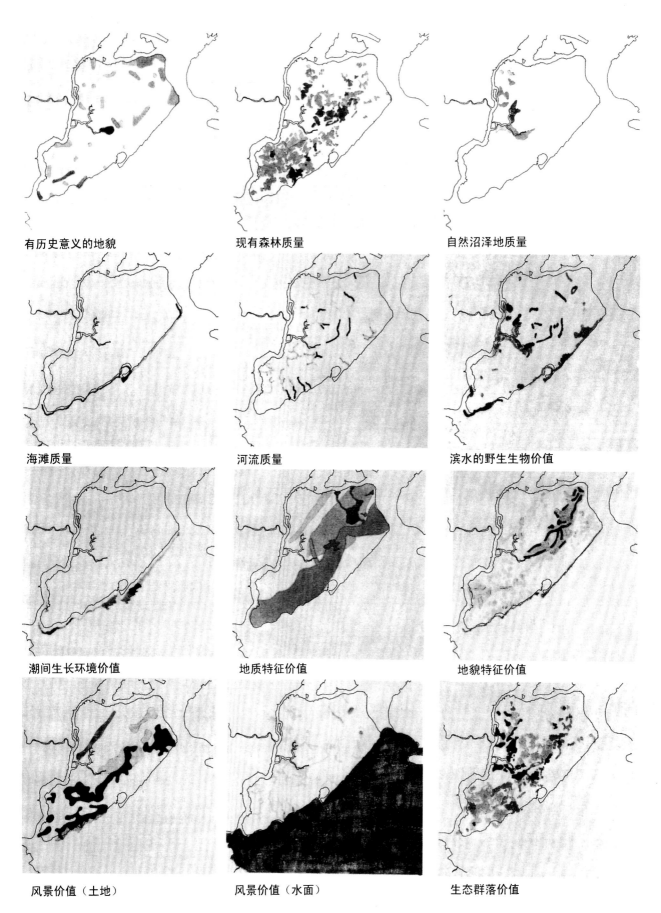

有历史意义的地貌　　　现有森林质量　　　自然沼泽地质量

海滩质量　　　河流质量　　　滨水的野生生物价值

潮间生长环境价值　　　地质特征价值　　　地貌特征价值

风景价值（土地）　　　风景价值（水面）　　　生态群落价值

73

风景建筑师：科普，林德和沃姆斯利（Cope，Linder and Walmsley）

位序（位置次序），黑点指明相反的位序。另外，必须评价因素的重要程度。全黑点和全蓝点代表这些因素具有最重要的意义和最高的价值，较低价值的点色度变浅。

每种因素用最深至最浅的灰色色调画在图上；必要时，同一资料可按相反的次序，画成深浅相反的图。所有的图纸都是透明的。为了考虑每种未来的土地利用，要将有关的因素集合起来并拍成照片。至此形成的价值梯度图是把所有选用的因素都合并在一起了。这些图纸显示出全部积极因素同时发挥作用时产生的最大值和最小的局限。自然演化过程，按照其价值的大小，重新编制起来，以说明这些地区内在的适合于某一种土地利用——娱乐游憩、保护，还是城市化的居住及工商业。

成的风貌等等将成为肯定的因素；而过大的坡度、排水不畅和易受泛滥损害等将成为否定的因素。

在第130页的图表中可以看到这种概念的应用，考虑到的因素有三十多种。这些因素又分成气候、地质、地貌、水文、土壤、植被、野生生物生存环境和土地利用等几大类。每一类中的资料是根据对未来土地利用的重要程度而加以收集的。也就是说，从气候、地质等大类的原始资料中，挑选最重要的因素。在气候这个总目中，空气污染和飓风引起的潮汐泛滥都被认为是很重要的项目。在地质类中，有珍贵科学价值的地貌列为重要因素；主要的地表岩石类型按承受压力强度划分等级。鉴别和选择了这些最重要的因素以后，每种因素按五种价值等级加以评价。例如蛇纹岩和辉绿岩组成第一级基础条件，而沼泽和湿地在级别上是最低的。所有的因素都这样加以评价。下一步要考虑将这些因素和具体的土地利用联系起来。也就是说要进一步说明价值体系中的土地利用导向。蓝点指明自左至右的

作为应用这种方法的实例，我们将综合分析各类价值的方法应用于所发现的最适合于作为保护的地区，并且以图示的形式反映出来。为这一研究遴选出的重要因素包括：

历史价值特征	潮汐间野生生物生存环境
高质量的森林	独特的地质特征
高质量的沼泽	独特的地形地貌
湾　滩	风景优美的地貌
河　流	风景优美的水面风光
滨水而生的野生生物和生存环境	稀有的生态群落

每一张价值组成图，也就是相应类别中的评价图，以颜色深浅划分为五等，最深的色调表示最高的价值，空白则表示最低的价值。所有十二张图均绘制在透明底片上，可将它们叠加起来拍照。最终的照片反映出所有价值的综合结果，从而指明内在适合于保护的程度，由最大至最小。这张照片又重

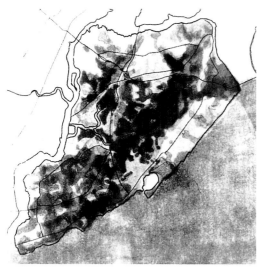

积极性游憩适合度

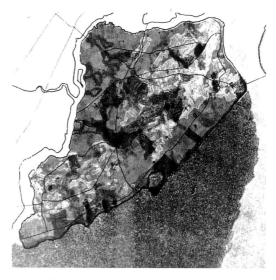

消极性游憩适合度

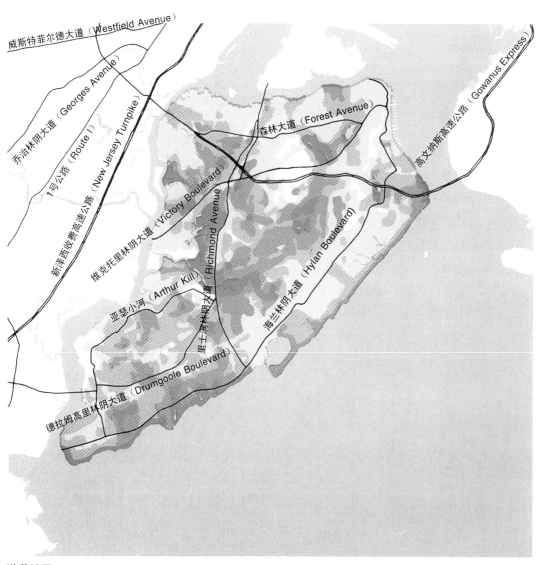

游憩地区

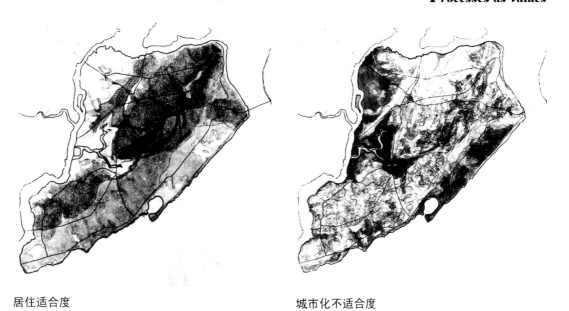

居住适合度 城市化不适合度

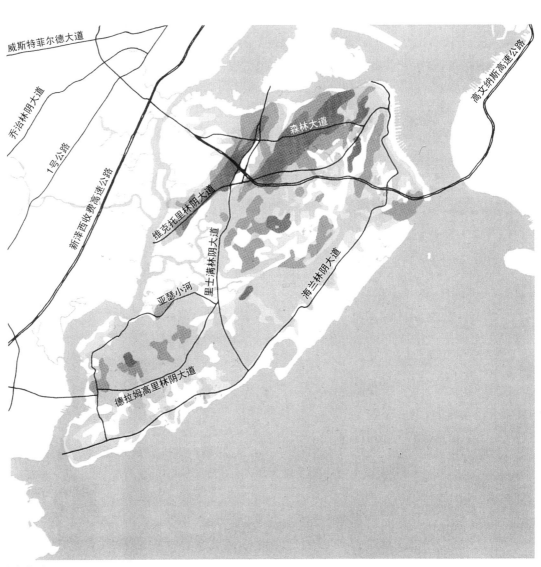

城市化地区

新制成一张单独的图纸，用五种价值等级指明保护价值的大小。颜色越深的地方代表内在的最适合于保护的地区。

最适合于娱乐游憩的地区分为两种游憩活动类型，一种是消极的，另一种是积极的。将这两种游憩活动结合起来，绘成一张复合的适合于游憩活动图（见第136页图示）。为确定游憩地区挑选出的重要因素包括：

消极性游憩
独特的自然地理地貌
风景优美的河光水色
历史价值特色
高质量的森林
高质量的沼泽
风景优美的地貌
优美的文化特色
独特的地质特征
稀有的生态群落
滨水野生动植物生存环境
田野和森林的野生动植物生存环境

积极性游憩
湾滩
可容游艇航行的辽阔水面
新鲜（淡）水地区
岸边的土地
平坦的土地
现有和未开发的游憩地区

最适合于城市化的地区分别由两个主要的城市组成部分来决定：居住、工业—商业开发。每个组成部分最为重要的因素被确定为：

居住
风景优美的地貌
河边的土地
优美的文化特色
好的岩石基础
好的土壤基础

商业—工业
好的土壤基础
好的岩石基础
通航的水道
对所有开发建设共同的最主要限制因素确认如下：

坡度
森林地区
地表排水不良
土壤排水不良
易受冲蚀的地区
易遭洪泛的地区
通过把上述这些因素结合起来制成适合于城市化的综合图。

至此，我们有了内在的适合于居住和商业—工业的土地利用图、保护区图、消极和积极的游憩土地利用图。这些图纸反映了土地原有的面貌和性质条件，但是我们不仅仅是要找出内在的适合于单一使用的地区，而且同时要找到可和谐共存的、允许

保护—游憩—城市化地区适合度综合图

<table>
<tr><td colspan="4">I　　II　　III　　IV</td></tr>
<tr><td colspan="4">保护—游憩</td></tr>
</table>

II	III	IV
保护适合度		

I	II	III	IV
城市化适合度			

I	II	III	IV
游憩适合度			

I	II	III	IV
保护—城市化			

I	II	III	IV
游憩—城市化			

I	II	III	IV
保护—游憩—城市化			

多种使用的地区，以及存在区域竞争的地区。因此，我们可以把使用上性质互补的内容，成对成双地绘在一起而不单独地成图。商业—工业和居住使用能结合起来画到一张城市适合度图上。积极的和消极的游憩活动结合到一张游憩适合度图中。我们从而有了三张图：即保护地区图、游憩地区图和城市化地区图，由这三张图制成另一张图，这是我们需要研究解决的问题。单一的适合度图能用灰色色调在透明图纸上表示出来，但这种技术对这张高度综合的图来说就无效了。这就必须采用色彩来表示。我们用黄色代表保护，把灰色色调调整为不同强弱的明亮度来表示。我们用不同深浅的蓝色来绘制游憩图，用不同深浅的灰色来绘制城市化地区图。在多种利用既不互相矛盾、也不互相补充的地区，我们可以用与该地区相应的颜色以及和它的价值相应的颜色明亮度，把这些地区表示在图上。在土地利用互补的地区，如游憩和保护，蓝和黄的结合会产生绿，反映了它们的互补关系，绿色的明亮度反映了它们价值的大小。城市化地区和游憩地区，也就是灰色和蓝色相结合，会显出蓝灰色及其明亮度的变化，而同时适合于所有三种土地利用的用地将是灰、蓝和黄色的结合所产生的灰绿色和它的明亮度变化。在最后成图阶段，简单地用叠加法和拍照方法解决适合度、和谐共存程度和对立矛盾程度是不可能的，所以要采用预先占有土地的方法（preemptive method）。这一方法包括安排所有最主要的适宜的土地利用，把这些适宜的用途画在图上，不再和任何其他主要有价值的土地利用相竞争，从而预先占领这些合适的地区。继续再画第二等及第三等价值的用地，一直到综合显示出所有一致的、互补的和竞争的土地利用特性为止。那些同时显示出共同适合于多种用途的地区，可能既是竞争的，又是共存的。

通过放弃绝对的经济价值观（它仅覆盖一个很小的价值层面），而采用了一个包含最大至最小的相对价值体系，这就有可能包括所有的重要因素，而不必顾及经济学家们的定价方法。同时，这种相对价值体系否认成本—效益（cost-benefit）经济学迷惑人的精确性，而充分揭示了诸积极因素相对同

时发生的现象和彼此之间的短缺。虽然我们不能在这些因素上规定精确的货币价值，但我们可以说，在没有任何附加价值的情况下，任何一个地区若同时出现多种积极因素，这确实能说明该地区内在的土地利用的适合度。

这一方法的另一个重要意义在于，材料经过汇编和解释之后，成为对任何规划方案进行"最小费用—最大效益"检验的必要基础资料。该地区主要土地的利用价值得到了鉴别，任何规划方案对该地区土地价值的破坏和提升的程度也就一目了然了。不仅如此，这些资料还可使寻找最少社会成本的用地位置变得十分简单。由于采用了明确的分析要素，广大社会群体和个人能接受，无论是公共或私人的开发过程，必须反映该地区的价值。这种方法将是最为有用的，假如公开一个地区的价值图和内在的适合度，开发商就会知道，什么地方他们可以计划去涉足；更积极的意义在于可把他们引导到内在适合于他们能力的地方去。大概这个方法最有价值的革新之一是互补的土地利用的概念，即寻找能提供多种用途的地区。这一点促使它和分区管理的原则相矛盾，因为分区管理强调单独的土地利用。承认某些土地是内在的适合于几种土地利用的，既可把它视为矛盾的，但如果社会愿意接受这种结合使用的话，也可把它视为一种机会。在许多古老的、非常令人羡慕的欧洲城市里，人们十分愿意接受将居住和商店，甚至某些制造业相结合。土地利用结合起来是可能的，但是需要某些引导，甚至还要有技巧。

普通的土地利用图，甚至规划方案，表示的是概括的土地利用类别，这一研究中的图纸更像马赛克镶嵌而不像招贴画，这是有充分根据的。这些图是经过对土地进行质疑，使它显示出明显可区分的属性后绘制出来的。不同的土地属性经过叠加后，显示出极大的复杂性。但这真正显示了复杂的使用机会及限制条件。不过，这种研究看起来可能是混乱的，但这只因为我们已经习惯于一成不变的分区制规划，而不习惯于察知这种现实环境中千变万化的性质，并将这种变化在我们的规划中反映出来。

这一方法中还有些技术问题没有解决。第一个

问题是如何保证诸因素的等值问题（parity）。假如诸因素的权重不算，其结果的正确性会受到限制。叠图分析的方法仍有局限，这种研究方法已达到了极限。将灰色色调转绘成有同等价值的彩色图的制图技法是一个困难的问题；将各种色调结合起来也是困难的。计算机将解决这一难题，尽管目前这方面的技术状况还没有达到胜任这一任务的水平。

这就是有关斯塔滕岛的研究。这是作者从事的最为精心的工作之一，它比早期的研究前进了一步，为规划过程提供了希望，使规划变得合理、明确和可重复使用，还能在社区发展中采用自己的价值体系。

斯塔滕岛的研究是受纽约公园局的委托，在作者的指导下，由华莱士（Wallace）、麦克哈格（McHarg）、罗伯茨（Roberts）和托德（Todd）实施，由纳伦德拉·居内加先生（Mr. Narendra Juneja）操作完成，并得到梅瑟尔斯（Messers）、迈耶斯（Meyers）、萨特芬（Sutphin）、德拉姆蒙德（Drummond）、拉根（Ragan）、班恩（Bhan）和柯里（Curry）女士的协助。

生态方面的研究是由阿奇博尔德·里德博士（Dr. Archibald Reid）和查尔斯·迈耶斯（Charles Meyers）先生所作的。土壤图是由霍华德·M.希格比博士（Dr. Howard M. Higbee）提供的。

砖坯建筑的保卫者，阿科马（ACOMA）
新墨西哥（New Mexico）

142

The Naturalists

自然主义者

在如此艰巨复杂的探索中，常常会出现创造一个乌托邦来解决问题的想法，在这个空想世界里面生活着那些幸运的人们，他们共同的意愿和每一个人自己的意愿完全一致。但是这样的想法必须避免，因为，一个人的思维是千变万化的，众人的思维更是差别迥异。有些时候一支樱桃花是人们的理想，而另一些时候，生存本身却又成为唯一的渴望。不过一个比较适度的目标是可以达到的——这不是乌托邦的哲学，而是能保证生存和生命的、可以为人类进化提供一个合理基础的那些最简单、最基本的意愿。这种目标并不抑制勇气或爱情，也不限制无法预言的感觉或创造。这些问题可留给人们自己去设法解决，且不受人类常规和简单的理性法则所影响。我们能收集已有的支离破碎的证据并将它们组合成一套多少完整连贯的程序。与其以叙事性的方式描述自然规律，也许从人的角度来探讨更易理解，自然主义者外表上看起来很像我们，但是他们对自然和对人的态度，他们的伦理道德观和精神气质，他们的规划、管理和艺术观点与我们不同。这些观点应完全以自然科学、生态学和生态哲学的观点为基础。

自然主义者（这是对他们的一个合适的称谓）认为进化之所以进行，更多地是来自合作而不是竞争；在自然主义者的词典中，征服不是主要词汇，而孜孜探索，瞭望自然（也包括人）是他们头脑中首先要考虑的问题。这种合作的观点（它是成功的物种进化的基础）应渗透到整个人群的思想中，而不是像我们那样，只是少数缄默谦让的科学家以及几个诗人持这种观点。地球和它的居住者们加入到完整的创造过程中去，人有着独一无二的重要作用，这种观点当然被自然主义者接受。进化是有方向的，它具有可被认识的属性，人是加入到进化的序列中去的，这些都是得到认可的。

自然主义者的宇宙观和我们的是很不相同的，没有框框、不绝对化、不作浪漫的幻想、十分中肯、没有以人为中心的思想。他们虽然探索、了解所有他们能了解到的关于宇宙的伟大创始的知识，但是他们否定了关于宇宙起源的所有说法。他们的知识是以氢的出现为起点。从此以后诸多元素得到发展——氦、锂和其他元素在宇宙空间这口大熔炉中锤炼。当证明重的元素是不牢固的而且不稳定时，这一发展的线索终止了。接下来就是混合物（化合物）的发展，允许结合再结合，复杂性增加了，一直到氨基酸产生为止。至此进化发展为一个新的有机的类型，即生命。自然主义者对生命形式进化的理解和我们的是十分一致的，不过他们对这一发展历程的感觉更直接、更生动。

每一种宇宙观都有一段宇宙创造的历史，自然主义者在这方面也不例外，只是采用自然中拥有的证据来讲述这段历史。许多不知道的事物成了自然

76

主义者思想上的障碍；许多事物经常使他们感到惊诧，但是他们对神秘主义不感兴趣。为了证实他们有关创造的观念，他们不是采用神秘主义而是用反复的实验来证实——的确有一项实验可由他们中的极少数人来进行。这项实验简单到只有一个玻璃的小室，围起一个无菌的环境。可以看到阳光照射到玻璃小室上，热量损失和落在表面上的热量相等。在另一项比较实验中，植物、一些营养和水体中的分解者带入小室。从后者中观察到热损失小于获得的热量。某些阳光被植物利用来生长和繁殖。可以看到阳光和物质结合，改变了原有的物质及其形态，从一个较低的秩序提高到一个较高的秩序。部分原来要损失的阳光，现在成为植物的一部分。部分太阳能在转化为熵的途径中被捕获。这一过程定义为"创造"，也就是物质从较低的秩序提高到较高的秩序，称之为"负熵"（negentrogy）。

这一创造的学说或许是有关创造的神话传说中最适宜和恰当的了。但当你仔细地考察它，可以看到这种学说容纳所有的物质和生物的进化。这种学说是否足以解释文化和艺术的发展呢？交响乐是否比无规律的噪声更有秩序呢？绘画是否比铅管里的油彩及空白的油画布更有秩序呢？诗歌比恶言有更高的秩序吗？人们必然回答"是"，但这种学说一方面准确地说明了这里的差别，另一方面又显然解释得不充分。不过，即使这一学说的主张是不完全的，但它是正确的，这就够了；说明它是一种适宜和恰当的宇宙观。

关于"创造"这个概念是指由较低秩序到较高秩序的运动，与之对立的就是破坏，即从较高秩序向较低秩序的衰减。进化因而被看做是创造的过程，退化被看做是衰减的过程。

创造和衰减、进化和退化，被认为是有属性的。对面积相等的两个环境的反复试验证明了这一点。第一个环境是新形成的沙丘，第二个是原始森林覆盖的一个古老的沙丘。在第一种情况下，自从海中升起这个沙丘后，仅几十年就消失了。这是一个少数几种禾本和草本植物丛生的地方，它只能维持细菌和昆虫生存，没有哺乳动物。相反，第二个例子中，森林未受干扰地存在着几千年，所以人们希望用漫长生长的森林和动植物来代表进化的最高

77

程度。年轻的沙丘处在同样的进化过程中，但还没有达到较老的沙丘的演进程度。

这两个系统各自的属性是什么呢？第一个沙丘是处在进化的原始阶段，而另一个是处在顶级阶段。沙丘是简单的，由很少一点物质的进化过程起主导作用。它由很少的一些物质组成，主要是沙；它只有少许居住者，它们之间的关系也可说是简单的。当我们也用物质进化和生物组成等检验森林时，可以看到它是非常复杂的。物质演变过程、物种的数量、栖息地和它们的功能和地位（这是对它们所起的作用而言的）发生了很大变化，只能用"复杂"这个词加以概括。

假如成倍地增加许多简单的事物，其结果是单一性的；复杂的事物产生的是多样性，这种情况能在研究上述两个环境时发现。沙丘是沙粒单一行动的结果，它们是停留角度（angle of repose）和风力作用的结果；沙丘上明显的生物是草，顺应风向而生，把阳光反射出去，恒久保持着一种单一性。森林完全是另一种情况，没有地方能找到单一性的现象。虽然各种生物组成一个结构，各自占据不同的营养层和不同高度的层面，但是大量的物种、不同的环境、不同的作用和发展途径之间相互交换，出现了繁多的变化，这确实使复杂性倍增。

下一个研究的属性是相对的不稳定和稳定。沙丘当然是不稳定的，受风和海洋的影响而变迁。仅仅由于起固定作用的植被，不稳定性才有所缓和。沙丘森林改变了沙丘的本来面貌，沙丘内部的温度、小气候和水分状况，这些都是森林进化的产物。这种自我的进化过程是稳定的基础，衡量稳定与不稳定不仅要看到它们所起的不能改变或不能移动方面的作用，而且要看到沙丘上生物的年龄，也是这种进化过程的反映。

这两个沙丘面积相等，得到的能量也相同。就年轻的沙丘来说，照射在沙丘上的大部分阳光被沙反射，只有一小部分被少量的草利用。在森林中得到的阳光推动着整个生态系统：树冠上的叶子反射阳光，散落在林地上的变化的光影被已有的生物所利用。显然，沙丘的熵是高的，森林中的熵是低的。假如我们采用熵来衡量较大的随意性、不规则

性和单一性，那么用熵来描述沙丘要比描述森林更适当。我们可用劳伦斯·K.弗兰克（Lawrence K. Frank）的"有组织的复杂性"（organized complexity）来描述森林，而沙丘相比之下是缺少组织的简单的系统。假如高熵显示低序，那么沙丘是低序的系统，森林则表现为高序，属于负熵的系统。

进一步衡量创造的因素是物种的数量。有一种论点：物种只有在能发挥一定作用的情况下才能生存。两种物种同时在同一地点起同样的作用，其中一个必然会屈服而亡。因此，物种的数目代表了一个发挥作用的指数。在沙丘上，很明显只有少数物种；在森林中，物种是众多的。在沙丘上，物种很少，但是相对地种群数量大，物种内在的相互作用将占主要地位。森林中有许多物种，更多地展现出物种之间的相互作用，同样也有物种内的相互作用。从物种相互之间的作用来看，这两种关系可以描述为：在沙丘的情况下是独立的关系，而在森林中是相互依存的关系。

进化 ————————→

原始状态	高级状态
简单	复杂
单一	多样
不稳定	稳定
物种数量少	物种数量多
共生数量少	共生数量多
高熵	低熵

退化 ←————————

宇宙观现在已把创造和系统中秩序的提高联系起来了，证明了这就是进化的途径；对应的词是破坏，是退化的途径，包括秩序由较高水平向较低水平的衰减。可以看到，创造和破坏两者有明显的差别和可描述的属性。

这种宇宙观能否适用于整个外部世界呢？不论我们考虑的是元素、化合物，生命形式或群落，显然，进化都是从简单向复杂发展的。你要是成倍地增加简单的事物，其结果是单一性；以同样方式处理复杂的事物将产生多样性，这似乎是清楚的。观察藻类的繁殖和森林的成长之间的区别，可看到下面的情况：简单的单一的系统将趋于不稳定，成为

这种体系功能上的特性。这种系统可供养大量、单一种群的寄生物，因此极易受流行病的损害；相反，复杂和多样化的体系一般是不会出现大而单一的生物种群，因而不易受损害。物种的数目越大，基因库（genetic pool）适应任何紧急状况的能力也越大。综合分析，复杂的环境会更稳定。被定义为简单和单一的系统果真不能占用所有可利用的生存环境，那么该体系获得的能量将不能像复杂多样的系统中的能量一样充分地利用。因此，在简单而单一的系统中，熵将是高的、低秩序的；高秩序和低熵将成为复杂多样的生态系统的特征。复杂多样是用物种的数目来描述，因此，秩序越高，物种就越多；最后，环境若是包括一个由许多物种组成的群落，相互作用主要是在物种之间进行；而另一种情况，种群很大，物种很少，相互作用主要是在物种内发生。

此类证据在我们研究一块原本废弃的田地正在更新变成一片森林，或者观察覆盖在铁路路基上的臭椿属、漆树属和豚草属等植物的正在复原中的斑点病时都可找到。很显然，就热力学的观点而论，创造确实有其属性。这种观点为观察和处理一个系统均有相当大的用处。自然主义者能对一个进化阶段上的任何系统的情况作出结论，尤其是能决定这个系统是在进化，还是在退化。

自然主义者应用亨德森（Henderson）和达尔文（Darwin）提出的两种适应（fitness）的概念。因此，环境是适应生活的，适应先前存在的种种生命形式，适应那些现在存在的生命形式以及将来存在的生命形式。此外，生存的有机体或生态系统也是适应其环境的。在有机体和环境之间达到适应，是一个连续的和动态的过程——物质的演进过程都是动态的，尤其是有机体的出现，构成了环境，有机体本身的变化是环境变化的主要组成部分。在平衡状态中反映出来的适应是一个动态的平衡，从而进化具有一种增加适应的倾向，凭此有机体适应环境，使环境更适应自己，通过突变和自然选择，使它自己与环境一致起来。当适应的过程呈现出由简单到复杂，单一到多样，不稳定到稳定，物种数目由少到多，共生的数目由低到高，从高熵到低熵的

变化方向发展，这就和地球上最基本的创造过程一致起来。这样，适应环境及趋向适应环境的运动就是创造。未能适应环境或错误的适应，都不是创造。系统从复杂到简单的逆转过程，就是熵或破坏。有两种极端的情况：第一是创造的适应；其二是破坏的适应。衡量环境适应和适应环境的标准是物种或生态系统在进化过程中获得生存和成功，并在短时期内达到健康。

当考虑到人，甚至引入社会文化因素时，这一概念也无须作任何本质上的修改。可能会有一个环境适应某种人，某种人也适应这个环境的情况；而创造过程需要环境变得更适应人，人也需要适应环境和自我适应。文明的工具在突变和自然选择方面基本上是没有什么不同的，只不过它们能以快得多的速度完成对自然的改造，但是创造性的试验也就是要完成一个创造性的适应过程。这就要包括：识别那些内在地适应一个有机体或过程的环境，识别那些适应环境的机体、物种或社会机构，还要开创一个新的过程，由此有机体和环境相互适应去完成一个更高的适应过程。

因为自然主义者摒弃神秘主义，认为从生物世界的运行中能找到所有事物的意义和目的，他们从此找到了职业道德准则。人微言轻的自然科学家，他们研究问题的方式是集中在生物之间的关系上，期望那些在人类出现以前已经运行的生物之间的相互关系同样也适用于人和自然、人和人之间的相互关系。

他们指出没有一种有机体能独立地存在。因为每种有机体适合于摄取某些食物，它将排出某些废物。照此情况发展的结果必然是所有有用的食物都被利用起来且产生无数的废物。要记住，变形虫阿米巴（amoeba）碰到粪便就会萎缩这一事实。因此，这里至少要有两种有机体：一种必须是有光合能力的生产者，另一种应是一个极微小的分解者。例如：植物利用阳光，将产生废物——叶子和碎片，这种废物将被分解者分解掉。显然，这两种生物是相互依赖的，它们在数量上也是相互联系的。它们是为了生存而合作的。分解者适应了利用植物的废物，植物也适应了利用分解者的废物。自然主

78

义者把这种现象描述为利他主义（altruism）——为了有关生物互利的目标而退让一定的自主权。

当物种的数目增加，或能量金字塔扩大，或当进化的途径过度复杂时，影响有机体的这些原则不会改变。任何一种情况下，在严密复杂的生态系统关系中，所有的有机体必须让出它们一部分自主权，或者说它们的自由，目的是为了维持整个体系和体系中的其他生物体。这种相互适应的现象与汉斯·塞利博士（Hans Selye）向我们提出的细胞间利他主义的观点是很接近的。他指出，一个人由约300亿个细胞组成，原始的细胞是非特定化（无特定功能）的，通过进化才具有各种功能，成为组织、器官和血液等。这种有机体所以能存在，只是因为这些细胞在单个有机体相结合的总体中承担相互依赖的作用。每一个非特定化细胞最初形成的时候，和独立的单细胞生物相似，具有同一种起源、新陈代谢系统和复制能力。不过，每一个细胞让出一定的在无特定功能中固有的自由，并在维持单一的有机体中承担合作的作用。

塞利从细胞之间的利他主义推断出人与人之间的利他主义，但对于自然主义者来说，整个生物界都展现出利他主义。每个有机体在生态系统中占据一个生存环境。在任何一种情况下，这里都包含了生物界的生存和进化，个体要让出一部分自由。

在考虑利他主义的时候，必须不考虑感情，这一点很重要。当狼捕食老弱的驯鹿或狮子捕食羚羊时，被捕食动物的恐惧、食肉者的残暴是无疑的。但是，种群的数量从而得到了控制，最适者得到了生存和繁衍，这也说明世界不是一幅狮子和绵羊睡在一起的如画般的美景。不过，即使不能实现田园诗般的自然界的梦想和一个没有竞争的世界，然而它还能使你理解在现存的世界中确实存在着的种种相互关系。人们可能希望这些相互关系有所不同，但重要的是看出这些关系是什么。

一个系统中的能量，恰好也能作为信息来考虑。落在一个生物上的能量，能通过生物热量落在它身上。但这样提供的信息，只是在物质或有机体能感觉到热量并对热量作出反应时才具有意义。进化的方向（或至少自然主义者关于进化方向的概念）是这样的：指向较高的秩序，更大的负熵。但可以认为，假如把能量考虑为信息，那么赋予这种能量以意义的能力也可用来衡量进化的程度。假如是这样的话，那么"感受"（apperception）可以理解为通过它能理解（perceive）意义的能力。

我确信你已经看到，在这个宇宙观中似乎同时有好几种价值体系。第一种以负熵为基础，能以熵为单位来测量。因此，生物可以看做是负熵的制造者。以这一价值尺度来衡量，显然植物是最重要的；其次，排在植物之后的是不可缺少的分解者；至于其他生命形式，相对说来价值低得多。很显然，制造负熵的主要工作是由最小的生物完成的；海洋植物大大领先，陆生植物位居第二。因此，在动物世界中，使植物进入更严密的秩序中去的主要工作是由小的海洋有机体完成的，即由小的广泛存在的食草动物完成的。

假如我们考虑视能量为信息和将感知作为价值，那么一些完全不同的生物则占优势。较复杂且有察觉力的生物的进化体现了这种价值，在此，人确实排在很高的位置上。

要是我们研究第二种价值系统，该系统阐明了确保生存并指明进化方向的合作机制，那么我们面对的是一项十分困难的任务。我们能在地衣中看到一个早期的共生的见证，即藻和真菌融合成一个单一的有机体；我们能看到硝酸盐细菌和亚硝酸盐细菌所起的不可缺少的氨基酸化作用，授粉的昆虫和开花的植物，白蚁和纤维质细菌，以及许多其他共生的例子。但在人类当中，共生现象如同细胞间的利他主义一样，是在不自觉的水平上，而不是在社会组织中得到高度的发展。但是感知是共生的关键，而人是最有察觉力的生物。这就是他的潜力所在：通过感受和理解自然，他能对自然的运动和管理生物界做出贡献，在做贡献的过程中，提高他的共生感受。显然，这就是进化的正确方向。

自然主义者根本不像我们那样认为人和生物界的其他生物是可以分开的；他们认为人是生活在自然当中而不是对抗自然。他们生动地感觉到地球上的其他生物和他们自己一样生活着，他们知道生命世界开始是由最简单的生物实现的，而最简单的生物并未被以后的生命形式所替代，反而是扩大了。他们十分明白，世界的大部分工作仍是由这些早期的生命形式来完成的。这些最初的生命就是他的祖先，它们是他的历史；在遥远的过去，他出现在那里，他的过去今天仍留在这里。自然主义者知道自己带有海洋和陆地的血统世系（lineage）。他们知道在遥远的年代，成功的进化把它们的亲属带到浅湾和沼泽中去，带到干燥的陆地上去，尽力地在土地上繁衍，一直伸展到越来越险恶的环境中去。当它们到达这些极端的环境时，再次简化自己，一直到只剩下那些最简单的先驱者存在于北极和南极、山巅和海洋深处的生命边缘地区为止。每个人都通过这个世系伸展他们自己，超越自我和恶劣条件的限制。这不是故事；这是事实而且已经知道它必然会成为现实。所以，价值体系不会降低到古代的和简单的形式水平上去，这些形式不会降低得比人自己的无特定功能的细胞更简单，而对于整个生物界，这些形式犹如人的骨髓初生细胞那样重要。

从热力学的作用方面来探讨人类作用的文献还不曾找到过，而对其他的生物，这方面已作了很好的研究；从本质上看，人不是破坏性的，感知对人的作用确实是关键，他是有独特的感觉和知觉的动物，他已经发展了语言和符号，这显然是他的优势。他的作用是什么？当然，他的作用是作为合作机制中的一员，维持这个生物界，这就是感知的巨大价值。也就是说，人的关键作用是生物界的工作人员，共生（现象）的代表。

自然科学家相信，能从地球和地球的演进中找到事物的意义，他们不断地研究现象世界，以便取得必要的证据，使他们去进行卓越的管理，他们把这些看成是自己的责任。经过长时期的，对所有事物进行的研究，他们得出了惊人的结论。他们观察到，生物展现出许多相似性，充分地把具有同一相似性的生物安置在相分离的群体中，但另一方面，通过精细的观察，发现没有两颗沙子或两个生物实际上是完全一样的。某些细小的现象使我们确信这一点也确实是可能的。相似性在物种向简单的形式退化时增加了，但永远也找不到两个完全相同的生物。当被观察的生物变得复杂时，它们的差别度增加了，这不仅就生物的作用和时间跨度（不是同时出生的）而言，而且也指后天的生命经历。这一研究使自然主义者得出结论，每件事物本身都是独一无二的，以前决不会存在过，以后也决不被一个完全相同的形式所继承。这就是说，生物的本质是绝对（不是相对的）独特的。生物本身走过的是条单一的途径，而且只存在一次。

因此，独特性（或：独一无二性）是他们对所有事物和所有生命形式的基本态度，他们依据这一点，尊重自然和考虑问题。不过，独特性不仅具有不寻常的特殊属性，也具有到处可见的普遍属性。因此，不得不承认独特性没有优越和低劣之分，只有独特性。这个主张比平等这一概念好多了，事实上，平等是无理的，无法支持的，平等只能在比较中得到。

以前关于伦理道德发展的研究中，没有比自由这个题目得到更多的注意。独特性的属性是考虑和尊重个体要求的基础；也是个体要求自由的基础。显然，每个个体对整个生物界负有责任，要求它们参与创造和合作活动。自由被认为是独特性中固有的，也是环境能提供的无限的机会中所固有的，即存在和表现的模式是无限的，独特的个体拥有这些固有的机会。无秩序状态是不能被接受的，因为它以随意代替了创造。暴虐和专制亦不能接受，因为它压抑了个体的独特性和自由。创造的概念就是使这两个极端达到平衡，它与独特性、自由和责任感联系在一起的，有机体在其中可以起各种作用，那就是创造，提高生物界的发展、促进感知和共生的进化。

我们知道，针对同一个证据可以作出不同的解释。显然自然主义者熟悉达尔文，但他们选择的是，强调生物界进化中合作的重要性，或者说利他主义的重要性，而不是竞争。那就是，他们把生物积极的发展看做是创造性的增加，看做是感知的增加，最为重要的，看做是利他主义的增加。

食肉者与被食者之间的关系不会给它们二者造成什么麻烦。在这种关系中联系起来的生物是相互有利的。狼挑选上年纪的、带病的和不适应的驯鹿为食，因而有利于驯鹿的进化发展；驯鹿被狼吃掉，驯鹿和狼的数目均得到了控制。在宇宙观中或在寄生者与宿主之间，这种关系不难找到。这确实仅仅是相互有利的进化发展的早期起点。对宿主来说，应该知道从寄生的动物中得到的好处，这种好处明显地是由后者来实现的。这种相互关系会在一定时期内成为相互有利的关系，一旦宿主死了，这种关系就不复存在了。

要重视不同的角色所起的作用。你可能想到，人们的语言反映了这一点。我们曾称人为织工和木匠、铁匠和轮轴匠、盖屋顶者和农民、陶工和裁缝，但自然主义者的语汇包括山脉和苔藓，还有人。太阳被称为"第一给予者"；山脉有许多属性，其中有些是从古代海洋和雨水带来的种种自然现象。冰盖和冰层称之为保存水的水库和凉风的来源。河流的主要作用是给我们提供水分。海洋是第二给予者，古代生命的发源地；叶绿素和植物是第三给予者，而重要的分解者是第四给予者，它的作用是把所有的东西还原。

可以用生物学上的演替（succession）这个词来观察所有的生物。最简单的生物可简单地理解为先驱者，它们是第一次浪潮的先驱，将几乎没有秩序的地方提高到稍有一点简单的秩序。先驱者之后的第二次浪潮，它们提高了秩序。在这一浪潮中，不只有植物，还有动物和最简单的人。每一个演替的生物群落起到了提高秩序的作用，一直到最后由顶极的生物组成的群落为止，这些生物群落中的生物表现出他们具有使群落达到顶极的能力。

正如我们已经看到的，在这些描述中没有任何贬低之意；整个生物界共有的独特性的概念和联合的意识允许有差别存在，但没有强弱优劣之分。普通的细胞本身既不比特化细胞（specialized cell）强，也不比特化细胞差。虽然这样说，但对分解者要特别给予关注，因为只有它们能保证体系的再循环。火山和闪电是宝贵的；同样地，海鸟将磷带回陆地，产卵后的鱼在死前将从海洋中带回的丰富营养储存在高山的溪流中，把营养物带到森林去。土壤中的细菌可视为巨大的资源，这些细菌以土壤为家培植，被认为在所有生物中具有最高的成就。

还有一些具有特殊功能的生物，如授粉的动物、使土壤通气的生物、固氮细菌，还有表明演替阶段或退化阶段的生物群落。此外，有些生物群落最能说明一年四季的轮回，如有些生物表现出生机盎然，繁衍后代，这说明是春天；有些生物孜孜不倦地工作，这说明是夏季；有些生物奄奄一息或死去，这说明是秋季；有些生物冬眠休整，这说明是冬天。

假如人们把生物界看做是一个单一巨大的超级生物（superorganism），那么，自然主义者认为，人在这个超级生物中，要像酶一样，具有调节的能力，和酶一样有知觉。人是属于这个系统的并完全依赖于它，但他有管理这个系统的责任，因为他有感知能力。这就是他的作用——成为生物界及其知觉的管理者。

现在，自然主义者要转向动物学家和人类学家，以揭示人的本性。人和类人猿有一个共同的祖先，人是一个升级的猿猴，不是下凡的天使，这些都是很好理解的。动物学家和人类学家深信（显然我们不是这样理解的），人类进化的成功来自于武器和屠杀能力的进步，他是一个成功的食肉者。对野生动物的观察使他们确信，其优势地位是一个事实，对于所有的生物来说都有等级次序高下之分，对人亦是如此。可以看到在保卫领地方面，动物比人要简单得多，其实人也一样。在所有用来说明历史上对这一问题的态度的证据中，就有一个我们对匹敌者和陌生者的传统的反应，最使人信服的是有机体对移植的反应：不管外科医生如何想方设法做好手术，机体总是不断地排斥这种外来的侵入。这就证实了生物对不熟悉的东西基本是敌对的。在群落内部利他主义是一种规律，但群落对于陌生者的敌对性是根深蒂固的。当群体扩大，那么就必须有利他主义的保护伞，但要承认生物从最初一开始就带有区域性的敌对性。

当然，自然主义者相信，人是自然的产物，因此，自然科学和社会科学之间是不可分的。确实，假如有一门研究人类事务的知识领域，它需要不亚于任何其他部门的科学知识。自然主义者认识到在涉及人时存在着某些特殊的问题。把藻类或扁虫归属于物种某一类别等级或抽象的群落，这是容易的，但这种划分对于具有明显个性的人来说，则是比较困难的。不过，有些事是知道的，他们相信胎儿会受到母亲经受的忧虑、苦闷的影响，所以要特别注意照顾她和她的胎儿。他们也观察到，得不到爱抚的孤儿和流浪儿存在低能的现象，结论是——爱的抚育对儿童成长是不可缺少的。他们也知道，根治早期经受的精神创伤，即使存在可能，也会是异常困难的，所以他们保证精心的照料婴幼儿，使他们的生活条件得到最好的安排。他们观察到宽慰悲伤的病人，会给治疗带来巨大的力量。他们信奉在所有的事物中都存在独特性，这一概念也适用于人的交往中。因此，物质的和社会的环境必须为每一个人努力工作提供最大的机会。多样化被看做是这一探索的重要组成部分——提供最大数量的机会和途径。因为事实是由个体对刺激产生的反应而造成的，因此，提供的机会越多、越多样化，选择的机会也就越大。丧失感觉，环境会变得平淡无味而引起幻觉。多样化为独特的个体的出现提供最大的机会。

人的需要是有层次的，它覆盖从生存向臻于完美的全部领域。生存之外的进一步要求，仅仅是要使生命继续存在下去，这在满足生理需求方面不难看到。下一个需求层次是尊严的存在，在此，生存是超越一切的。最后的阶段是臻于完美，尽管它是永远不能实现的，但它依旧是人无所不在的追求目标，就像健康的人，他们不仅在解决问题，而且还在追求许多目标，在不断地发现问题、解决问题。在这一从生存到臻于完美的进化中，有一个与之相应的共生的等级体系。在这些共生现象中，至少要有生存所必需的合作机制，在这些共生现象中这种合作机制在数量和复杂性上的提高，最后达到最高的状态，这就是利他主义，更恰当地可形容为"爱"。

合作关系对于生存和臻于完美来说都是不可缺少的，但从生存不可缺少的互利形式向超凡的爱的形式进化过程中，它们的性质改变了。

自然主义者看待人的作用和生物界其他生物的作用是没有什么区别的。人被认为和其他生物一样是自然的产物。感觉和知觉都不能违抗自然的规律，而只是反映这些自然规律。每一个人，犹如每一个生物，需要成为创造者，破坏是不可容忍的。犹如植物当中有发端型，人当中也有先驱者。最简单的社会是狩猎和采集社会，是另一种森林和海洋掠食者的类型，人类生存的数量和被捕食动物的数目有关，这就告诫人类既不能造成被捕食动物的枯竭，也不能造成毁灭性的破坏。当其他生物完成重要的创造工作的时候，如森林的复杂化发展，土壤增厚，群落变得更加周密精细，或海洋在生物群落进化中发展，产生越来越多的有序的栖息地，人也要为维持这个生态系统服务。

下一个是流动的农民群体，通过烧荒和耕种，他们起到另一个分解者和再循环者的作用。他们较少从事创造性的工作，主要的工作仍是由森林和其中的生物来完成的。定居的农民有可能发挥更多的创造作用，但需要精心管理动植物，以便补偿单一耕作带来的损失。不过，在简单的社会中农民的创造作用不能产生成功的农业。梯田的耕作者属于定居农民的一种特殊团体，他们在营养物和土壤流向大海的中途就把它们截住了。他们这样做，实现了一项有价值的保护工作。

假如你像自然主义者那样，认为所有的事物和所有的生物都有其独特性，你会更进一步同意，单一的途径（或过程）本身永远不能被重复，从而永远不会再发生，那么你已经接受了面对现象世界的观点。这种自然主义者的观点比施韦策（Schweitzer）提倡的对某些生命的尊重更为广泛，包括更多的生物。这种观点不仅包括对人有用的那些生物，而且应包括所有的事物和所有的生物。这就是说，一种事物，只要它存在，存在本身就是合理的，它是独一无二的，无须别的什么理由来为它证明或辩护。

这些观点的重要意义在于保证了自然主义者将不改变先前已存在的条件，除非他们能证明这些改变是创造性的。当然，他们承认变化是不可避免的——变化是由简单的生物完成的。他们允许人们提出必要的维持他们生存的要求，但是这些要求总是要服从于来自这种变化的负熵的增加或对该体系的感知的增加这一前提。

现在，我们观察到的一种生命消费另一种生命以维持自身生存的事实和他们的主张并无矛盾，确实，对他们的宇宙观来说，死亡也不是什么问题。生物界的运作，需要活的生物和它们的废物被其他生物在创造过程中消费掉。人必然也要为这一点作出贡献，活着时候的排泄物和死后的尸体将被其他生物在创造过程中消费掉。死亡也可以用同样的方式来理解，它是创造过程不可缺少的部分。只有当死亡超出了生态学背景，它才表现为从较高层次向较低层次的衰减。死亡是生物本身向较高层次发展的表现，视为进化的基础，所以这是创造。

自然主义者已广泛地转向世界范围，以寻找可能使人满意的运行规律和管理形式。他们观察到：世界是一个有秩序的场所；并推断：生物反映物理学和生物学的规律，这些规律是生物固有的并能自我实现的。生存依赖于"事物的运行方式"（"the way of things"）。这是寻找规律的基础。这种或那种规律是否和"事物的运行方式"相一致呢？这种运行方式并没有一个中枢，虽然它具有很强的规律；它具有相对的等级体系，但没有绝对的等级；个体是规律和管理的基本单元，"有利于自然"*是作出推论的依据，是不可违抗的。但另一方面，不存在不符合自然规律的事物；的确存在不可知的事物和虽属自然但和"事物的运行方式"不一致的那些行动。

当我们企图造就人，寄希望于他们的智慧和理性，这完全是件危险的事，因为得到的不是赞美，而是惹起烦恼。他们看起来非常神圣和完美。不过，原因仅仅是因为我们没有仔细地观察，所以没有看清他们脸上的瘊子和斜眼，没有看清他们中许多人是病态的、秃顶和肥胖的，他们显得狭隘、可悲、妒忌、傲慢、甚至愚蠢。但是他们完全是人。确实，当我们仔细地观察，他们实在太富有人的感情和弱点，太喜欢辩论争吵，把他们看做重要的知识宝库是不适宜的。微生物学家带有贵族气派，非常地高人一等，对肉眼能看到的世界却多半是无知的；地理学家不了解有生命的生物；植物学家不了解动物；不只是分类学家对生态学一无所知。尤其

---

*Clarence Morris. The Rights and Duties of Beasts and Trees: A Law Teacher's Essay for Landscape Architects（《动物和树木的权利和义务：一个法学教师为景观建筑师写的随笔》）[J]. Journal of Legal Education, 1964, Vol.17:185-192.

是作为一个整体，科学家们的过错，不是因为他们具有人的弱点，而是由于他们常带有某种职业性短视，他们习惯对人类问题漠不关心，或许将过多的学术观点视为艺术。对他们最为严重的批评之一是：若缺少万无一失的证据，他们就完全无法解决问题，而这在一个充满不可知的世界中，是一个极大的缺点。

不过，他们有两件事引起我们的关注：他们承担获得知识的义务，他们承载着伟大的人类理解领域。此外，和他们并肩站在一起的，不只有科学家，还有接受生态观点的人道主义者。

The River Basin
流　域
——波托马克河流域的研究

一个职业的景观建筑师（landscape architect）或城市规划师在他承担的工作中要受到委托人提出的种种问题的限制。相反的，一个教授不会受这样的限制，能够去着手他认为值得研究的工程。当我被斯图尔特·尤德尔（Stewart Udall）部长任命为美国建筑师学会波托马克专门工作组（American Institute of Architects Task Force on the Potomac）的成员时，该工作组既没有工作人员，也缺少波托马克河流域的基础资料。基于这种情况，把这一课题交给景观建筑学的研究生去做是适合的，可使他们的调查成果成为工作组有用的材料。

在这项任务中，确定研究地区的范围是不成问题的，就是指波托马克河流域（Potomac River Basin）。因此，人们不再为缺少社会经济规划师而烦恼，他们的区域界是暂时性的、变化无常的。至少，流域是可以描述勾画出来的——由水统一起来的，是个不变的单元。显然，流域是个水文单元，不是一个地文单元，假如人们要寻求一个更确切的土地划分，那么，地形地貌区域呈现出的特点会达到很不一致的程度。这里的边界是清晰的，不仅从区域间的交界面反映出五亿年的历史，这在皮得蒙高原（Piedmont）〔译注〕和海岸平原（Coastal Plain）的连接处可见到；而且在阿勒格尼高原前缘（Allegheny Front）或蓝岭（Blue Ridge）的急剧变

化的地形对比中反映出这种久远的历史。不论规划师是否知道这一切，自然地理区域的变化是剧烈的、连续的。

在前面应用的生态规划方法中，许多课题都带有某些局限。第二章有关新泽西海岸的研究仅仅偏重于生存研究。第六章费城大都市地区的研究仅仅集中在空旷地上狭小的研究范围，第四章高速公路的研究，只是个关于单一功能的研究，而第八章河谷的研究实际只局限在大城市和地形地貌区域的一部分地区。波托马克河流域是一个单一的水文单元，它横跨一系列地形区域，在这些区域中重点是放在所有未来的土地利用上。这是一个适合生态规划方法的试验。如书中已经提到的，读者获得对某些物质和生物的进化过程的知识，而且承认这些知识对了解自然、提出土地利用或改变土地利用性质来说是必须的。因此，对每个问题来说都要重申基本的主题，就是必须知道自然是一个相互作用的过程，代表了相互间的价值体系，这种价值体系能为人类的使用提供机会，但是价值体系也显示出了局限，对某些土地利用甚至要加以禁止。

这种方法现在可以发展得比以前更完善了。我们企图把波托马克河流域作为一个相互作用的过程，把它看做一个价值体系，并规定适当的土地利用。不过，这不是一项规划，一项规划应该是达到

〔译注〕Piedmont又译"山前地带"，位于美国大西洋海岸与阿巴拉契亚山脉间。

某些社会目标的决定，关系到社会实现这些目标的能力。这次演练仅仅是去探索自然的知识宝库，这个宝库和土地利用和管理是联系在一起的。资料是规划不可缺少的组成内容，但资料不是规划。

首先要考虑的是历史地理和气候，它们二者结合起来在波托马克河流域相互作用，因为这两个因素形成了该流域目前的基本形式。当明白了这一点，各式各样的自然地理区域就很明显地显示出来了。流行的形态学、气候学和岩性学能用来解释河流的分布形式、地下水分布、相关的数量和物理特性等。研究沉积物运动的资料（有些沉积物是由于河流冲刷过程形成的，另外一些沉积物则来自淤积）将揭示土壤的性质、分布和形式。当了解了气候、地形、水文状况和土壤后，各种植物和植物群落的出现就变得更清楚了。不管是在陆地还是水生的环境中，所有的动物都直接或间接地和植物有关；关于植物群落的年龄和状况的知识，有助于解释动物的分布。我们已经看到，煤、铁、石灰石和肥沃的土壤在什么地方出现是有一定理由的，它们是由物质和生物的发展过程形成的，深藏在历史地质之中。这些过程在什么地方发生，这就是形成什么的原因。在主要的河流上的瀑布带（Fall Line）也是如此。水流在流出皮得蒙高原的结晶岩以后，穿过海岸平原的砾石，深深地切挖出沟壑。这里是人类的落脚点，是城市的坐落地。这里的交通路线，很自然地跟随河流的河道和渡口走；有些地方适合于修建城市，地势平坦、排水条件良好、靠近丰富的水源，周围有肥沃的土壤。因此，能用同样的方法分析历来的土地使用情况，还能看到人类在这块土地上的生长和发展情况。确实，假如了解了自然地理的因素，我们甚至能更好地了解战争的发生。同样通过这种方法，能找到面貌独特的场所，如石灰岩洞或石榴石海滩——这里是牡蛎、鲑鱼和欧洲鲈鱼的栖居场所。

这种研究将揭示最肥沃的土壤、煤和石灰岩矿的所在地、河流和地下含水层中的含水丰度、大森林、牡蛎生长的海滩、荒野区域或相对的交通可达性、历史要塞或自然美景。这些自然地理区域，由于它们的历史地质原因而互不相同，因此，在所有

的资源方面也出现了区域性的变化。在每一个区域内存在相对连续性。因此，当获得这方面的资料后，利用优势资源、内在的资源或一般资源加以解释是没有困难的。毕竟，煤只在一定区域有，石灰岩也只在一个区域内普遍地存在，好的农业土壤则集中在单一的区域内。从这一情况看，你能看到每个自然地理区域都有其未来主要的土地利用方式，这是第一个总的看法。什么地方是流域中主要的可供游憩的用地呢？什么地方是农业的心脏地带？最好的森林位于何处？城市化最佳用地在哪里？初步的调查就能回答此类问题，这是从场地本身推导出来的信息。当我们知道了自然知识宝库清单上的内容的时候，我们能反过来问："你要什么？"我们可以换一种问法："什么地方能找到坡度小于5%的15 000英亩土地，用来建设一座新城市，距华盛顿的交通耗时要在一小时以内？""什么地方的煤覆盖层与煤层的比例低于12∶1，可以采用剥采法采煤吗？""在西弗吉尼亚，什么地方能打到每分钟出水600加仑（约2 727升）的水井？""什么地方能找到广大的荒野地区或完全是自然的河流，有鲑鱼的河流或滑雪坡？"这些问题都是能得到解答的。

我们已经习惯于考虑单一功能的土地利用，而分区管理的概念又更加肯定了这种考虑——一户一英亩的居住区、商业或工业区——但是这显然是一个极有限的概念。假如我们研究一处森林，我们知道里面有许多物种，从而同时存在着许多合作的现象。在森林中，很可能存在有主要的树种、次要的树种和物种等级体系，自上而下一直到最后的土壤中的微生物。同样，这个概念也能应用于资源管理，也就是说会存在占主要地位的土地利用，或共同占主要地位的土地利用，与附属的但能和谐共存的土地利用同时存在。

人们只要稍加思考就会领悟：针对一处单一的森林地区，我们要么将它作为木材产地，要么作为纸浆产地来管理；也许要同时对水源、泛滥、干旱、水土流失进行管理，管理野生生物和游憩活动；也许还要容纳村庄和小村、游憩的社区和郊外别墅。

现在我们的计划是要探索并找出这个流域内所

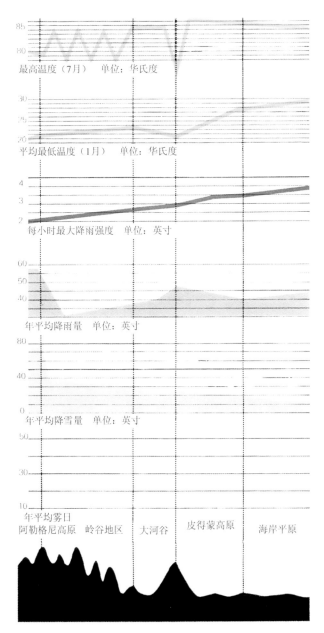

最高温度（7月）单位：华氏度

平均最低温度（1月）单位：华氏度

每小时最大降雨强度 单位：英寸

年平均降雨量 单位：英寸

年平均降雪量 单位：英寸

年平均雾日
阿勒格尼高原 岭谷地区 大河谷 皮得蒙高原 海岸平原

有土地最高和最好的使用可能性，但在每种情况下，我们还要努力做到弄清这些土地利用方式结合在一起的最大可能。这就是具有相互作用的活生生的自然宝库形象——一个价值体系。

气 候

在考虑气候时，最值得注意的因素是气候和自然地理的相互关系问题。阿巴拉契亚山脉影响到阿勒格尼高原，结果在这个区域的东部形成"雨影区"（rain shadow）。〔译注〕这里夏秋两季多雾多云。邻近的山脊和山谷气温变化很大，还常见谷

雾。强烈的暴风雨和短暂的生长季节成为这一区域显著的特点。皮得蒙高原和海岸平原气候是相似的，只是海岸平原常有飓风。夏天温暖炎热，湿度高；冬天气温适中，在此流域中生长季节最长。从而这里具有明显的区域性气候变化。

地 质

波托马克河流域是大西洋和海湾海岸体系中的次区域（subregion），是前寒武纪以来地质活动形成的，约有五亿年之久。当时来自东南的冲断层（逆断层）决定了阿巴拉契亚山脉显著的西南至东北的走向，这一体系的东面就是海岸平原沉积物的边缘。

从地质学上讲，整个区域由三大地带组成：第一，皮得蒙高原古老的结晶岩地区；第二，阿勒格尼高原，这是由很新近的沉积物形成的；最后，在东面是最近期的海岸平原疏松的沉积地层系列。

皮得蒙高原是十分古老的山系的残余物。它由地层中的结晶岩组成，有的呈倾斜状，有的呈褶皱状，但是表面已形成基准面，现在已发育成一个成熟的高原。

来自这些古老山脉的侵蚀物在寒武纪和二叠纪时代沉积在山脉西部的内陆海中，从而形成一个广阔的向斜层（syncline）。在向斜层的上层有煤层。蓝岭是在二叠纪时代升起的。两亿年以前，当阿巴拉契亚地壳运动的巨大东南向的冲力压迫向斜层的地层，使它成为一个平行的西南至东北走向的褶皱系列。侵蚀、隆起，进一步再侵蚀，产生了目前的状况。一条条长长的、狭窄的、陡峭的平行山脊，和一条条同样长度的、狭窄陡峭的山谷交替出现，最后组成了岭谷地区（Ridge and Valley Province）。

海岸平原的沉积台地覆盖在一个白垩纪时代开始形成的火成岩上。这些台地是由阿巴拉契亚山脉的侵蚀物和海洋沉积物形成的，现在朝东南方向沉陷。

自然地理

从波托马克河源头至海洋，该河共横向跨越了

〔译注〕湿空气受地形作用，一般使山的迎风面的降水量增大，背风面的降水量减少，甚至出现干旱少雨区域，称为"雨影区"。

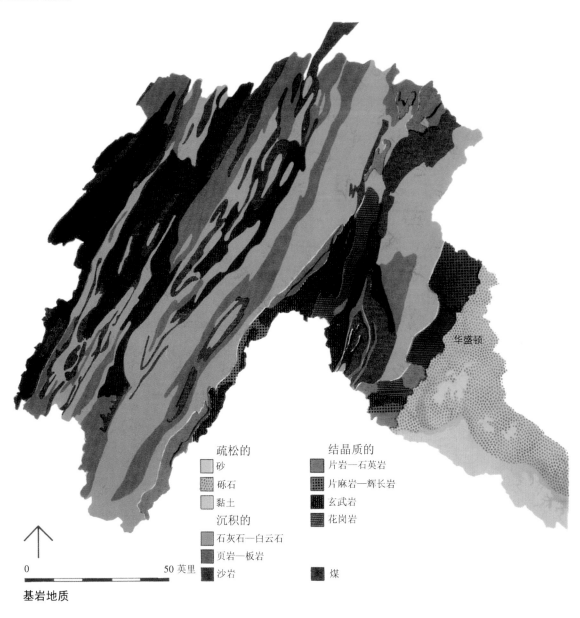

疏松的
砂
砾石
黏土
沉积的
石灰石—白云石
页岩—板岩
沙岩

结晶质的
片岩—石英岩
片麻岩—辉长岩
玄武岩
花岗岩

煤

0 ————————— 50 英里

基岩地质

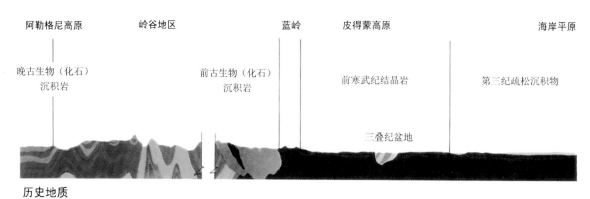

| 阿勒格尼高原 | 岭谷地区 | 蓝岭 | 皮得蒙高原 | 海岸平原 |

晚古生物（化石）
沉积岩

前古生物（化石）
沉积岩

前寒武纪结晶岩

第三纪疏松沉积物

三叠纪盆地

历史地质

六个自然地理区域，从阿勒格尼高原至岭谷地区，然后到达大河谷（Great Valley）、蓝岭和皮得蒙高原，最后到达海岸平原的河口湾。

区域的划分是十分清楚的。阿勒格尼山的前缘显示出前两个地区的交界面。平行而狭窄的岭谷地区一直延续到大河谷，大河谷地区最终到达蓝岭地区，地形剧烈的变化。东部地区是从山前地带开始的，这个地区到瀑布带（Fall Line）为止，这里的结晶岩被沉积物和海岸平原的地质特征所取代。

这些区域的物质差别很大。在阿勒格尼高原，人们发现在向斜层的页岩和砂岩的夹层里埋藏煤；在岭谷地区，人们可以看到砂岩的山脊、石灰岩的

山谷；大河谷大部分是在石灰岩上形成的；蓝岭是由片麻岩和片岩构成的，它们是层层直立的或是翻转的；皮得蒙高原由花岗岩、页岩、片麻岩和辉长岩等结晶岩组成；而海岸平原显露出来的是沙子、砾石和泥灰。

阿勒格尼高原

虽然今天阿勒格尼高原是以山脉的面貌出现，但它原来是一片古海，是自古生代至石炭纪这段时期内形成的，后被沉积物填满。这些沉积物最后形成石灰岩，包括绿色和红色的砂岩，更多的是石灰岩和页岩。在后石炭纪，海变成了沼泽，在沼泽的演替过程中，木贼属森林（horsetail forest）成长了

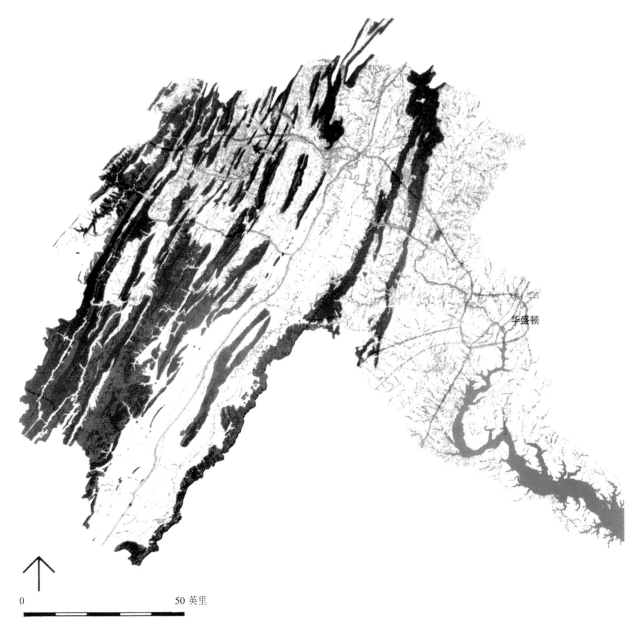

0   50 英里

华盛顿

阿勒格尼高原

蓝岭地区

岭谷地区

皮得蒙高原

大河谷

海岸平原

160

起来，后经压缩，森林最后形成了煤层。在这段时间内，砂岩和煤层层相互交叠起来。末期，在淡水沼泽中才形成最近的煤层。这个高原是一个辽阔的具有规则岩层的大向斜层。高原的边缘，处于阿巴拉契亚山脉前缘，从谷地抬升，高达1 500英尺（约457米）。

岭谷地区

该地区自阿勒格尼山脉前缘向东伸展，约有50英里（约80公里）宽。和蓝岭地区不同，蓝岭地区是在寒武纪和二叠纪产生剧烈的变形，而岭谷地区是地层压缩成许多褶皱的结果。耐侵蚀的砂岩存在于山岭之中，而较软的石灰岩和页岩受侵蚀形成山谷。地形结构在该流域很是独特，具有一系列平行的山岭和山谷，海拔高度在500英尺至2 500英尺（约152米至762米）之间。这些对称的山岭和山谷，只是偶然在一些风口和水道处断开，它们形成全流域最为独特的地貌。

大河谷

这个大而宽阔的河谷，有20英里（约32公里）宽，绵延穿越整个流域，东边以蓝岭为界。这个地区总体上是在陡峭而倾斜的石灰岩上发展起来的，可划分为三个次区域：西部的丘陵地带，由砂岩、页岩、石灰岩和石英岩组成；河谷本身是由石灰岩和白云岩组成；还有3～6英里（约4.8～9.7公里）宽的马丁斯堡页岩（Martinsburg shale）地带，它把河谷切成两半。

总的来看，整个流域的景观是波浪般起伏的，变化多端。最大的地貌变化发生在西部丘陵地带，石灰岩的大河谷地带打破了连续起伏的景观，这里没有切割现象，而页岩地区提供了最平坦的土地。

蓝岭地区

这里的地貌是最突出的，比皮得蒙高原高出2 000英尺（约610米）。这是一系列复杂的、高高挤压变形和缓慢风化的片麻岩和片岩。它的宽度在1～1.5英里（约1.6～2.4公里）之间。这是西部山脉体系东侧的陡坡。蓝岭地带属宾夕法尼亚较狭窄的丘陵地带向南延伸的一部分，但它又是一个单独的山脉，地貌通常十分复杂，还有许多支脉。

皮得蒙高原

这个地区在本流域中的宽度在30～50英里（约48～80公里）不等；它的坡度总体向东倾斜，由西边的500英尺（约152米）降至东边的300英尺（约91米）。通过观察发现，古代山脉体系的残余物形成了基准面和随后因侵蚀形成了今天这样的高原。在结晶岩地区400英尺（约122米）的高度上能看到各种变化。但在三叠纪时期，这个重要的次区域，由于其岩石的耐侵蚀性较低，地形起伏只是其他地方的一半。沿着该区域西面的边界是一个狭长的耐侵蚀的孤立山丘（monadnocks），也就是蓝岭的外围，插入阿巴拉契亚山系。

海岸平原

在本流域中，海岸平原的地貌是由最新近的地质活动形成的，这是一系列河流冲刷和海洋形成的沉积层，这里的沉积物仍普遍地保持着疏松状态，通过一系列的隆起和沉陷等地质活动，上升到目前的高度。这些沉积物包括砂、砾石、黏土和泥灰。

水文

波托马克河流经的流域面积大约15 000平方英里（约38 850平方公里）；它的主要支流是北支流和南支流（North and South Branches），还有大谢南多厄（Great Shenandoah）、卡卡朋（Cacapon）、康纳康奇克（Conococheague）和莫诺卡西（Monocacy）等河溪。河流从最小的山脉支流、弯曲的谢南多厄小溪，到波托马克河下游宽大的河口湾，流经几百公里，因此其特点变化很大。

阿勒格尼高原的降水量最大，约有60英寸（约1 524毫米）的降雨量，80英寸（约2 032毫米）的降雪，这当然会影响水文状况。这一地区有北支流和威尔斯小溪（Wills Creek）流经，由于降水量高、坡度陡，因此径流量很大。

由于高原分雨岭（rainshed）的原因，岭谷地区在整个流域中降水量是最低的。不过，这是一个水文变化很大的地区，既要经受干旱的考验，又要经受强烈的暴风雨的侵袭，还经常发生周期性的暴洪（暴雨造成的急发性大洪水）。这里河流的坡度仍很陡，任何等级河流的径流量都很大。结果这里的洪水蓄积量比其他区域要多。相反，这里也有渗水的岩石地区，除了暴雨流量，山区的河流没有流量。

大河谷由波托马克河南边的谢南多厄小溪排水，康纳康奇克和安地特姆小溪（Antietam Creek）在北边流过。它们都是弯曲的溪流，坡度小。这里的河流穿过一条石灰岩河谷，渗漏相当大，结果使河溪规模很小。

在皮得蒙高原，流域分割非常充分，河流直接通向波托马克河。这些河流在它们的源头侵蚀宽而浅的河谷，河流通过这些切割断面流经一系列的池塘和急流，穿过了许多较硬的和较软的地岩层。中游和下游的河道经常呈峡谷状。皮德蒙高原河谷的形成和规模虽然与地质结构有关，但总的来说，河流的河道没有受到基岩的很大影响。这个地区和海岸平原遭受最强烈的暴风雨的袭击，一小时高达4英寸（约102毫米）的降水量。暴风雨经常造成水位升高和破坏性的泛滥。

海岸平原的水文是受河口湾控制的；支流的特点是短，直接流入波托马克河。这些河溪似乎是和

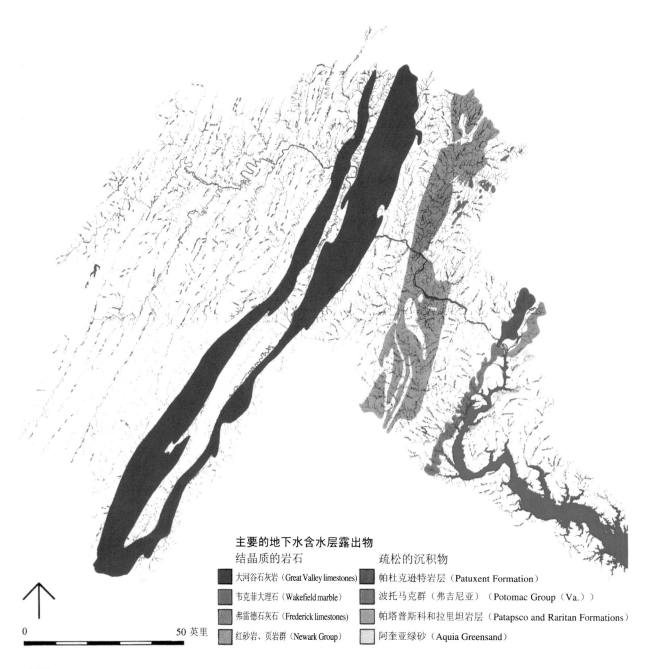

0   50 英里

主要的地下水含水层露出物

结晶质的岩石 | 疏松的沉积物

大河谷石灰岩（Great Valley limestones） | 帕杜克逊特岩层（Patuxent Formation）

韦克菲德大理石（Wakefield marble） | 波托马克群（弗吉尼亚）（Potomac Group（Va.））

弗雷德德石灰石（Frederick limestones） | 帕塔普斯科和拉里坦岩层（Patapsco and Raritan Formations）

红砂岩、页岩群（Newark Group） | 阿奎亚绿砂（Aquia Greensand）

沉积台地的范围一致的。还有，这些河溪在波托马克河以南地区，完成了相当大的分割。在这一总体平坦的地区内，河流的坡度小，因而径流量也低。

河口湾地区实际上是由沉陷造成的一个溺谷（drowned valley）。上溯到瀑布带（Fall Line），在大瀑布（Great Falls）这个地区，两个区域（皮得蒙高原和海岸平原）之间的交界面相当明显。这里的洪水泛滥是由于激烈的暴风雨带来的大量雨水造成的。那时可能在48小时内连续降正常月份的全月雨量。高潮时，水涨满河口湾，又有集中而大量的降雨，再加上东风或东北风结合在一起，成为河口湾泛滥的重要因素。

地下水

现在我们尚未对地下水进行广泛的研究，但知道在阿勒格尼高原可以找到丰富的地下水资源，特别是在砂岩、石灰岩和页岩的岩层中。在岭谷地区存在区域性的硬水资源（hard water），但整个大河谷地区基本上是一个地下含水层。在皮得蒙高原，主要在三叠纪的纽瓦克岩系（Newark Series）中能找到地下水资源。海岸平原全部由多孔隙的物质组成，也包含范围广阔的地下水资源。地下水在海岸平原的变化很大。

土壤

在阿勒格尼高原，土壤主要来自沉积的页岩和砂岩，不具肥力。主要的土壤类型是石质土、砾质土、沙土和粉砂壤土。这里的侵蚀现象严重。

和那些高原地区一样，岭谷地区的土壤是非常浅薄的，易遭侵蚀而且贫瘠，只有某些石灰岩高地和谷底滩地上的土壤是和整个农村能找到的土地一样肥沃。不过，除了页岩地层外，大河谷石灰岩土壤和岭谷地区中那些罕见的谷底滩地一样肥沃——这里是本流域的农业核心区。

像大河谷地区一样，皮得蒙高原的土壤除了在纽瓦克岩层上的以外，主要是残积物。岩石特性的明显差别产生了许多土壤类型。这些土壤中最重要的是"红黏土"土地，其底土为红黏土，质地为由沙至黏土排列的、灰色至红色的土壤。

在沿海平原的大部分地区，由于地层的疏松性

质，渗水是超乎寻常的。

植物群落

在这一望无际的流域中，自然地理特点多样，因此，可以想象能看到众多的植被类型和群落，而实际上确实如此。一定的环境生长一定的植物，因此生态学家了解植物的外观、类型和分布，就能比一般从现有的关于气候、土壤、水分状况和其他因素的资料中推断出更确切的关于植物环境的情况和信息。

这种在最广泛的范围中进行的研究，揭示了分布在由东到西广阔地带上的三大森林群落的划分情

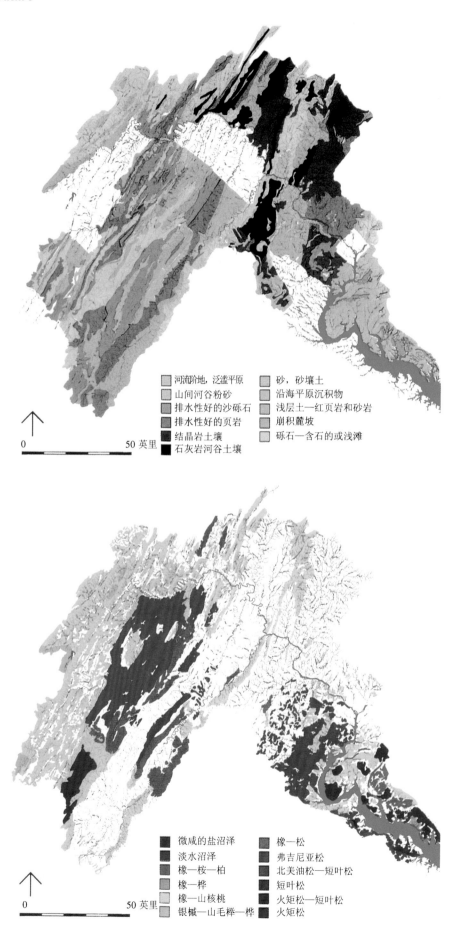

河流阶地，泛滥平原　　　砂，砂壤土
山间河谷粉砂　　　　　　沿海平原沉积物
排水性好的沙砾石　　　　浅层土—红页岩和砂岩
排水性好的页岩　　　　　崩积麓坡
结晶岩土壤　　　　　　　砾石—含石的或浅滩
石灰岩河谷土壤

0　　　　　50 英里

微咸的盐沼泽　　　　　　橡—松
淡水沼泽　　　　　　　　弗吉尼亚松
橡—桉—柏　　　　　　　北美油松—短叶松
橡—桦　　　　　　　　　短叶松
橡—山核桃　　　　　　　火矩松—短叶松
银槭—山毛榉—桦　　　　火矩松

0　　　　　50 英里

况。第一是橡树—松树群落（oak—pine association）；第二是橡树—栗树群落（oak—chestnut association）；第三是神奇般地躲过了更新世冰盖的喜温湿的混合中生林（mixed mesophytic forest），它的中心是阿巴拉契亚山脉。

橡—松群落从新泽西州南部伸展到佐治亚州，在本流域中，它的西部边界邻近瀑布带（Fall Line）的帕姆利科—怀科米科台地（Pamlico-Wicomico terrace）。因此，它是海岸平原主要的群落。这一森林群落是由白柳和针橡、山核桃属等组成，常有欧石南属小树和香枫树一同生长。松树占据干燥和较差的土壤，在该流域东南端排水良好的地区或斜坡地上可以看到几乎是单纯的一丛丛的火炬松和弗

吉尼亚松。

在海岸平原中，可以找到野生稻田沼泽、木兰属酸沼、光秃秃的柏树和给人以深刻印象的可以产胶的黑桉树。

橡—栗群落是个错称，因为在20世纪的头二十五年中，栗树由于萎凋病而灭绝了。但是因为没有形成新的森林区，所以仍保持它的故名。这一大的群落生长在皮得蒙高原、大河谷和岭谷三大自然地理区域内，一直到阿勒格尼山脉前缘才终止。这三个地区各自显示出这种群落的不同特点和变化。

在皮得蒙高原，橡—栗森林可划分为两个地带：在较高的位置，以黑、红树干的橡树、栗树和白橡为主；在高原深处，栗—橡构成单纯林，树种

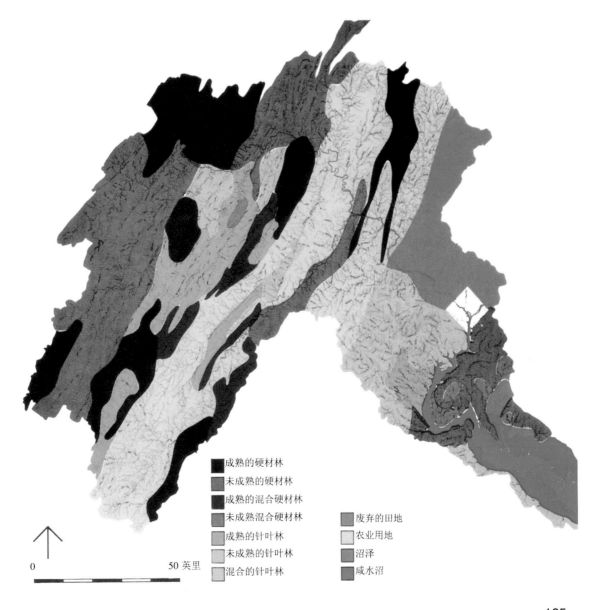

成熟的硬材林
未成熟的硬材林
成熟的混合硬材林
未成熟混合硬材林
成熟的针叶林
未成熟的针叶林
混合的针叶林

废弃的田地
农业用地
沼泽
咸水沼

0   50 英里

有红橡、黑桉、美国鹅掌楸和山核桃。在迎风的山岭上能找到辛松（pinus pungens）。

在蓝岭的最高峰——鹰嘴岬（Haw's Bill），4 000英尺（约1 219米）的高度上生长着云杉和冷杉，而在较低的山坡上生长有混合的中生森林，其中有山毛榉、铁杉、白松和鹅掌楸。在中间的山坡上，主要树种是红橡和白橡。

大河谷地区还有另外一些变化。北侧山脉（Great North Mountains）的岩石山坡上覆盖有栗—橡树，但在河谷本身是橡—山核桃森林。

岭谷地区的森林是以橡树为主。在中间的山坡上，红橡和白橡生长在较湿润的和朝东的山坡上，栗—橡群落生长在较高的岩石坡上和山顶上。该区域的谷地以白橡和红橡为主要树种，还长有山核桃和鹅掌楸。在某些谷地，曾一度把自然的草原开辟为观光公园。这些草原十分肥沃，现在已成为农业用地。

阿勒格尼高原主要生长有大片的混合中生林，森林的主要树种有美国最细密的硬材树种，如山毛榉、糖槭、甜七叶树、红橡和白橡、美国鹅掌楸和椴树等。这一森林遗产已被破坏，遭到多次砍伐，加上不断被大火烧毁，森林严重的衰退。这些混合中生林很难恢复。

野生动物

众所皆知，喜欢吃橡树果的松鼠和知更鸟、鸽子和模仿鸟（mockingbirds）喜欢与人相伴，但是熊、野猫和鹰习惯于躲避人类。鳟鱼喜欢凉水，欧洲鲈鱼喜欢暖和一点的水，鲇鱼喜欢温暖泥泞的水，牡蛎、蛤和贻贝各自占据着涨潮线与落潮线之间的地带，一定的环境生长一定的生物。

假如我们能辨别不同的环境并懂得这些环境中生存的生物的习性，这就可能确立本区域内的野生动物的类型及分布状况。当然，和植物不一样，野生动物是活动的，候鸟尤其明显，所以顾名思义"动物"都是活动的，虽然它们的活动范围比我们通常想象的要小。

为了识别野生动物资源分布，首先要将环境分为两大类：陆上的和水上的。陆上的环境根据森林类型，按年龄差别再分为成熟的硬材林和未成熟的硬材林，还可继续将软材林和混合林也分为成熟的和未成熟的。农业用地划分为集约的和废耕的。水上的环境分为咸水、微咸的和淡水三种环境。

水资源问题

当我们通过观察认识到，高原分水岭出现集中而且大量的降水，岭谷地区易遭暴洪侵袭，沿海平原和皮得蒙高原常有热带风暴，我们再听说波托马克河是一条泛滥成性的河流就不会惊奇了。当我们留意到波托马克河的支流和重要的溪流常常穿过石灰岩河谷，我们再听说这些河流异常低的流量就不足为奇了。的确，由于自然地理的特点、岩层、主

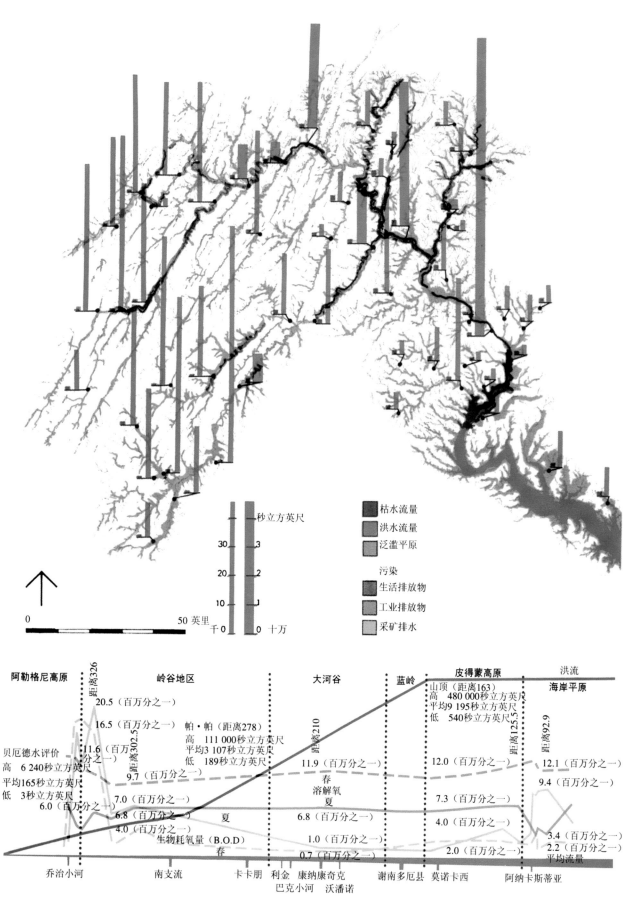

河流的纵剖面分析

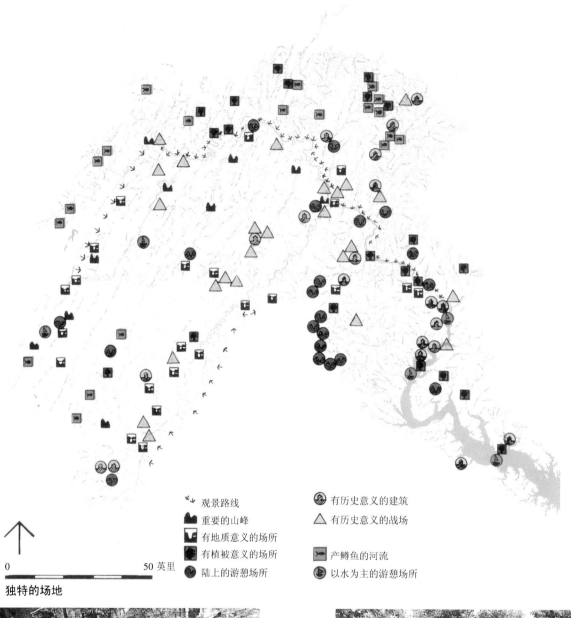

观景路线　　　　　有历史意义的建筑
重要的山峰　　　　有历史意义的战场
有地质意义的场所
有植被意义的场所　产鳟鱼的河流
陆上的游憩场所　　以水为主的游憩场所

0　　　　　　　50 英里

独特的场地

自然独特性

文化独特性

要支流的流向、降雨方式，加上缺少由冰河作用产生的自然蓄水能力等等，使波托马克河成为东海岸最变化无常的河流之一。

因为煤层埋藏在阿勒格尼高原，在河流的源头，我们可以设想，酸性矿物的排水将成为一个问题。确实如此，因此而形成的橘黄色河流很是普遍。还有，大片的阿巴拉契亚山的森林被砍伐，结果使该地区受到大量的侵蚀。岭谷地区情况也是这样，顺河而下，人口逐渐在增加，不断地向河里排放污物和沉淀物，而又缺乏足够的处理。一直到首都为止，波托马克河随里程的增加变得愈来愈脏。在河口湾地区，出现了新的问题，这里的藻类繁殖大量吸收氧导致鱼类大面积死亡，还有这里的污染已经使牡蛎和蛤的资源减少。

解释

有了这些资料，现在我们必须进一步解释。我们希望从自然演进过程中理解已经调查过的价值体系，人们能对这一体系作出的反应。为了达到这一目的，资料要加以分析。第一个要考虑的因素应是独特性或极稀缺的资源。这些资源有可能具有普遍的重要意义或只具有本身的重要意义。前者如存在着大量的煤，后者如栖息有极稀少的苔莺——但是如果我们希望了解一个地区和它的资源，这便是一个重要的分类。我们可把这些资源分为自然现象和文化表现来进行研究。纳入前者的有：深红色的海滩（garnet beaches）和石灰岩岩洞、山巅和出产鳟鱼的河溪、具有重要地质和生态意义的地区。纳入后一类是具有独特的或重要文化意义的资源、具有重大历史价值的建筑物、场所和空间。

除了独特性以外，判别有经济意义的矿物的埋藏位置、水资源的状况和丰富程度、几乎能影响所有未来活动的坡度等因素都是重要的，而且还要考虑交通的通达性。前面考虑的土壤、森林和野生动物都可以成为解释自然演讲过程和价值体系的资料，确实它们本身就是个价值体系。

有了关于这些事物的资料，就可能说明每一个自然地理区域中土地利用主要的内在的适合度，以及每块土地上不同的土地利用的构成。必须把这个区域作为一种现象加以描述，把它看做一种演进过程，重新组成一个价值体系，从这个体系中，能找出单一的或多种的内在适合的土地利用。

矿物资源

流域范围内的矿物资源包括：煤、石灰岩、沙和砾石、漂白土（fuller's earth），这是我们首先要知道的，并且是最为重要的。还要了解煤层和煤层的成因。这些信息资料关系到如何以目前和将来的技术条件对其加以开采。煤矿可分为：可以通过通常的露天开采法开采的煤层露头和覆盖层覆盖的露头。当覆盖层与煤层的比例在12∶1到30∶1这个区间里，采用剥采法（stripping）采煤。

在这个区域内，采煤造成严重的后果。煤的露头经常显露在山岭的陡坡上，因此，剥离出这些煤简直是把土翻了过来，极大地毁坏了景观。剥采破坏了大面积的土地，留下了班扬纳斯克（Bunyanesque）覆盖层上的条条沟痕。这些地方仅仅偶尔在上面重新种植些树木，尽管这样树木的成长仍然常常使人吃惊。

坡度

不同的坡度对于广泛而多种多样的使用因素来说，影响是很大的。什么地方人们能滑雪，哪里适合于修筑城市、城镇和交通走廊，或自然荒野河流，都和坡度有关。我们看到这些坡度显示了明显的区域性，在岭谷地区坡度富于各种变化，而在海岸平原是很少的，皮得蒙高原和大河谷地区斜坡被河流切割。

通达性

由于整个流域的地形主导走向是东北—西南，在华盛顿及其腹地之间不断插入了许多屏障。由于自华盛顿方向过来的交通十分困难，所以许多用地的经济价值就降低了。不过，从接近国家首都这一点来考虑，在正面价值上交通不便保证了大片面积的土地仍处于明显的自然状态。

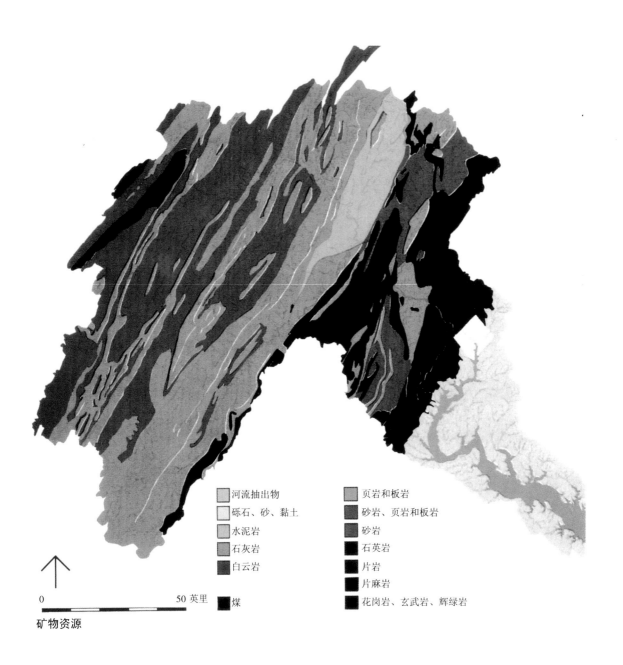

河流抽出物 页岩和板岩

砾石、砂、黏土 砂岩、页岩和板岩

水泥岩 砂岩

石灰岩 石英岩

白云岩 片岩

片麻岩

煤 花岗岩、玄武岩、辉绿岩

0 50 英里

矿物资源

93

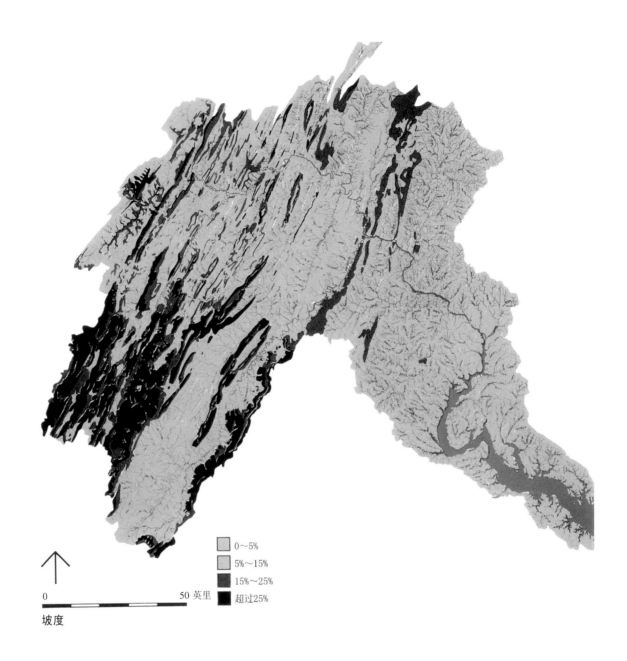

0~5%
5%~15%
15%~25%
超过25%

0   50 英里

坡度

水资源

按理说，地面溪流与河流的水量随着河系流向终点而逐渐增大。了解支流和主要的干流上每一点可靠的、能够获得的枯水流量是很重要的。此外了解地下含水层中能够获得的水量和物理性质也有某种重要的意义。

内在的适合程度

农业

地表地质、气候、土壤、坡度，还有朝向，可以作为确定整个流域中农业发展类型的衡量标准。

在本流域中，上述的因素是变化多端的，但它们在自然地理区域和次区域中展现出一定的连续性，因此，我们能根据区域的特点来预示其适应性。我们立即就能明显地看到大河谷地区的主要农作物。皮得蒙高原显示出有广阔的农业生产区域；整个岭谷地区狭窄的山谷中，农业生产用地稀少；在阿勒格尼高原就没有农业用地。海岸平原的土壤是贫瘠的，但施加足够的肥料，这些土壤能生产有价值的蔬菜。

森林

适宜作为商业用途的森林，其位置条件是：需要距现有纸浆厂25英里（约40公里）半径内，坐落在一条五级河流或更大的河流上，实行宽松的分区管理或非分区管理地区，森林应在小于25%的坡地上。

第二类的商业用森林，以生长在海岸平原上的软材林为基础。

还有一类是非商业性的森林开采：可以开采该地区的林木，但森林会因此遭到破坏，短时间内难以再生。最后一类是不可开采的森林，这是由于交通不能到达、陡坡、离工厂或河流太远，不具经济性的林木。除此之外，有两类最不适宜农耕的土地——陡坡和易遭侵蚀的土壤，建议将它们作为森林覆盖之用。

游憩

编制一张游憩适合度的规划图的必要资料已经讨论过了。从地质资料中，能找到石灰岩洞和储存在山顶上的沉积物，那里可以发现甲壳和化石。气候资料能揭示适合于夏天或冬天游憩的地区。自然地理资料显示出山巅和山脊、交通难以抵达的乡村；水文资料表现出河流和小溪的分布格局；同时从森林群落中不只是了解许多野生动物和它们的生活状况，还能推断出许多实质性的信息。在土地利用的研究中，有历史意义的人工建造物反映了人们开拓河口的历史、印第安人的堡垒、阿巴拉契亚山地区的开拓和美国内战等。荒野是否可以转化作为短期的、高密度的游憩活动的地区将取决于交通的通达性。显然，有些资源是区域性的：海岸平原是适合于以水为基础的游憩活动的主要资源；阿勒格尼高原和岭谷地区提供了最大的陆上游憩活动的机会；大河谷地带和皮得蒙高原很少能提供独特的游憩机会；而蓝岭地区却特别能提供游憩活动场所。一方面阿勒格尼高原提供了如同宽广的阿巴拉契亚森林一样的天然的最高质量林地，但另一方面，这一地区已被滥用了，掠夺性的露天采煤留下条条巨大的沟痕，森林大量砍伐，河流变酸等等，目前已丧失了发展潜力。岭谷地区存在着该流域最大的游憩活动潜力。凉爽的夏季，结合不大的降雨量和美丽、引人注目的风景，提供了无比的游憩机会。在大河谷地区，只限于周围的山丘开展探索岩洞或驾车领略农场景色的活动。在皮得蒙高原也可能感受许多同样的乐趣，但增加了研究历史遗迹的机会。

城市

为了确定适合于城市化的用地，人们提出一系列的标准——土地的坡度不大于5%；必须不能位于50年一遇的洪泛平原上；也不应位于重要的地下水回灌区上，也不应位于雾谷或曝露在日光和风雨中的高海拔位置上。基地必须获得充足的水源供应，公路不要建设在大于15%的坡地上。

正如我们预期的，城市用地的选择也出现明显的区域特点。在整个阿勒格尼高原不可能找到这样的土地，这里的小块土地只能维持小村庄使用。在岭谷地区这种用地在山谷中变成了细长条，但仍能找到一些。大河谷地区提供的城市用地比我们期望的要少，因为这一地区的许多土地是在地下水回灌区上面。在皮得蒙高原，有本流域内适合城市化的地理位置。这里有最适合城市功能的自然地形。不

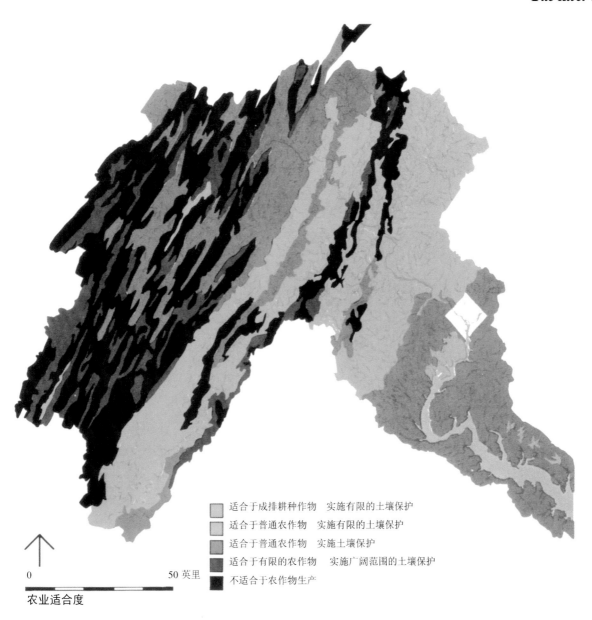

适合于成排耕种作物　实施有限的土壤保护

适合于普通农作物　实施有限的土壤保护

适合于普通农作物　实施土壤保护

适合于有限的农作物　实施广阔范围的土壤保护

不适合于农作物生产

0　　　　　　　　　50 英里

农业适合度

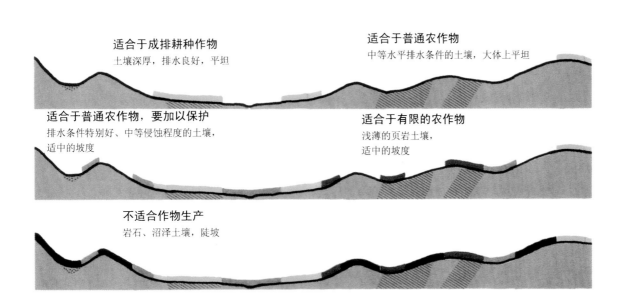

适合于成排耕种作物
土壤深厚，排水良好，平坦

适合于普通农作物
中等水平排水条件的土壤，大体上平坦

适合于普通农作物，要加以保护
排水条件特别好、中等侵蚀程度的土壤，
适中的坡度

适合于有限的农作物
浅薄的页岩土壤，
适中的坡度

不适合作物生产
岩石、沼泽土壤，陡坡

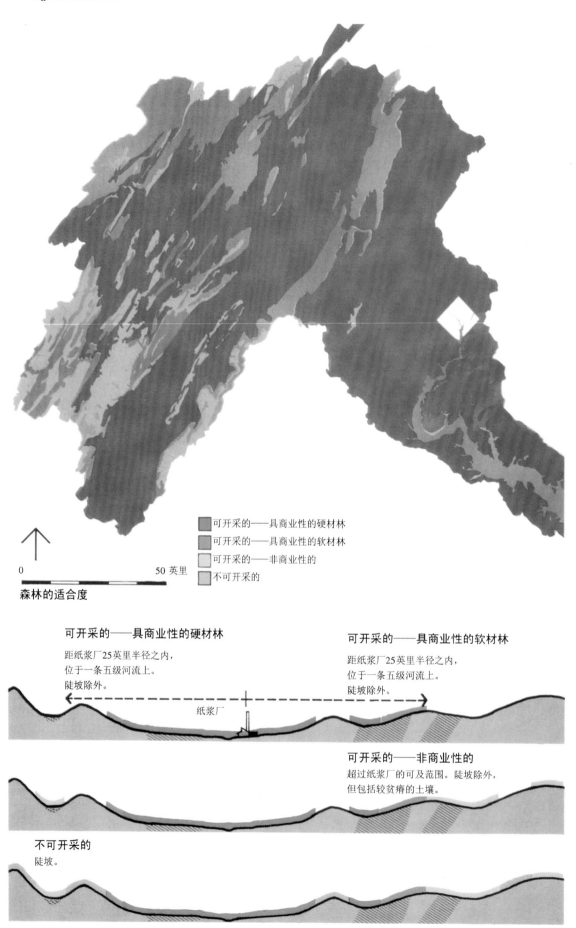

可开采的——具商业性的硬材林

可开采的——具商业性的软材林

可开采的——非商业性的

不可开采的

0　　　　　　　　　　50 英里

森林的适合度

可开采的——具商业性的硬材林

距纸浆厂25英里半径之内，
位于一条五级河流上。
陡坡除外。

可开采的——具商业性的软材林

距纸浆厂25英里半径之内，
位于一条五级河流上。
陡坡除外。

纸浆厂

可开采的——非商业性的

超过纸浆厂的可及范围。陡坡除外，
但包括较贫瘠的土壤。

不可开采的

陡坡。

耕地

牧场

森林

95

过，许多适合于城市化的土地也是优良的农业用地。

海岸平原由于存在着地下水回灌、地下水位高和森林火灾的危险，因此作为城市用地开发的机会受到限制。

可获得的城市用地的大小差别和它们产生的区域差别一样给人以深刻的印象。阿勒格尼高原只能获得最小的村庄用地。较大一些的城市用地能在岭谷地区找出来，再大一些的能在大河谷地区找到，皮得蒙高原和海岸平原两者有能建几个新城镇的可能性。

这一研究并非建议城市化应在指出的地方实现。它仅仅指出，在已选出的土地中，哪些土地符合城市化的标准。

最适宜的多种土地利用

前面研究的适于农业、林业、游憩和城市化的内在适合程度，揭示了每一个区域相对的价值，还研究了内在的适合于该流域的每一种具体的土地利用。但是我们寻找的不是单一的最适合的土地利用，而是寻找多种兼容的土地利用。为了实现这一目标，我们设计了一个矩阵，把所有未来的土地利用都标注在坐标上。从而使每种土地利用与其他所有的土地利用进行对比检验，确定是兼容的、不相容的以及两种土地利用相互干扰的程度。

有了这个矩阵，再研究单一适合的土地利用并确定它和其他未来的土地利用之间的兼容程度就有了可能。例如，某一地区已经显示出具有高度的林业潜力，也可以同时和游憩，包括野生动物资源管理兼容。在这一地区还有机会发展有限的农业，特别是畜牧业，而整个地区可以依水资源目标加以经营管理。不过，在另一个例子中，一个地区提供一个农业为主的土地利用的机会，而同时有可能支持游憩活动和一定的城市化以及有限的矿物开采。

矩阵中紧挨着关于土地之间相互兼容程度的栏目是识别未来的土地利用的必要资源：农业所需的肥沃土壤，采矿所需的煤和石灰石，城市用地需要的平坦和有水源的地方等等。矩阵最后一栏是指出这些土地利用后的结果。在采煤的地方，就会产生酸性污水问题，农业常和水土流失和沉积相联系，

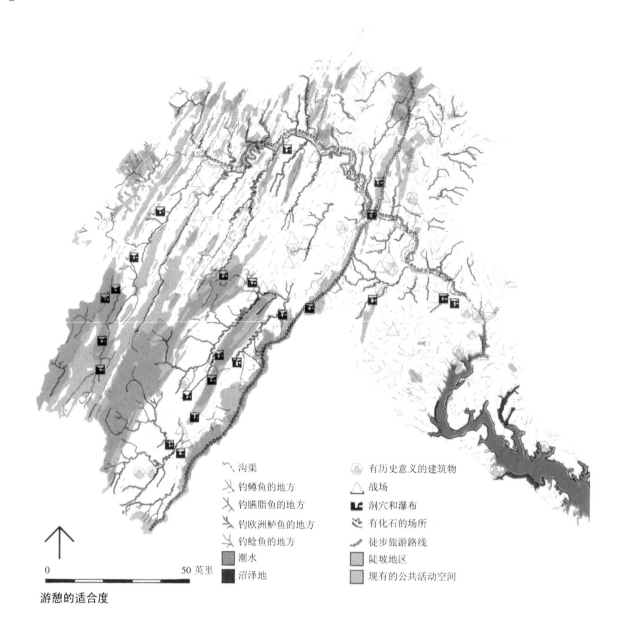

⟍ 沟渠		◎ 有历史意义的建筑物	
钓鳟鱼的地方		△ 战场	
钓膛脂鱼的地方		◤ 洞穴和瀑布	
钓欧洲鲈鱼的地方		↙ 有化石的场所	
钓鲶鱼的地方		⬤ 徒步旅游路线	
▨ 潮水		▨ 陡坡地区	
▨ 沼泽地		▨ 现有的公共活动空间	

0 ——————— 50 英里

游憩的适合度

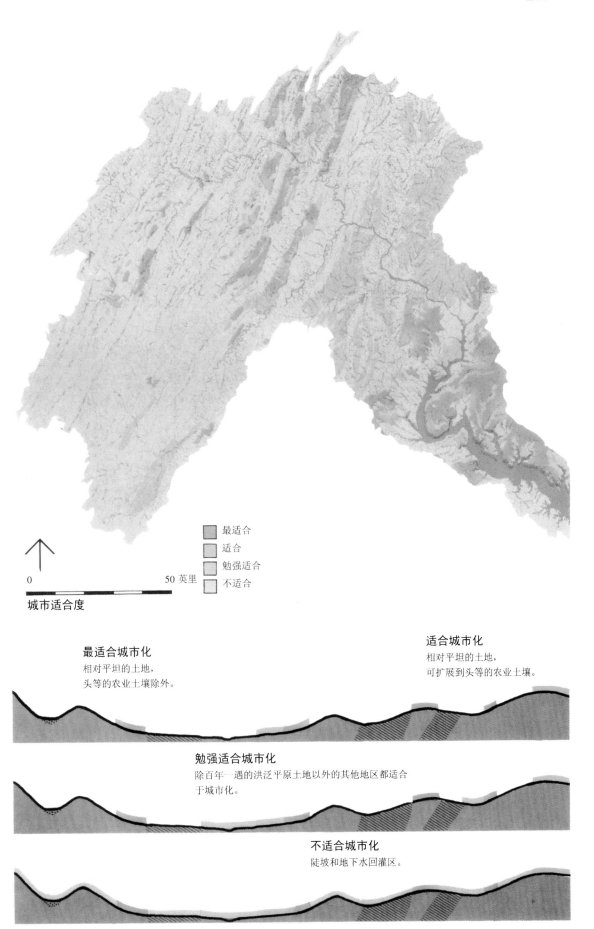

最适合
适合
勉强适合
不适合

0 ⟶ 50 英里

城市适合度

最适合城市化
相对平坦的土地,
头等的农业土壤除外。

适合城市化
相对平坦的土地,
可扩展到头等的农业土壤。

勉强适合城市化
除百年一遇的洪泛平原土地以外的其他地区都适合
于城市化。

不适合城市化
陡坡和地下水回灌区。

土地利用相互的兼容程度																							自然因素限定条件								结果				
城市发展	郊区住宅开发	工业开发	社会机构	采矿业			采石业		度假型聚落	农业			森林			游憩						水资源管理		坡度				车辆的通达性	土壤				地下水回灌区	稳定的水源供应	气候		空气污染	水污染	河流的沉积	泛滥和干旱控制	土壤的侵蚀
				(竖)井采煤矿	可采的露天煤矿	废弃的煤矸石	岩石和石灰石	沙和砾石		中耕作物	可耕地	畜牧	均匀分布的软木林	不均匀分布的软木林	硬木林	偏于咸水	偏于淡水	旷野	一般游憩	文化游憩	驾驶娱乐	水库	水域管理	0~5%	5%~15%	15%~25%	超过25%		砾石	沙	壤土(亚黏土)	粉砂(淤泥)			受雾的影响程度	极端温度					

行标题：城市发展 / 郊区住宅开发 / 工业开发 / 社会机构 / 采矿业（（竖）井采煤矿、可采的露天煤矿、废弃的煤矸石）/ 采石业（岩石和石灰石、沙和砾石）/ 度假型聚落 / 农业（中耕作物、可耕地、畜牧）/ 森林（均匀分布的软木林、不均匀分布的软木林、硬木林）/ 游憩（偏于咸水、偏于淡水、旷野、一般游憩、文化游憩、驾驶娱乐）/ 水资源管理（水库、水域管理）

图例：

- 不兼容的
- 低度兼容的
- 中度兼容的
- 充分兼容的

- 不兼容的
- 低度兼容的
- 中度兼容的
- 完全兼容的

- 好
- 差
- 较好
- 好

土地使用兼容程度

城市化会产生污水，工业会造成大气污染。把这些因素结合在一起，人们就能大体上考虑出土地利用的相互兼容程度、决定兼容程度的自然因素和土地利用造成的结果。

当我们应用矩阵的成果时，便显示出本流域范围内共存的和可兼容的土地利用的最大潜力组合。在任何一种情况下，占支配地位的或共同占支配地位的土地利用是和次要的可以兼容的土地利用结合在一起的。

当对这些土地利用的结果进行研究之后，显然，以采矿、煤和水资源为基础的工业在阿勒格尼高原的机会最大，同时可以林业和游憩为次要的用途。在岭谷地区，游憩活动具备主要的发展潜力，可以林业、农业和城市化为次要用途。在大河谷地区，农业是最大的优势资源，游憩和城市化可占用较少的土地。蓝岭地区显示出相对单一的游憩潜力，但品质是最高的。皮得蒙高原主要适合于城市化，附带可作为农业和一般游憩活动使用。海岸平原显示出具有以水资源为基础的和与水有关的游憩活动，以及林业的最大潜力，作为城市化和农业用地希望不大。

通过这种方法，用地的性质就一目了然了。由于土地性质的变化，它提供了各种使用资源。因此，对土地必须要了解，然后才能很好地去使用它和管理它。这就是生态的规划方法。

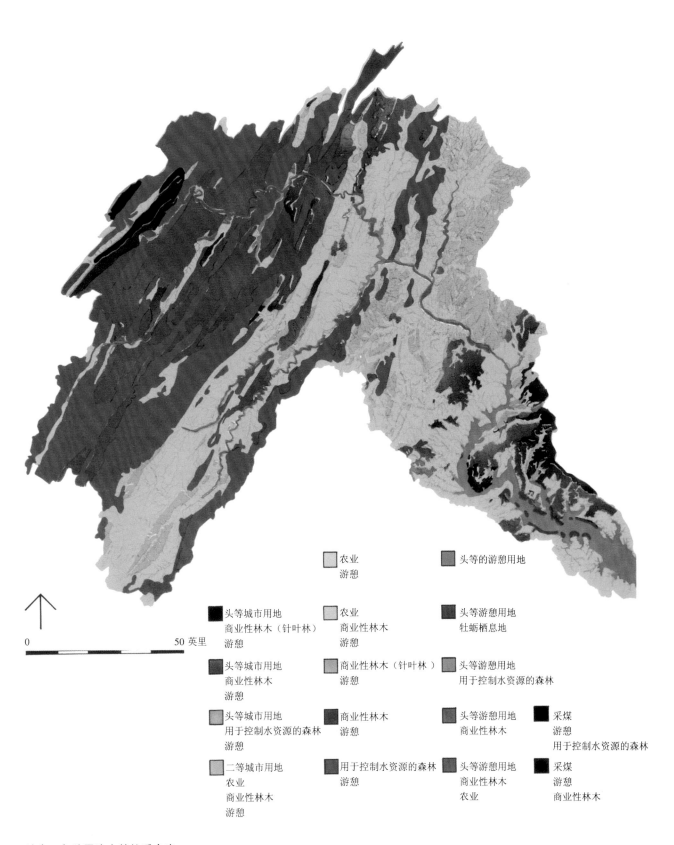

农业
游憩

头等的游憩用地

头等城市用地
商业性林木（针叶林）
游憩

农业
商业性林木
游憩

头等游憩用地
牡蛎栖息地

头等城市用地
商业性林木
游憩

商业性林木（针叶林）
游憩

头等游憩用地
用于控制水资源的森林

头等城市用地
用于控制水资源的森林
游憩

商业性林木
游憩

头等游憩用地
商业性林木

采煤
游憩
用于控制水资源的森林

二等城市用地
农业
商业性林木
游憩

用于控制水资源的森林
游憩

头等游憩用地
商业性林木
农业

采煤
游憩
商业性林木

0　　　　　　　　50 英里

综合：多种用途交替的适合度

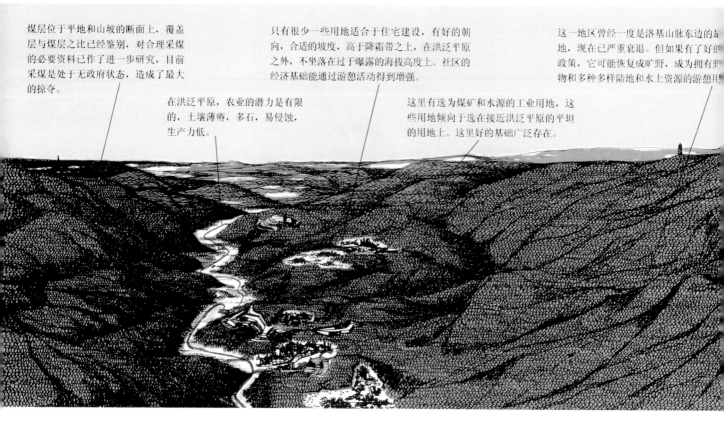

煤层位于平地和山坡的断面上，覆盖层与煤层之比已经鉴别，对合理采煤的必要资料已作了进一步研究，目前采煤是处于无政府状态，造成了最大的掠夺。

只有很少一些用地适合于住宅建设，有好的朝向，合适的坡度，高于降霜带之上，在洪泛平原之外，不坐落在过于曝露的海拔高度上。社区的经济基础能通过游憩活动得到增强。

这一地区曾经一度是洛基山脉东边的最（　）地，现在已严重衰退。但如果有了好的（　）政策，它可能恢复成旷野，成为拥有野（　）物和多种多样陆地和水上资源的游憩用（　）

在洪泛平原，农业的潜力是有限的，土壤薄瘠，多石，易侵蚀，生产力低。

这里有选为煤矿和水源的工业用地，这些用地倾向于选在接近洪泛平原的平坦的用地上。这里好的基础广泛存在。

自然地理区域

　　整个流域地区的研究是在1：250 000比例尺的图纸上进行的，因而许多细节人们看不到。确实会造成自然地理、土壤、气候和植被等因果关系只能不十分完全地加以识别，由于这个原因，在对每个自然地理区域更为详细研究的基础上，我们选择某些地区作进一步研究，从此因果关系就看清楚了。这些地区的研究是在1：24 000比例尺的图纸上进行的。每一个挑选出的地区被认为是该区域内的典

型。

阿勒格尼高原

　　这一广阔的地区已遭野蛮的掠夺，森林被砍伐和焚烧了，煤矿被漫不经心地采掘，废物到处堆积，河流酸化。这里曾是富饶的土地，但其价值已被掠夺。留下的是损毁的土地和贫困的居民。不过这里仍有许多资源——丰富的煤矿、潜在的森林、野生动物和具有最高潜在价值的游憩活动资源条件。但是要得到这些，需要掌握这里显示出来的资

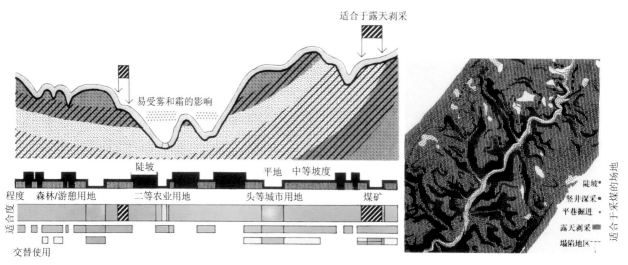

程度	森林/游憩用地	二等农业用地	头等城市用地	煤矿

适合度

交替使用

易受雾和霜的影响
陡坡　　平地　中等坡度
适合于露天剥采

陡坡
竖井深采
平巷掘进
露天剥采
塌陷地区

适合于采煤的场地

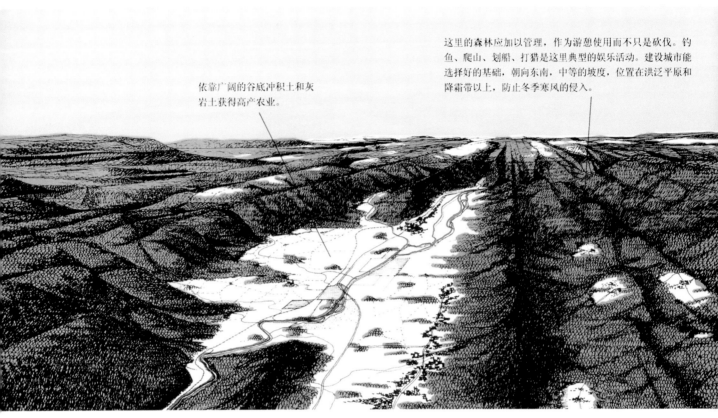

依靠广阔的谷底冲积土和灰岩土获得高产农业。

这里的森林应加以管理，作为游憩使用而不只是砍伐。钓鱼、爬山、划船、打猎是这里典型的娱乐活动。建设城市能选择好的基础，朝向东南，中等的坡度，位置在洪泛平原和降霜带以上，防止冬季寒风的侵入。

源条件，并根据已有资料，制订出开发计划和管理政策。还需要时间和人力去恢复这块土地，造福这里的人民。

岭谷地区

在这一地区，由于没有煤，这里遭受的掠夺较少。这里提供了该流域最大的陆上游憩资源。虽然谷地狭窄，但土壤十分肥沃。森林没有很高的商业价值，但有很高的游憩价值，成为这一地区首要的资源。经常看到城市建在洪泛平原上。较好的城市坐落位置是在较高的地势上，坡度适中，朝向好，高于降霜带。游憩是一项重要的区域性资源，可以构成很高的社会价值。

大河谷地区

大河谷地区是洛基山脉（Rockies）以东一块最大的农业区域。谷地十分宽广，总体平坦、丰富的石灰岩土壤占主要地位。不过整个区域可再分为三个分区：在砂岩、页岩、石灰岩和石英岩之上的西部山丘；宽广的马丁斯堡页岩带（Martinsburg

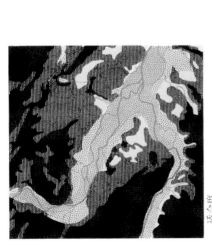

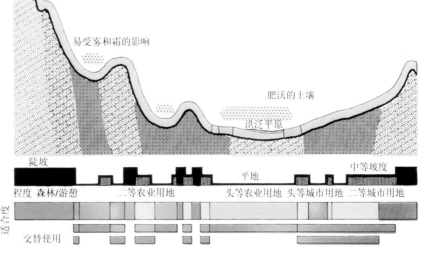

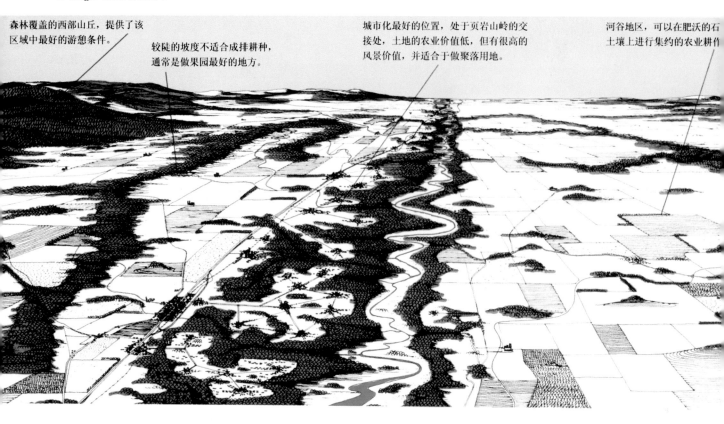

森林覆盖的西部山丘，提供了该区域中最好的游憩条件。

较陡的坡度不适合成排耕种，通常是做果园最好的地方。

城市化最好的位置，处于页岩山岭的交接处，土地的农业价值低，但有很高的风景价值，并适合于做聚落用地。

河谷地区，可以在肥沃的石土壤上进行集约的农业耕作

shale）；石灰岩和白云岩构成的河谷。简言之，这些山丘提供了最大的游憩潜力，石灰岩成为农业的资源，页岩地带是最佳的城市坐落的位置。重要的是，这就保证了城市用地不会建在地下含水层上面。

这一地区内的资源和资源的分布是最为巧妙的——林木覆盖的山丘、肥沃的河谷、一条适合于城市化的页岩带，而且页岩带紧靠一条美丽的河流，展现出非常高的风景质量。

皮得蒙高原

皮得蒙高原的剖面图显示出地层结构极大的复杂性——一条石灰岩和白云岩的河谷，一块前寒武纪的结晶岩高地被侵入岩插入，一条宽广的石英岩带，还有一条页岩带。内在的适合度反映出地质、相应的自然地理、水文和土壤情况。石灰岩和石英岩的谷地最适合于农业，页岩的河谷作为畜牧和非商业性的森林最为合适，某些农作物、畜牧和森林在结晶岩地区的谷地和洪泛平原上也是合适的。最适合于城市的用地是在结晶岩地区的平坦的高原或山岭上。在石灰岩上没有城市用地，在页岩上也很少。这是一个在城市化边缘的地区。城市化的机遇大量存在，但是规划必须反映这个地区特定的可能性和限制条件。

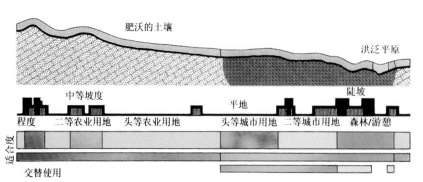

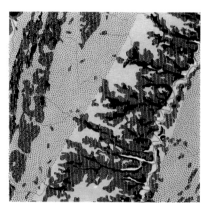

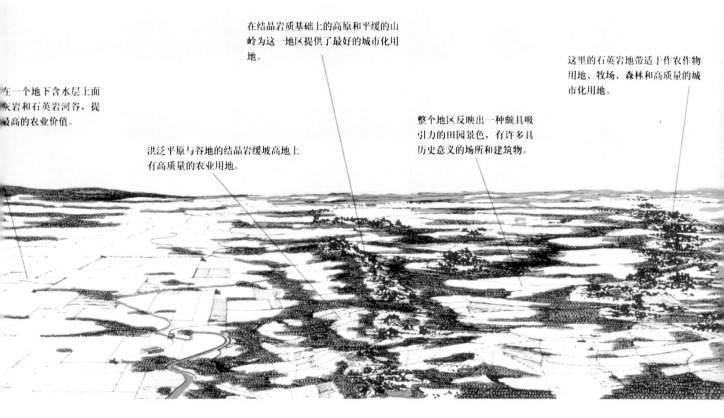

在结晶岩质基础上的高原和平缓的山岭为这一地区提供了最好的城市化用地。

这里的石英岩地带适于作农作物用地、牧场、森林和高质量的城市化用地。

在一个地下含水层上面灰岩和石英岩河谷，提高的农业价值。

整个地区反映出一种颇具吸引力的田园景色，有许多具历史意义的场所和建筑物。

洪泛平原与谷地的结晶岩缓坡高地上有高质量的农业用地。

海岸平原

波托马克河下游地区显示出海岸平原的自然地理特点：河口、海湾、海口、弯曲的溪流和沼泽等等。森林很多，地下水位很高，土壤主要是石英砂。这一区域提供的水上游憩活动的机会是独一无二的。农业用地受到限制，城市用地也是如此。森林和渔业目前已有很高的价值。

水在这一区域具有重要的价值，是内在适合度的主要决定因素。森林易发生火灾，地表水易被污染，地下水位对城市化来说普遍过高，土壤对大面积地发展农业来说又太贫瘠。不过，有些高起的土地适合于建筑，冲积土壤适合于农业，陆上的和水生的野生动物栖息地均很丰富。

当我第一次到费城时，我的新朋友知道我是一名风景建筑师，就跑来为他们患病的山茱萸征求治疗方案。我对苏格兰的植物了如指掌，但对美国的植物并不熟悉，因此我无法充当植物培养者的角色。但是即使那些熟悉风景建筑的人也会对波托马克河流域研究中涉及的问题的规模或多或少感到惊奇；不过他们也不必太惊奇。在18世纪，一小部分风景建筑师对整个英格兰施行了改造，他们这样做实现了整个国家前所未有的最伟大转变。请原谅我

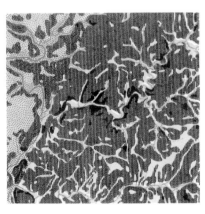

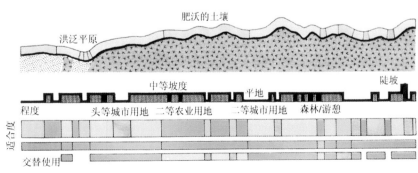

位于洪泛平原上的有限的城市化用地。因为这些地方很可能与游憩结合起来，所以这些城市用地应接近可通航的水域。

冲积土壤为农业发展提供了机会。河口湾、潮滩、沼泽、洪泛平原、大海湾、小海湾为鱼和野生动物提供了大量的栖息地。森林和农田提供了大量陆上栖息地。

森林适于成为地下水回灌区。森林护土壤不受侵蚀，保护野生动物，能构成很高的游憩价值。

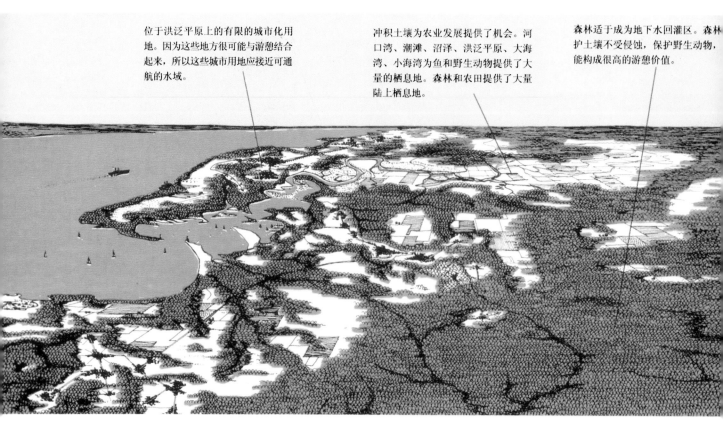

重复能人布朗（Capability Brown）的话，当有人邀请他承担爱尔兰的某些规划工作时，他答复说："我很抱歉，我还没有完成英格兰的改造呢。"

很清楚，我们迫切需要专业人员，他们生来就是自然资源保护论者，但他们不仅关心保护自然，还要创造和管理自然。我们不能把他们看做是毫无缺点的科学家，因为这样会使他们故步自封。他们必须成为实践工作者，自觉地对物质的和生物的科学感兴趣，他们探索这方面的信息，因此他们可以获得把他们的创造技能应用到大地上去的资格。风景建筑师能够满足这些要求，他可以从18世纪早期风景建筑师身上得到勇气。

方法就是这样的：对某一地域进行简单系统的研究，以便了解它。通过了解，揭示出该地域是一个相互作用的系统，是一个信息宝库和价值体系。从这些信息中，就有可能描述潜在的土地利用方案——把许多活动看做是相互联系的，而不是孤立存在的。

这不是一项小小的主张和要求，也不是一个小贡献，而是运用生态方法了解自然，系统地建构结合自然的规划模式，或者说将设计与自然结合起来。

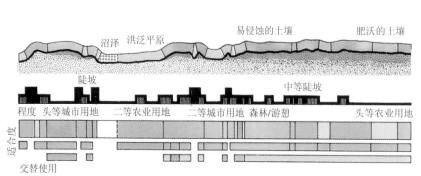

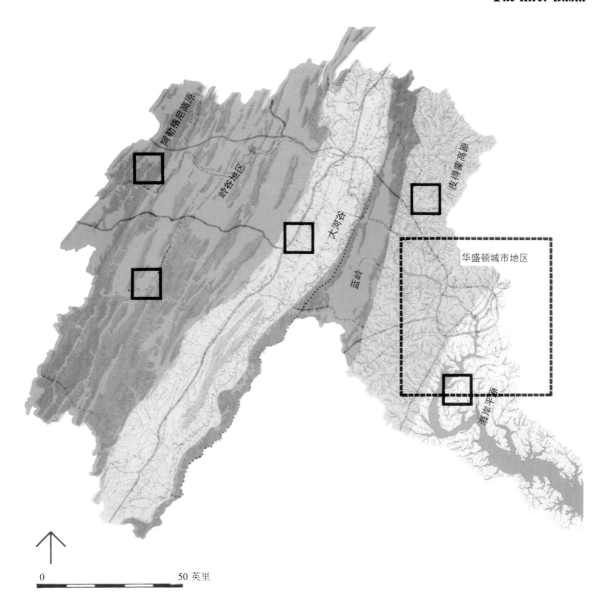

0   50 英里

1965—1966年，宾夕法尼亚大学风景建筑学和区域规划研究生承担了波托马克河流域的一项研究工作，本章内容出自这一研究工作。秋天有18名学生，春天有12名学生从事了此项研究。这一庞大的工作共绘制了500张图，写了数磅重的报告。由于本书的篇幅限制，对内容进行了压缩、简化和省略，使原有资料和诠释的实际质量降低了。不过，这是在美国作出的第一项生态规划研究，是这类性质的规划研究的原型，因此，这件工作具有里程碑式的意义。

参加资料收集和流域大范围解释说明工作的学生有：梅瑟斯（Messrs）、布拉德福德·D.（Bradford D.）、布拉德福德·S.（Bradford S.）、奇蒂（Chitty）、克里斯蒂（Christie）、道森（Dawson）、费尔琴马克尔（Felgemaker）、加兰托维奇（Galantowicz）、卡奥（Kao）、利奇（Leach）、迈耶斯（Meyers）、黑菲（Murphy）、罗森堡（Rosenberg）、西纳特拉（Sinatra）、特普斯特拉（Terpstra）、图尔比亚（Tourbier）、韦斯特马科特（Westmacott）、怀特（White）和沃尔夫（Wolfe）。

承担自然地理区域范围内的解释说明工作的名单如下。

阿勒格尼高原：梅瑟斯、图尔比亚和韦斯特马科特。

岭谷地带：梅斯丹姆斯·布拉德福特（Mesdames Bradford）和特普斯特拉。

大河谷地区：道森

皮得蒙高原：塞登（Seddon）

海岸平原：费尔琴马克尔

这项研究是在作者的指导下进行的，由尼古拉斯·米伦伯格博士（Dr. Nicholas Muhlenberg）协助。

这一研究的某些部分这里被简化，整合到《波托马克河流域》报告中去了，即美国建筑师学会波托马克专门工作组的报告。该报告由纳伦德拉·居内加（Narendra Juneja）指导，由华莱士（Wallace）、麦克哈格（McHarg）、罗伯茨（Roberts）和托德（Todd）起草。全部研究工作是由美国建筑师学会波托马克专门工作组委托进行的，并已被采用。

The Metropolitan Region

大都市区

——华盛顿西北部地区自然要素和土地利用的研究

99

每座城市都会占用一定的土地，并以政府的形式进行运作；大都市区（metropolitan area）也占用一定的土地，但它是由许多不同级别和不同形式的政府组合成的。这样的大都市区既不是通过政府和规划统一组织起来的，也不反映政府和规划的愿望。"大都市区"这个名词原是用来描述比照老城市的扩建，与其说它是一个社会的有机体，倒不如说是为了制图员的认知方便更恰当。不过，中心城市及其周围由斑斑墨渍代表的居民点之间的接合关系还是存在的。

一般美国人梦寐以求的不外乎是独院住宅、微笑的妻子和健康的孩子，能容下两辆汽车的车库、齐眼高的壁炉，住宅周围种上树木和草坪，学校近便，你可随意选择教堂。人们并不知道，细分的小块住宅区不是一个社区，由许多小块住宅区构成的郊区不是一个社区；把大都市边缘的许多城郊住宅区连在一起，并不组成一个社区，也构不成大都市地区。在小块住宅区开发者到来之前的那种由大农场及错落有致的住宅形成的星星点点的、辽阔而多样的自然景观，再也见不到了。

所以，从城市向大都市地区的这种转化，反映了人们对老城市希望的破灭。他们寻求摆脱贫民窟、拥挤、犯罪、暴力和疾病；到郊外去寻找廉洁的政府、较好的学校，更受益的、健康的和安全的环境。

大都市地区的发展形式带来了许多问题：很难有一个机构能够削弱地方的权力，甚至影响地方的决策；还有一个致命的弱点就是乘车上下班路程太长，提供社会便利越来越困难。而最为严重的问题是：分区（subdivision）的程度和大都市使人们的梦想破灭了，广告宣传中美丽动人的景象也落空了。推销员把人们的梦想变成了可鄙的事，不断地细分

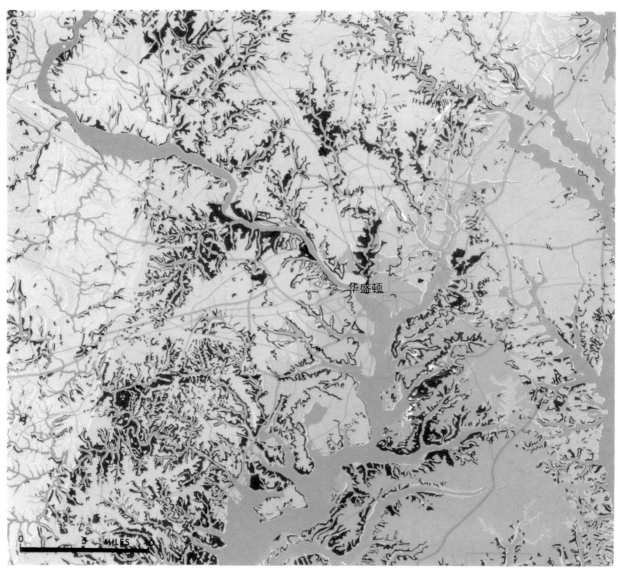

华盛顿

自然特征

▨	地表水	▨	陡坡
▨	洪泛平原	▨	松散的沉积物
	地下水露头——海岸平原		结晶基岩
	地下水露头——山麓地带		

土地使我们失败了。寻找更好的自然环境是人口迁移的重要社会目标，本意是想得到更多、更好的自然环境，但事与愿违，这种做法却迫使自然遭到了破坏。

让我们论述一下下面这个问题，在前面的研究中，我们看到某些类型的土地具有某种内在的价值。某些土地在它原有的自然条件下能给人类作出最大的贡献；或者说，开发会产生危害，不应该推行城市化。同样，我们看到，在其他一些地区完全

由于一些特定的原因，土地内在地适合于城市利用。这种土地分析法已经应用在波托马克河流域所形成的自然地理区域的研究中了，因此也完全有理由应用于华盛顿大都市地区。

从而，我们可以把某些土地是不适于城市化的，而另一些土地是内在地适合于城市化的，作为选择用地的前提。假如我们的心地纯正，动机善良，那么，那些自然条件好，能为人类做出最大贡献的地方，就最不适合于城市化。尽管我们不一定

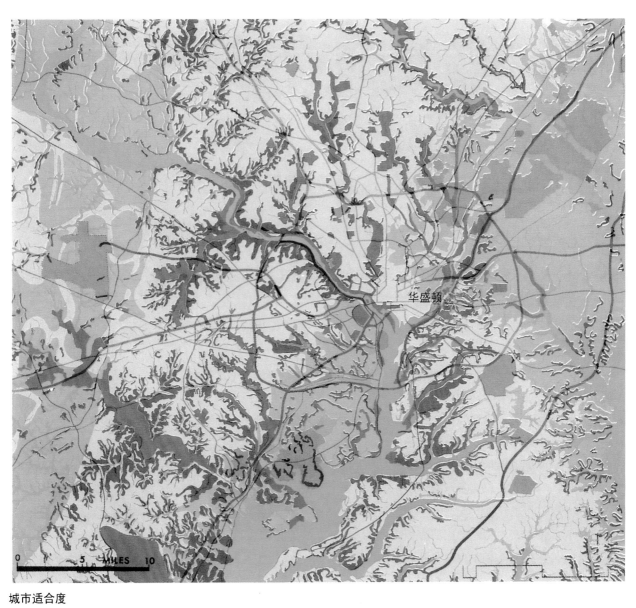

城市适合度

适合的——无限制	不适用的——洪泛平原	
较好的——森林	不得占用——社会事业用地	
合格的——地下水露头	严禁占用——开放空间	
有限制的——陡坡		

是尽善尽美的，但是，幸好我们可以按前面看到的办法去做，就是选择八个自然要素，针对它们在自然进化过程中所发挥的作用大小，按它们的价值次序排列，那么将这组序列反过来，就是大体上适合于城市化的一组序列。这八个自然要素是：地表水、洪泛平原、沼泽地，地下水回灌区、含水层、陡坡、森林和林地、没有森林的土地。我们在大都市的开放空间研究中已经讨论过，各自然要素能够承受一定程度的建设——码头、港口、船坞、与水

有关的或耗水的工业，必须设在河湖边的用地上，也可以占用洪泛平原。地表水、洪泛平原和沼泽地适合于游憩、农业和林业。地下水回灌区可以承受不严重降低地表水渗漏或不严重污染地下水源的建设。陡坡种上树以后，可以修建住宅，但其密度不大于3英亩（约1.2公顷）/户，而比较平坦的森林地上，密度可提高到1英亩（约0.4公顷）/户。

我们设想，在土地的内在适应性方面，存在着区域和次区域的不同。总之，华盛顿地区包括海岸

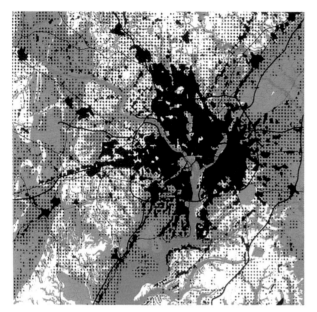

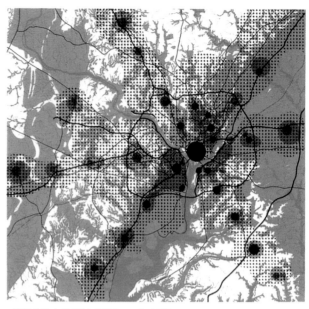

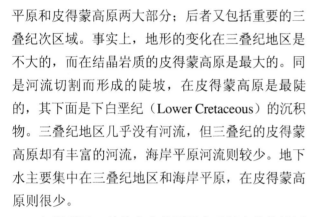

若不加控制的发展至2000年时的情景
突出的发展矛盾
绿色代表总体上不适合城市化的地区

放射状的走廊规划（预计2000年实现）

平原和皮得蒙高原两大部分；后者又包括重要的三叠纪次区域。事实上，地形的变化在三叠纪地区是不大的，而在结晶岩质的皮得蒙高原是最大的。同是河流切割而形成的陡坡，在皮得蒙高原是最陡的，其下面是下白垩纪（Lower Cretaceous）的沉积物。三叠纪地区几乎没有河流，但三叠纪的皮得蒙高原却有丰富的河流，海岸平原河流则较少。地下水主要集中在三叠纪地区和海岸平原，在皮得蒙高原则很少。

如图所示，某些内在的不适合于城市化的地区就显示出来了。我们现在可以反过来，把适合作为城市使用的地区指出来。这里我们第一次做了对照分析，它显示的城市适合程度是区域性的。平行于三叠纪地层走向的一条广阔的地带，显然是最为适合于城市化的地区，波托马克河北比河南发展城市的机会更多。而海岸平原显然是较少的。

从华盛顿地区无控制的发展模型中，可以看到，城市发展既不符合自然进化过程价值，也不符合土地内在的适合程度。当把华盛顿2000年发展规划根据这些自然要素加以检验考察时，可以看到原先的模型显然是无规划的发展。

不仅是无控制的发展不承认城市发展用地有内在的适合性和不适合性，而且传统的规划程序也应

受到谴责，不过，要做出这样的结论实在是太使人不知所措了。

我们需要在更确切的资料基础上做出决定。仅仅描述土地上没有森林是不够的，必须调查土地的农业价值、地基的各种因素、建化粪池土壤的合适程度、各种土壤易受侵蚀的程度和地下水资源的相对价值等。为了达到这一目的，大都市的一部分地区已经作了详尽的调查。调查的范围扩大到国会大厦的北部和西部，总面积大约400平方英里（约1 036平方公里），达到城乡交界的地区，包括杜勒斯机场（Dulles Airport）和雷斯顿新城（the new town of Reston）。

华盛顿西北部地区的调查研究

现在，我们在这一地区再次使用这种方法，而且吸纳了历史地质学、自然地理学、水文学等关系密切的学科，据此解释这些资料，来揭示土地内在的适合度。在这个课题中，大部分的土地用于城市拓展；这一方法就是去寻找这些土地并加以选择。因此，还要做出努力，把未来建设的密度不仅和土地的特征联系起来，而且和土地的承载能力联系起来。

当对这一地区的地质、自然地理、水文、土壤

超过500英尺（约152米）

500英尺～400英尺（约152米～122米）

400英尺～300英尺（约122米～91米）

300英尺～200英尺（约91米～61米）

200英尺～100英尺（约61米～30米）

低于100英尺（约30米）

华盛顿

0 1 2 3 英里

地貌

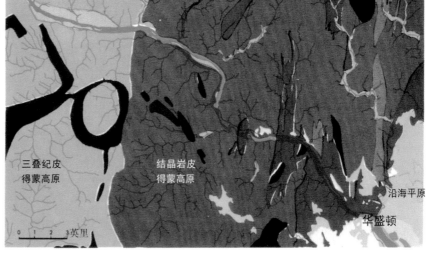

冲积层（Alluvium）

砂砾阶地（Terrace gravels）

帕姆利科岩层（Pamlico Formation）

怀科米科岩层（Wicomico Formation）

森德兰岩层（Sunderland Formation）

布林莫尔砂砾层（Bryn Mawr gravels）

帕塔普斯科岩层（Patapsco Formation）

帕托克逊特岩层（Patuxent Formation）

红砂岩、页岩群（Newark Group）

劳雷尔片麻岩（Laurel Gneiss）

维萨康岩层（Wissahickon Formation）

塞克斯维尔岩层（Sykesville Formation）

蚊纹岩（Serpentine）

熊岛花岗闪长岩（Bear Island Granodiorite）

镁铁质岩石（Mafic rocks）

火成辉绿岩（Igneous Diabase）

基底火成岩（Basal Igneous rocks）

三叠纪皮得蒙高原

结晶岩皮得蒙高原

沿海平原

华盛顿

0 1 2 3 英里

地质

地表水

洪泛平原

浅层地下水——白垩纪和第三纪地层

深层地下水——三叠纪地层

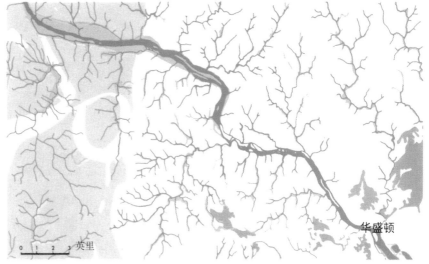

华盛顿

0 1 2 3 英里

水文

0～5%

5%～15%

15%～25%

超过25%

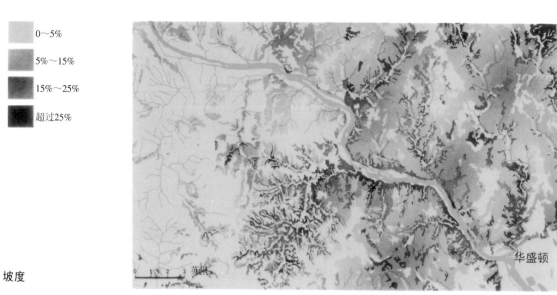

华盛顿

坡度

适于中耕作物

适于一般作物
要有保护措施

适合于放牧

不适合

城市化的地区

杜勒斯机场

华盛顿

土壤：农业的适合度

现有的林地

噪声强度—60分贝

噪声强度—90分贝

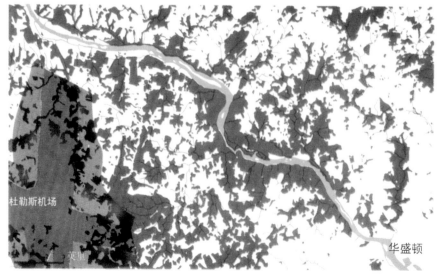

杜勒斯机场

华盛顿

林地和噪声强度

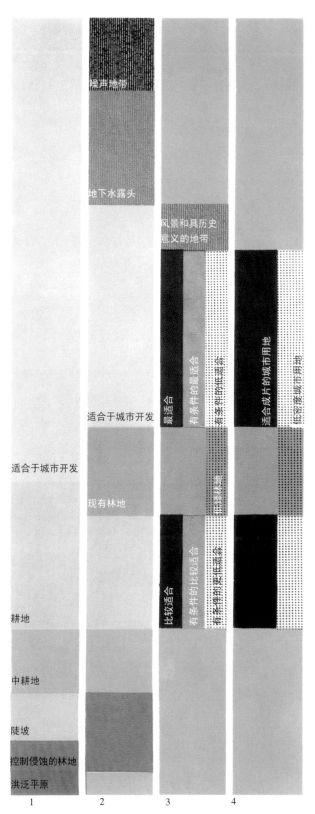

步骤1：排除了洪泛平原，包括用作控制冲蚀的林地、陡坡、中耕地和耕地。

步骤2：除步骤1外还要排除地下水露头、噪声地带、现有的森林覆盖地区。

步骤3：除步骤1和2外还要排除：风景和具历史意义的地带。根据土壤承载力和建化粪池的适合程度，划分城市适合程度。

步骤4：确定成片的适合于城市使用地。

适于城市用地的选择过程

和坡度等作了调查研究以后，这一地区的特点和变化就都显示出来了。三大分区：三叠纪皮得蒙高原、结晶岩质的皮得蒙高原和海岸平原就一目了然了。三叠纪地层形成的地区是很平坦的，河流很少，因此很少看到切割现象，也没有洪泛平原，下层结构是石灰岩，夹杂着一层重要的深层地下水，这一地区的土壤是很肥沃的。

结晶岩质的皮得蒙高原大体上被波托马克河分成两个次区域。南部，坡度图很明显地显示出一条条河流的裂缝并形成了显著的切割现象。从整个皮得蒙高原来看，这一地区的地形变化是最大的。地形是褶皱的，但起伏的尺度变化不大。随着地形的变化和坡度及朝向等条件的不同，土壤情况变化多端，该地区几乎没有地下水。

总的来说，沿海平原比邻近的皮得蒙高原低200英尺（约61米），高差变化出现在"瀑布带"地区。海岸平原的地形是平坦的。但是和三叠纪地区相比，河流的分布形式、河流造成的洪泛平原和带来的切割现象等有着明显的区别。这个地区有几个独特的地貌要素：悬崖、阶地、沼泽地、海湾和由波托马克河在此地区内形成的河口湾。

考虑到西北部地区不适合于城市化的诸要素的影响时，可以看到三叠纪重要的地下含水层和肥沃土壤有着重大的价值，因此，它对城市化构成一个限制因素。现在的杜勒斯机场，每分钟就要抽取1 000加仑（约4 545升）的地下水。皮得蒙高原的南部，由于陡坡多，没有相对平坦的大面积的用地，因此，普遍不适合于城市化。皮得蒙高原的北部限制最少，它为城市化提供了最多的机会。海岸平原包括地下含水层、洪泛平原和沼泽地等不适合于城市化的地区，但也部分有较少受到开发限制的地区。

现有的林地，是过去大片森林残留下来的，或是废弃的农业用地又重新恢复的森林。因为林地能减少径流量，减小地表侵蚀和沉积，维持野生动物的生活，此外，可以作为风景区供人们文娱游憩之用。因此，在研究中，考虑到这些林地具有的价值，决定只允许在其边缘地区进行城市化。

杜勒斯国际机场的出现，对这个地区的土地利

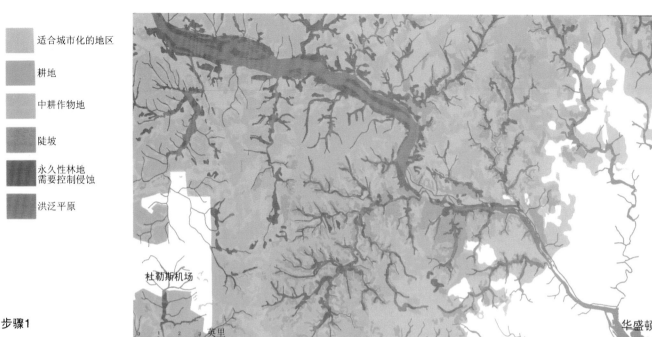

步骤1

图例：
- 适合城市化的地区
- 耕地
- 中耕作物地
- 陡坡
- 永久性林地需要控制侵蚀
- 洪泛平原

杜勒斯机场

华盛顿

0 1 2 英里

适于城市用地的选择过程

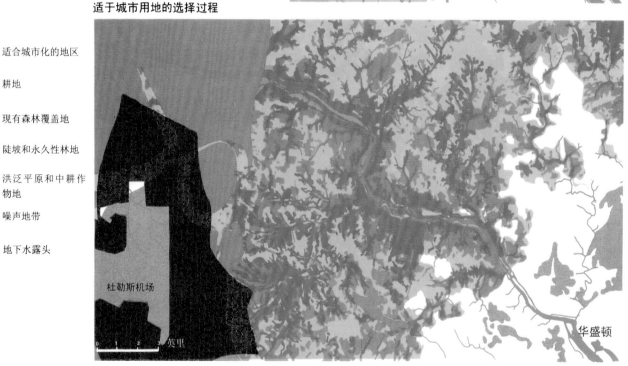

步骤2

图例：
- 适合城市化的地区
- 耕地
- 现有森林覆盖地
- 陡坡和永久性林地
- 洪泛平原和中耕作物地
- 噪声地带
- 地下水露头

杜勒斯机场

华盛顿

0 1 2 英里

用有着重大的影响——主要是破坏作用。测定出这里有80～90分贝的噪声强度——这样的噪声强度与机器车间或纽约最喧闹的街道转弯处一样。因此，联邦住宅管理局（F.H.A.—Federal Housing Administration）对在这一地区的住宅建设已不提供贷款。因此这一地区被认为是不适合城市建设的地带。

在研究中，我们设想，如果能选择的话，评为一类的农业用地不应作为城市的土地利用，理由是这将毁灭无法取代的、几乎是不能再恢复的资源。因此，根据农业生产的要求，土壤按其农业生产的潜力分为四等：中耕作物地〔译注〕、耕地、牧场和永久性林地（具有减少对易损土壤和过陡的坡地的侵蚀作用）。

〔译注〕中耕作物地（row-cropland），即适合于需要宽大的行距，以促进作物的生长，如块耕作物马铃薯、卷心菜等等的用地。

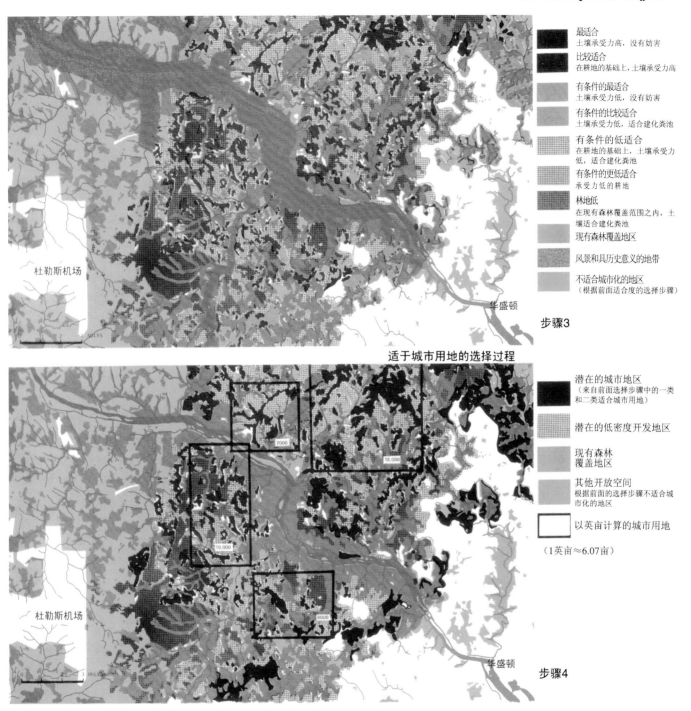

步骤3

适于城市用地的选择过程

潜在的城市地区
（来自前面选择步骤中的一类
和二类适合城市用地）

潜在的低密度开发地区

现有森林
覆盖地区

其他开放空间
根据前面的选择步骤不适合城
市化的地区

以英亩计算的城市用地

（1英亩≈6.07亩）

步骤4

　　根据上面的材料，把某些不适合于城市化的土地挑选出来。这些土地包括中耕地、耕地、洪泛平原、坡度超过15%的坡地，应覆盖以森林（由于坡度和土壤的原因而引起冲蚀、土壤流失），还包括地下水回灌区、森林和噪声地带。在这一初步的调查研究中，适合于城市化的地区是农业生产力最低的土壤，主要是牧场。通过调查研究，我们很快看到，仅仅把这些贫瘠的土地作为城市开发用地显然

是不够的，因此还要用其他一些土地。

　　很明显，某些农业用地将被城市占用。为此，必须调查耕地和林地对于城市的适用程度。这种调查应以土壤的特性为基础，即提供作为建筑物基础的适应性和作为化粪池的可用性。经过这些方面的评定，就可以确定哪些耕地应划为适合于城市发展的用地。这个分析同样适用于森林地带。

　　在这一分析中，适合于城市使用的最高一类土

土地通常的开发模式

地是，基础有承受高密度建设能力的非耕地。第二类，它和第一类的要求一样，只不过它本身就是耕地。下一类为土壤承载力低，不能建化粪池的土地，这一类土地如果具备了排污设施，适合于作中等密度的建设用地。下面一类和上一类的情况相同，只不过它本身也是耕地。再下一类包括土壤承载力差，但能建化粪池的地带，这种情况可以作为低密度的建设用地。再下一类是不再作耕地的用地。

将这些结论集中起来，便形成了一种判别方法，可以用来揭示本地区内哪些土地是适合城市占用的，建议下列地区为非建设地区：地表水和洪泛平原、陡坡（大于15%）、重要的地下水回灌区、噪声地区和土壤易遭侵蚀流失的地区。

经过详细调查，农业用地中畜牧用地用作城市用地被认为牺牲最少。耕地是根据对基础和化粪池的适合程度来分类的。某些森林，如能建化粪池，可以确定为低密度的建设发展用地。

城市不完全由建筑物组成，而农村也不能完全没有建筑物，因此对整个大区域进行调查研究就是为了寻找适合城市使用的大片土地。如果采用这种分析判别的方法，关于扩展的大都市地区和华盛顿西北部地区的调查研究就会揭示出土地本身的倾向性是有利于城市化的，还能显示出该地区最后会形成的开放空间和城市结构体系。最为引人注目的是土地的区域性变化以及可以为大都市地区远景发展提供充裕的土地。显然，在任何一个有意反映土地特点的规划中，可以提出许多可供选择的规划布局来。

以上所做的当然还不是一个规划，仅仅说明土地及其演变过程展现的远景发展及与发展形式有关的问题。只有充分地掌握了有关的资料：规划要求的性质、规划用地位置和资源特点、实现诸目标的能力、社区的社会目标等，才能做一个完整意义上的规划。现在有充分的理由说，不管规划要求的特点是什么，要系统地编制一个大都市地区的规划就应该了解自然的演进过程，规划必须和自然结合。

最后，这个调查研究会涉及形式问题。假如城市发展反映了自然演进过程，这将在城市发展的格局和分布中明显地看到——还有，的确也能从密度上反映出来。但是，必须承认，这项正式的调查研究还没有达到很高的水平。通过回应自然，我们仅仅避免了由于无知、愚昧和粗枝大叶而造成的武断。因此，当我们能展现这类基本的智慧和感知时，那么我们有望达到更高的目标，但那就目前而言显然是为时过早。

目前，这个地区的许多地方还没有规划。那么即使做了规划的地方，唯一的目的就是分区管理（zoning）规划，通过这一方法，政策上的分区只是为了配合不同的密度，而不顾地质、自然地理、水文、土壤、植被、风景或历史价值等因素。采用生态的方法至少能对开放空间结构，即在自然为人运作的地方或者实施开发建设有危险的地区，提出否定的意见。它能把建设导向适合的方向。确实，生态方法可以用来寻找华盛顿地区人工与自然相结合的空间结构和形态。

本项研究是波托马克河流域研究的一部分，由宾夕法尼亚大学风景建筑学研究生在1965—1966年承担的，负责这项研究的有梅瑟斯（Messrs）、布拉德福德（Bradford）、奇蒂（Chitty）、迈耶斯（Meyers）和西纳特拉（Sinatra）诸位先生。

Process and Form

发展过程和形式

你是否记得在自然主义者旨在揭示创造和破坏两种属性的实验中，包括对一个新生的沙丘和一个覆盖着森林的古老沙丘所作的比较。自然主义者的宇宙论已运用在这个实验中并作了进一步的研究。他们说，拿这块原始森林为例，让我们允许一个人在里面开垦一小块土地。这个人会产生什么影响呢？假如他一无所知，一事无成，他显然是个破坏力量：因为他减少了森林创造出来的树木而没有提供什么替代物。那么，让我们考虑第二个人，他由于生活在森林里，知道森林的生长规律。在这种情况下，自然主义者断定，这个系统给他的感知（apperception）是潜在他脑中的一个有序化的过程——称之为"负熵"（negetropic）〔译注〕。在第二种情况下，仍然会使创造物——林木减少，但促使创造物增加（森林增长）的潜力会潜藏于人观察森林的感知之中。在接下去的例子中，人们了解了森林的生长规律，或部分规律，就能以增加森林的热力的创造方式介入其间。在这种情况下，他被定义为一个创造者。但让我们假设在另外一种情况下，他不是利用他的感知来增加森林的创造力，而是写一首诗或作一幅画。在这种情况下，自然主义者断定，在既没有诗又没有画的情况下，就不能做出创造与否的判断。有人可能会断定，一首诗能增强对增加创造潜力的感知，从而一首诗就是创造，但是判断必须依赖于诗或画和诗画中包含的感知和信息。

艺术家偏爱的形式对自然主义者不是不重要的。艺术家探索的知识主题是绘画和雕塑艺术的本质，大概没有一个像地理形态学如此使人着迷的了。他们相信，正像我们已知的那样，自然是个演进的过程，但是他们也相信，形式和过程是一个单一现象不可分的两个方面。这就是说，一个东西的外貌是这个东西的一个重要方面。这是理解问题有价值的模式，对艺术表现也是不可缺少的。

元素，就其形式而言，被描述为原子核和呈轨道运行的外层电子；化合物用图解形式来描画。电子显微镜照片显示原子的几何形状，巨大分子的晶体形式；显微镜能显示雪片结晶体的动人形象。

脱氧核糖核酸（DNA）的双螺旋形有规则的形状，犹如细胞里受酶和催化酶作用的分子的运动过程。从这里人们还能找到适当的概念："最大的效率……是当最大数量的酶和受酶作用的分子能密切地结合起来，处于'完全适应的时候'。"*弄清生命的基本属性：变化反映于形式之中，这是十分重要的。这一点表明，变化不是简单的增殖，而是许多部分的相应增长，把它描述为有节奏的变化比仅

〔译注〕详见第5章中的页注。

* Robert B Platt, George K Rerd. Bioscience[M]. New York: Reinhold Publishing Corp, 1967:232.

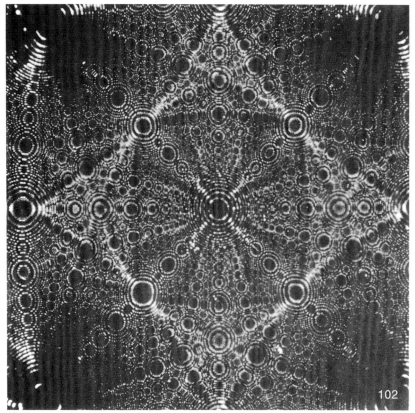

102

铂原子

103

分子

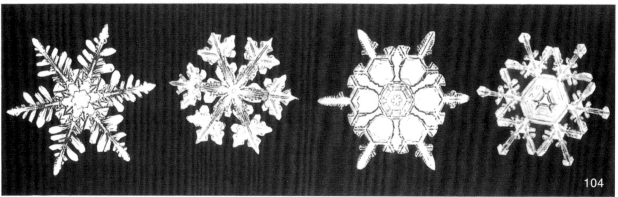

104

雪片结晶体

仅说成是模数的增加更好。*

不过，这种有节奏的变化不否认原子或分子形式的各组成部分。所有的物质和生物的发展过程都与此相同。

回到自然中去寻找形式的基础，自然主义者和亨德尔森（Henderson）都赞成以适应为标准。不同于艺术，适应是一个恰当的标准，这个标准既适用于自然的物体和生物，也适用于人的技能，而艺术仅适用于人的技能。自然主义者已经断定，地球是

适应的，并能使它变得更加适应。人能发挥的所有作用中，感知和信息表达的作用被认为是创造性表现的基础，是支配一切的。对于使地球更加适应这一目标来说，表现的方式是最为重要的，那么什么才是适应的表现方式呢？

这里探求的模式和我们的模式有很大的不同，特别是因为自然科学者的探求模式包含了所有的演进过程，而不专注于人的活动。尤其是适应这个词远不如艺术这个词来得惊人，所以自然主义者不认

---

*C H Waddington. The Modular Principle and Biological Form（《模数原则和生物的形式》）[M]. //Gyorgy Kepes. Module Proportion Symmetry Rhythm（《模数平衡对称》）. New York: George Braziller, 1996:23.

沙丘

为适应只是他们关注的事。对我们来说，艺术具有深奥莫测和蒙昧主义的性质。适应被认为是植物、动物和人的本质属性；在人类中间，医生及律师像诗人及画家一样多地涉及适应。我们已看到，创造性是人和所有的生物共同分享的一个普遍前提。把我们的社会和生物界分割开，也就是把我们和它们的创造性分离开。有创造性的数学家、生物学家、经济学家和画家、诗人及剧作家是没有区别的。没有一个团体是被排斥在社会之外的，因为它们全都从事于创造。

选择适应为标准而不选择艺术为标准，这是因为适应既包含了自然的也包含了人工的，就能使人联合一切事物集中精力于创造。选择适应还有另一个好处，对适应的关注还包括了有意义的形式，看来，它是一个长期的演化，而人类仅仅是演化和形式发展的一种产物。因此，有意义的形式不只属于人和他的工作，而是属于所有事物和所有的生命。因此，天文学家和地质学家、动植物形态学家，如同诗人和画家一样，他们关心的焦点和他们的特长是在有意义的形式这件事情上。所以，同样的，石

匠和木匠、机械师和技工、工程师和建筑师也都是这样。

事物和生物存在的事实，证明了它们是适应的，从而它们表现出有意义的形式。探索适应和形式必须从事物和生物开始。它们的适应体现在什么地方？表现形式又是什么呢？对自然主义者显而易见的事物和生物，我们也能看得到。如寒带和热带、高山和深谷、小鱼和大鲸、鸵鸟和猫头鹰之间出现的明显差别。他们还能分辨高大多岩石的新成山岭和由从前的巨石组成的低矮圆滑的残积层，新形成的河流和老河流，皮得蒙高原和海岸平原等的区别，他们中的许多人还能分辨该地区内微妙的变化——平缓的斜坡显示出台地的地层结构（这是由茫茫的白垩纪的大海留下的），土壤的颜色和结构的变化，动物和植物在对这些变化的反映中显示出适应性的改变。他们非常清楚各种情况下发生的变化，如上山时的高度改变，日照阴影的移动，降雨率或阳光向赤道移动时的种种变化。

对自然主义者来说，世界是包含于形式中的大量信息的表露，是需要他去关心的：例如环状星云

侵蚀

沼泽

和电子的运行轨道，晶体和病毒的格状网络，有生命物变化不定的状态。而许多信息是看不到的——排除在视线之外或在机体内隐藏起来的，或者只是包含在表明群体相互作用的看不见的种种发展

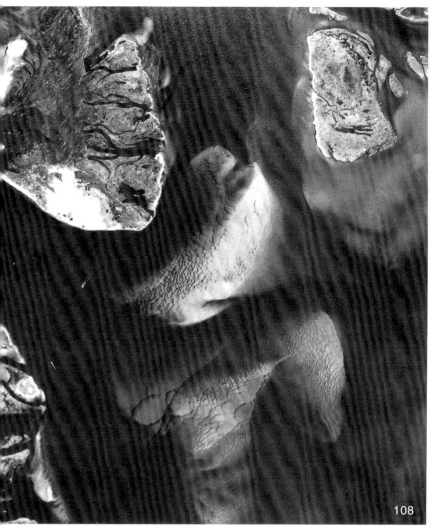

沙洲

冰川

火山丘

过程中。但是许多信息是可见的和明显的，如鸟的
足和嘴在适应环境过程中的变化——犀鸟、啄木

鸟、鹗鱼鹰、野鸭和水鸭、麻鸭和雷鸟的爪；雀和
鹟鹪（巨嘴鸟）、管鼻鹱和阔嘴鸭、反嘴长脚鹬和

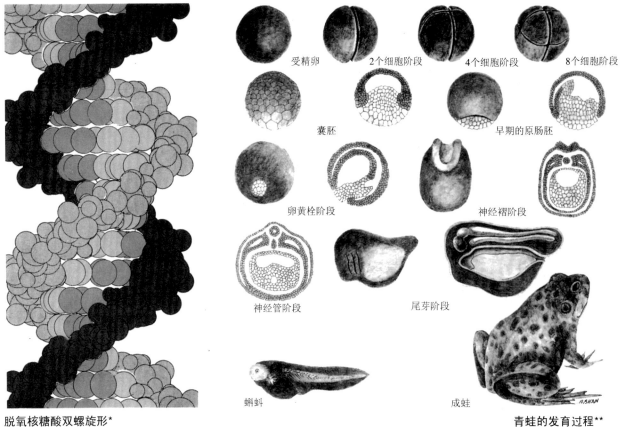

受精卵　　2个细胞阶段　　4个细胞阶段　　8个细胞阶段

囊胚　　　　　　　　　　早期的原肠胚

卵黄栓阶段　　　　　　　神经褶阶段

神经管阶段　　　　尾芽阶段

蝌蚪　　　　　　　　　　成蛙

脱氧核糖酸双螺旋形*　　　　　　　　　　　　　　青蛙的发育过程**

火烈鸟、鹬鸵和善知鸟（海鹦）的嘴。从以上的每一个极明显的例子中，都可看到形式反映了进化的过程：形式和过程两者是不可分割的，两者都能得到解释；这就是器官的基本意义形式。

在有机体中也同样有许多表现进化过程的证据。水鸟的进化提供了一个简明的例子：例如，孤独的矶鹬、小黄脚鹬和大黄脚鹬，还有北美的鹬类。类似的进化我们还可以从鸻、长嘴涉水鸟、长脚鹬和反嘴长脚鹬、麻鳽、白鹭（鹭鸶）、苍鹭、朱鹭、鹤、阔嘴鸭和火烈鸟等身上看到。在这种适应能力不断上升的形态学中，腿的长度和嘴的形状是最明显的形式上的要素。以此类推，这种适应形态学的例子也能在鱼类和爬虫类、两栖动物和哺乳类动物中找到；在人类的进化阶段中也能明显地看到。

但是，形式还是信息的交流：如相同物种可相互确认，不同物种之间相互区别；在伪装时隐蔽自己或通过模仿迷惑对方。从而，形式就是信息的交流，是事物内含意义的呈现。

假如感知（apperception）是经验的，那么信息交流也不例外。度量信息的单位是比特（bit），能回答是或否的提问是计算机技术的基础，也是许多信息理论的基础。但是，信息具有另一属性：意义（meaning）。假如在一个拥挤的剧场中，有人大喊一声"喂"或喊一声"着火了"，其影响是极不同的。信息单位比特是从能量中得到识别的，但"着火了"的意义会造成完全不同的反响，能量可能会加热一个物体，同一能量可以通知一个物体它正在被加热。所以就信息而言，它可能降落到一个没有反应的物体上，或可能作为信息和意义被感受到。

当宇航员第一次开始每天的跑步经过森林，他感到的森林仅仅是个无差别的阴凉的地方。当他学会去辨别某些引人注目的形式时，他从森林获得的信息量增加了。随后，他知道了栖居的动物、它们

---

*见Arthur Kornberg著《脱氧核糖核酸的合成》（The Synthesis of DNA），引自《美国科学》（Scientific American），第129卷，第4篇，第64页，版权1968年归美国科学院所有。

**After Charles W. Schmidt, Bioscience, by Rober B. Platt and George K. Reid, Reinhold Publishing Corp. New York, 1967, Fig. 20-15.

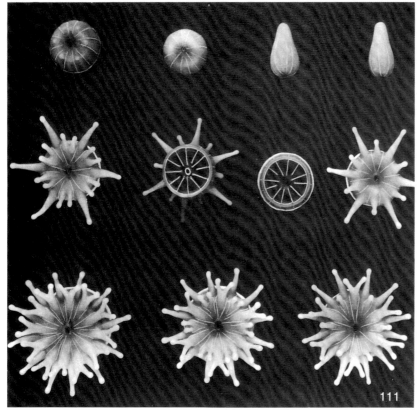

珊瑚虫

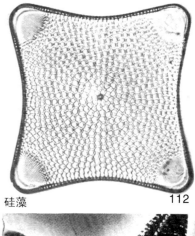

硅藻　112

蛾的触角　113

的作用和它们进化的历史，最终领会到森林是经过伟大的进化过程才达到目前的状态的——这是个有序的、动态的和对生命来说是不可缺少的森林。在了解森林的过程中，森林没有产生变化，只是宇航员理解其意义的能力有了提高。对于所有形式的理解过程亦都如此。

假如进化的成功是由事物和生物的存在显示出来的，那么，它们创造的适应性不仅在其器官和有机体中，还在生态系统中都能看到。假如确定如此的话，那么，第一批殖民者在原始美洲遇到的自然的植物和动物群落是最好的环境适应性的例子。在这些群落坚持生长的地方，今天也同样生长。从而，不但任何环境都有一个合适的生物群落，而且还不断地阶段性地向鼎盛发展，但事实上，这也是群落合适性（appropriateness）和适应性（fitness）的表现。

对于关心土地及其形态的人来说，这是一个重大的结论：在没有人的时候，地球上的每块地方都不可避免地、确实存在一个最为适合的自然群落，而且生物群落表现了它的适应性。我要称之为"一定形式的同一性"。

如果这是正确的话，那么我们能接受，在一个普通地域中会出现理想的适应性的例子和适应表现。我们可以推测，在这些地区会出现一些可见的和能理解的特别成功的案例。生态系统、有机体及其器官不只是适应，而且是最适应的。这是一个重要的概念，因为这与希望结合自然设计的人有关。寻求创造抽象符号的人是真正关心理想化问题的。

我们已经承认，长脚鹬的腿、鹰的爪子、火烈鸟的喙、须鲸的嘴都是看得见的极好的适应性的例子。那么，观察一个运动员优美的体态和有力的动作，例如网球的发球、拳击的左钩拳、高尔夫球的挥杆、棒球的跳跃接球等，比之黑斑羚的弹跳、鸬鹚的潜水、鲨鱼的转向游动、美洲豹的跳跃等的动作，其实并非一种飞跃。但是，运动员的姿势是人为的，会受网球拍、高尔夫球棒、棒球守队队员手套的影响，无法拿适应性来作为他们的标准。器械只是四肢的延伸。假如是这样的，那么我们能否同样地断定，锤子和锯、刀子、叉子和汤匙是否是适应呢？我们能断定，在空中飞行时螺旋桨飞机比喷

鸟的喙和爪

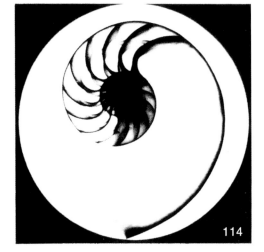

鹦鹉螺壳体

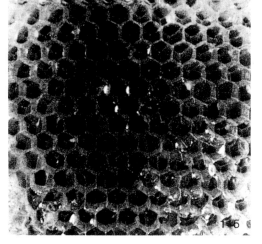

蜂巢

气式飞机的适应性差。

　　既然我们能考察餐具和工具，那么我们也能拿椅子和桌子作同样的适应性的考察，进而对各种活动场所进行考察。餐室是否适合用餐，卧室是否适合睡觉或爱恋？住宅、街道、邻里或城市是否适合？那么，什么是不适合呢？回答这个问题有点冒险，因为，我们不知道辱骂懒惰能否说明什么是完美。但是我们能承认，残疾的动物，它的温顺早些时曾使我们心醉，但现在不再是适合了。我们的语言和不适合的概念是一致的，如：不健康、残疾、丑陋等等，虽然那里可能存在克服此类不适合的许多极好的词（例如贝多芬克服了耳聋）。所以不适合不只包括破钢琴，还包括破损的绘画、残缺不全的雕塑、原野上的破旧汽车等等，也包括笨拙的服务、讨厌的摆动、怪诞和愚蠢的动作，因此也包括

不适合的器械，如歪斜的球拍、迟钝的刀子、不舒适的床、烟火、不见阳光的住宅或眩光耀眼的街道、混乱的城市，这些都是不适合的表现。

　　现在要谈的符号世界不是少数受过专门训练的人高不可攀的领域，而是我们每天生活在其中的世界。通过把"我是"写在纸上，人们作了一个符号的表述，这个符号的表述来自事物的尺寸大小、历史、特性和形式，它可能或不一定和任何现实相一致。这是一个符号的陈述。当难于理解的字母符号组成单词和句子时，这就是一种符号的表述。不仅是字母，而且包括词、名词、形容词和动词都是符号，它们确实是很抽象的。我们的生活离不开符号的形式和意义，这并不是一个不熟悉的领域。事实是许多人能把字母、词和句子组合起来写成文章，但只有较少的人精通语言的色彩、结构、质感、形

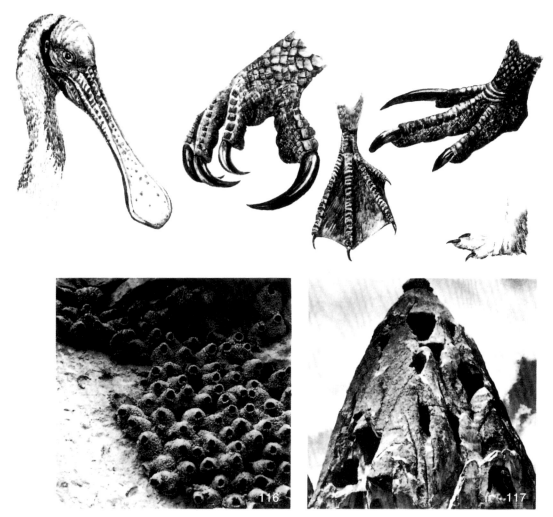

崔壁上的燕窝

岩洞穴巢

式和它们揭示的意义。他们好像宇航员第一次面对森林一样。不过，这不是由于他们不能反映这些方面，因为人只有至死才能避免这种不足，但是辨别出的意义仅是可见的事物中的一小部分。信息的运作和观察者感知运作是一样的。

当我们进入符号世界时，最好能运用我们前面用过的判断方法。假如生物生存着，它就是适合的。它的表现形式大多是显示它具有一定的适合性。在这些生物中，将有一个或多个是最适合的。关于人工制品，如球拍和球棒，我们要问它们是否合适？我们能辨别这些制品中哪些是最适合的。关于符号我们能问：它表达的是什么，是否真实；要是真实的话，这个表达有多恰当？通过这样的方式，符号也就能判为不适合的、适合的或最适合的。

正如我们看到的，自然主义者通过负熵

（negentropy）和共生（symbiosis，包括所有无生命的事物、有生命的事物和所有的人）来定义创造，从而避开了我们的大部分问题。世上不曾有过单独存在的创造者的群体。他们把世界看做是形式和表现的基础，这一点在他们的语言中得到反映。在科学和知识之间，他们没有加以区别，相信二者是不可分割的。同样地，他们也没有区分艺术家和非艺术家。他们使用工匠（artisan）一词，也运用艺术家（artist）一词，他们把它作为一种判断创造的专门才能，而不是一种职业。适合性是衡量的标准，需谨慎使用。符号仅仅是一种创造，具有简洁概括和强化提高的表现形式。

自然主义者观察自然，了解形式并寻找表现的基础，他们探索的主要目的是弄清人—自然的形态以及在不同环境中这种形态的变化。假如植物和动物在不同地点表现出了形式上的多样，那么人—自

新墨西哥州的陶斯村（Taos Pueblo）

然的形态怎能不是多样的呢？所以，确实具有：人
—皮得蒙高原、人—海岸平原、人—岭谷地区、人
—阿巴拉契亚高原等形态，还有如大草原、洛基山
脉、塞拉山（the Sierras）、沙漠等亦是如此。

对自然主义者来说，新城市的形式绝大部分来
自我们对自然演化过程的理解和反映。他们相信能
找到适合于城市使用的土地，某些地区是特别适合
于城市使用这一目的的。他们断定，在城市及其相
邻的腹地内，某些自然演进过程是为人运作着，从
而构成了一种价值。他们进一步相信，每个地区都
可进行一定的工作并具有内在的价值，能通过调查
显示土地的这些内在适合度，而土地利用应反映这
一分析的结果，反映这些内在的适合度。反之亦
然：某些地方包括这样的价值、使用限度和局限，某
种情况下甚至是完全不适应城市化，需要禁止。研
究了天然给予的形式，把它看做是一个过程，他们
就能识别任何一个地方的适合人—城市的形态。

当我们讨论城市和人造物时，必须要建立一个
重要的评定条件。我们相信，最为恒久的是建筑物
和书本、社会事业机构和法律。自然主义者可能发

现这是不可信的：这些东西确实是最近的和短暂的
创造物。这就需要把一个极短的时间片断予以特别
地放大，以便仔细地观察人类，甚至要从更加扩大
的时空范围来观察人类的工作。假如有人愿意用恒
久物创造性地工作，那么，这种热望和心愿不可缺
少的和中心的载体就是生命，或许更好地说是知
觉。除了原子本身以外，生命有最长的持久性，而
大陆的沉浮、高耸的山脉仅仅是一种侵蚀现象，是
不重要的。人造物应以它们对生命的影响来衡量，
不能把它看做是一个单独的物体。所以，用以评价
人造物的创造性的衡量标准应是它们表现出来的给
人感知的程度，它们在社会事业形式中表现出的有
效的共生现象和利他主义，以及在个人、家庭、社
区和社会中表现出来的提高生活的程度。恒久长存
的是生命而不是人造物。因此，衡量城市当然是衡
量它们的文化，但是这包括作为一定形式表现的、
可见的城市，及其对文化的适应，这就是文化的可
见性和明显的表现性，也就是人—自然和人—城市
的形态学。

形式的产生和占有不是人独有的特性，而是囊

流水别墅
建筑师：弗兰克·劳埃德·赖特

括所有物质和生物，在进化过程的一开始就具有的特性，这是一个非常实际和新颖的探讨形式的观点。从这一意义上讲，人类的活动形式是和鹦鹉螺、蜜蜂和珊瑚等完全相同的，也要经受同样的生存和进化的考验。形式不是业余艺术爱好者的偏爱，而是关系到所有生命的一个中心和不可分离的问题。

当然我们能澄清由来已久的误传——"形式追随功能"（form follows function）。形式谁也不追随，形式是与所有的进化过程结合在一起的。从而形式是和过程不可分离的、有意义的表现，但是形式能显示有害的适合（ill fit）、错误的适合（misfit）、不适合（unfit）、适合（fit）和最适合（most fit）。作为人类适合的标准，似乎没有理由要改变这些标准。环境是否适合于人？适合是否实现了适应环境这一目标？适合是否在形式中表现出来了？当考虑符号等抽象的事物时，似乎也没有任何好的理由，要去改变这些标准。假如适合的目的是为了保证有机体、物种、群落和生物界的生存和成功的进化，那么适合主要是朝向加强生命和进

化。我们因而能否避免把对形式的关心带到加强或限制生命和进化的领域中去呢？当我们把形式和生命联系起来，我们必须后退到一个更为基本的问题上去，把这种形式和生命的联系和适合统一起来考虑，看它是创造性的还是破坏性的。从而将适合定义为创造，并将在适合的形式中显示出来，这种适合也就是生命的提升。

的确，这不是一个普通的观点。在我们的社会中，我们相信，关心形式的只是社会的一小部分人，是艺术家，他们的方法需要丢弃肥皂、水和普通的社会习俗和惯例，长期期待上帝或缪斯女神（the Muse）来拍他们的肩膀，给予他们启迪。我既不拒绝也不接受这种方法，但我愿推荐自然主义者的观点，将它作为漫长等待中的心智磨炼。

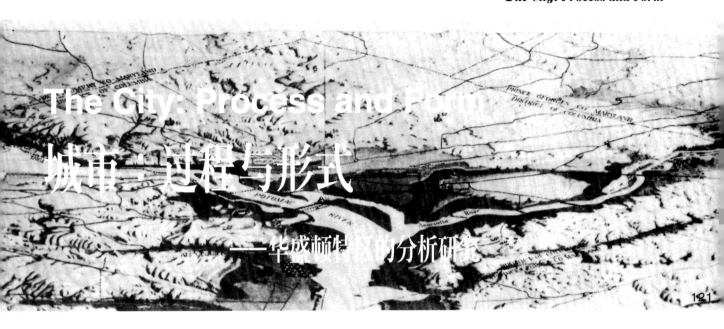

The City: Process and Form

城市：过程与形式

——华盛顿特区的分析研究

我们早些时候讲过，职业的风景建筑师和规划师只能从事和解决委托人向他们提出的问题。不久以前，我获悉华盛顿正在尽最大努力美化这座伟大的城市，采取的方式是种植牵牛花、百日草、秋海棠（花朵看起来有点像彩色纸似的），尤其是日本樱花。这当然是十分鼓舞人心的，而且这种意向大部分也是能实现的，但是，很显然这是有局限性的。有人问我，是否能制定某些原则引导这次不寻常的尝试，有意识地使之成为生态学方法的启迪。

显然，这个委托不要求对诸如贫困、贫民窟或拥挤等重要问题作任何研究；而是直接要求为华盛顿特区综合景观规划提供改进方法。*

已经证明，生态学的方法针对大都市周边农村未来的城市化是有效的。它能否解决现有城市的问题呢？问题是要建立一个价值体系并体现这个体系。我们需要把城市自然面貌的许多组成部分看做是一个为人类使用并且提供可能的价值体系。不过，此外需要使人的创造物（建筑物、场所和空间）和自然类型的分析和评价一致起来。因此，重要的是要明白：城市是一个形式，它是由地质和生物演进而来的，它是自然演进和人工改造以适应自然的综合产物，还需要把城市历史发展看做是反映在城市规划和构成城市的个体和群体建筑物中的一系列文化适应；有些适应是成功的并得以保存，其他一些则不然。那些保存下来的被列入有价值的名单；其他则由于不适应而消失。这种调查称之为"现有形式的调查"，它包括自然面貌和人造的城市形式两方面的内容。

我们把主要精力用在形式上，而把说明城市所在地理位置上的因素，诸如潮汐的限制、沙洲、桥梁、矿产和农业资源、适宜的气候等搁置在一边。大家似乎相信，著名的城市都具有显著的特点。这些特点可能来自城市的位置，来自人的创造或是两者的结合。巴西的里约热内卢、意大利的那不勒斯、美国的旧金山都是直接与引人入胜的地理位置联系在一起的。威尼斯、阿姆斯特丹和巴黎主要由人工的建筑物构成的。而当城市建在美丽的、引人入胜或资源丰富的地点，常常是由于对场地的特征采取保护、开发和提升，才形成杰出的城市，而不是对场地的天赋特点加以抹杀和消除。在缺少这种天然的特色时，能从建筑物和空间组织等方面着手，建立起杰出的城市，阿姆斯特丹、威尼斯和巴黎已充分地证明了这一点。当一个城市包含杰出的建筑物时，那么这些建筑物可列入具有地方风格价值的名单。整个城市因此可以看做是一个对场地内的资源实施开发——人的创造物自觉地与之相适应，从而保护、提升和增强它的基本性质。这些场地根据各自的条件变得有价值了。

*华盛顿综合景观规划，华莱士、麦克哈格、罗伯茨和托德，美国政府印刷办公室，华盛顿特区，1967年。

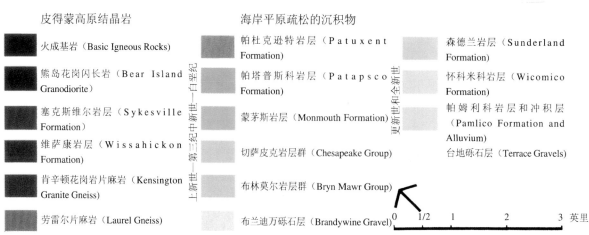

皮得蒙高原结晶岩

■ 火成基岩（Basic Igneous Rocks）

■ 熊岛花岗闪长岩（Bear Island Granodiorite）

■ 塞克斯维尔岩层（Sykesville Formation）

■ 维萨康岩层（Wissahickon Formation）

■ 肯辛顿花岗岩片麻岩（Kensington Granite Gneiss）

■ 劳雷尔片麻岩（Laurel Gneiss）

海岸平原疏松的沉积物

帕杜克逊特岩层（Patuxent Formation）

帕塔普斯科岩层（Patapsco Formation）

蒙茅斯岩层（Monmouth Formation）

切萨皮克岩层群（Chesapeake Group）

布林莫尔岩层群（Bryn Mawr Group）

布兰迪万砾石层（Brandywine Gravel）

森德兰岩层（Sunderland Formation）

怀科米科岩层（Wicomico Formation）

帕姆利科岩层和冲积层（Pamlico Formation and Alluvium）

台地砾石层（Terrace Gravels）

上新世—第三纪中新世—白垩纪

更新世和全新世

0　1/2　1　2　3 英里

地质

212

是否可提出这样一个命题：城市的基本特点来自城市场地的性质，只有当它内在的性质被认识到和增强时，才能成为一座杰出的城市？能否进一步提出：建筑物、空间和场所与其场地相一致时，能增加当地的特色，不仅增添新的资源，而且还构成新形式的决定性因素？

假如上面的命题是正确的，那么我们便能阐明目标和达到目标的方法。前者要求我们分清场地的性质，把整个场地看做是可以分离的种种要素的组合，其中有些要素出自自然的差别，另一些则是人为的结果。对这些要素必须给予评价，把它们看做可区分的成分，看做是具备价值的有用的过程，看做是和新形式的适应变化密切相关的。

这种方法还要对与价值体系有关的一些原则进行研究，最后，这些原则应编写成政策，保证在规划和实施过程中认识到城市的各种资源，包括场地和人造物的价值，对城市的形式起决定意义。里约热内卢不同于堪萨斯城，纽约不同于阿姆斯特丹，而华盛顿又不同于所有这些城市，这是有很好的和充分的理由的。这些城市和它们各自的地质历史、气候、自然地理、土壤、植被和动物等背景是有关联的，这些因素组成这些地区的历史并成为其固有的特性基础。

华盛顿本身是非常独特的。为了了解是什么使这座城市具有独特的性质，以及哪些要素对它的特性影响作用最大，首先必须了解它的形态学。

假如形态学适用于城市的自然特性，那么也同样适用于城市建筑和场所。对于城市居民、国家和世界来说，华盛顿的特性、形式和面貌的重要性在美国或许没有其他地方可与之相比。这个城市可以从它形式的演进方面来研究，即从它反映出来的形态学的历史，从它适应环境方面表现出来的成功和不成功的例子，从它包含的一些属性（有些是具有很高价值的，另一些则没有什么价值）等方面来研究。

首先，我们必须从研究它的自然特性开始。

在对波托马克河流域，包括自然地理区域和大都市地区的调查研究中，我们看到在不同范围内表现出来的历史地质的变迁。在华盛顿，这些相同的地质历史发展过程及变化，在一个更为独特的范围内也能看到。

从大范围讲，哥伦比亚特区的地质变化是很大的，表现为皮得蒙高地〔译注〕和海岸平原两大区域。皮得蒙高地在这里有明确的分界，这是一个月牙状的起伏不平的白垩纪沉积地带，它受到很大的侵蚀，成为波托马克河和阿纳卡斯蒂亚河汇合处的由近代沉积物组成的划分清晰的台地和陡坡地的背景。朗方（L'Enfant）规划的城市位置就在这些地带上。最后一个地区是海岸平原，是个久经侵蚀的沉积物地带。

在哥伦比亚特区能看到五亿年的地质历史；沉积物覆盖住丘顶，说明这里曾是古代的海洋，而规整的华盛顿城市地处的弗拉茨滩地（the Flats）的地质面貌大部分是近代形成的。

多样的自然地理面貌——丘陵和山谷、高地、圆丘、台地、陡坡、河流、小溪和沼泽地等，反映了地质历史的变化。首都华盛顿的地形起伏虽然不大，但自然地理的变化是很明显的，这当然是地质变化的结果。

有三个和地质构造一致的自然地理分区，这就是皮得蒙高原的前寒武纪地质面貌、较老的白垩纪沉积物地质面貌和近代的更新世的地质面貌。位于西部和北部的被罗克河（Rock Creek）切断的大片切割高地是前寒武纪和下白垩纪（Lower Cretaceous）形成的。海岸平原的边缘，阿纳卡斯蒂亚河的东部是上白垩纪和前更新世沉积物形成的。而它们的中间地带，主要是弗拉茨滩地，是晚更新世以来的沉积物形成的。

第一个自然地理地区的特点，集中体现在波托马克河边的断崖岩层中、罗克河陡峭的切割面和由下白垩纪沉积物组成的高地圆丘中。在瀑布带中的利特尔小瀑布（Little Falls）显示出这是这一地带的

这项研究是由华盛顿美国首都规划委员会委托，在伊恩·伦诺克斯·麦克哈格的监督下，由纳伦德拉·居内加完成的，并由梅瑟尔斯、萨特芬、迈尔斯、罗伯逊和华莱士·德拉姆蒙特、麦克哈格、罗伯茨和托德等协助。实地调查是由卡伦和查尔斯·R.小迈尔斯作的。
〔译注〕Piedmond，又译"山前地带"，位于美国大西洋岸与阿巴拉契亚山脉之间。

边界。

虽然第二个自然地理地区是由最早的沉积物组成的，它在自然地理的许多方面和皮得蒙高原是一致的。河谷的切割较皮得蒙高原少。拉斐特岩系（Lafayette series）上的某些沉积覆盖层明显地高出高地之上。海岸平原的松散沉积物已经风化，生成许多破碎的地形。这里的山脊较平坦和圆滑，谷地浅并带有沼泽地。奥克森小河（Oxon Run）和皮内支流（Piney Branch）显示了这些特点。

最后一个城市地区位于波托马克河和阿纳卡斯蒂亚河汇合处，朗方称之为"弗拉茨滩地"。这是由两个有明显界线的台地组成的，中间插入一个陡坡面。这一地区也就是规整的城市的所在地，就是这块中间插入的陡坡面，被朗方选中，作为两个最重要的建筑物——国会大厦和白宫合适的位置。

波托马克河穿过结晶岩地区进入哥伦比亚区，切割出一条深而窄的带有断崖的河床；当波托马克河经过利特尔小瀑布时遇到沉积物并把它切割，暴露出岩面。当它流出瀑布带时，不再受地形限制，扩大成广阔的河湾。在波托马克河下游有许多广阔的洪泛平原和沼泽地；在阿纳卡斯蒂亚河下游这些特点也很明显。

哥伦比亚区的自然地理面貌显得十分复杂，随之而来的是当地相当丰富的植物群落。皮得蒙高原拥有一个树木品种繁多的森林，海岸平原的植物群落则是多样化的，但在华盛顿是以上两者的结合，植物群落特别丰富。

在华盛顿能找到的植物群落确实是流域范围内最丰富的。这里现在或过去一直有沼泽柏树丛林、木兰沼泽地带、野生稻沼泽地、罗克河谷和其他大河谷的混合中生植物群落，东部山脊上的油松，高地上巨大的混合橡树林，杂以多种多样的树种，有的以檫木为主，另一些则以鹅掌楸为主。

植物群落分区大体上是和自然地理的区域相一致的。由皮得蒙高原和下白垩纪沉积物组成的北部和西北部地区，适宜于橡树—栗树森林群落，还有白橡、黑橡和鹅掌楸。在这一地区的山脊中可以看到生长在排水性能特别良好的土壤上的栗树—橡树和松树。在河谷能看到由山毛榉、椴木和黑胡桃和

皮得蒙高原

瀑布带

海岸平原

214

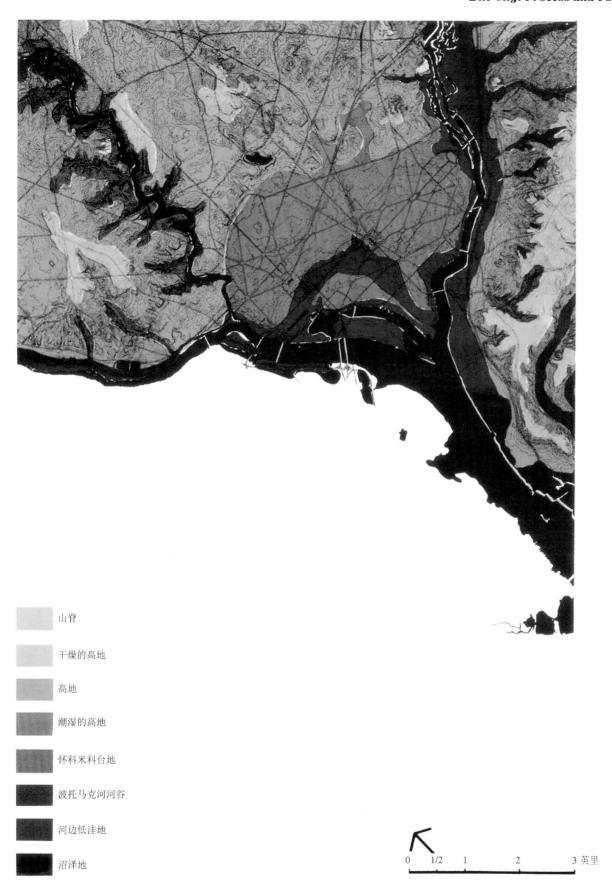

山脊

干燥的高地

高地

潮湿的高地

怀科米科台地

波托马克河河谷

河边低洼地

沼泽地

0　1/2　1　　　2　　　3 英里

植物群落

植物群落——剖面图

北坡上的栩树组成的混合中生植物群落。

阿纳卡斯蒂亚河流域组成第二个分区，这里的山脊被各种松树——火炬松、矮松和油松等覆盖；橡树生长在中坡，山毛榉、鹅掌楸占据了下坡。

最后一个地区，弗拉茨滩地，我们看到是一个洪泛平原，适合于香枫生长。草甸土适合于火炬松和矮松，肥沃的土壤上茂密的山核桃和黑橡胶树令人注目。

从这些简短的详细调查资料，可以看到华盛顿的大自然形式——地貌特征是变化多端的。它的地貌特征可以从它具有五亿年历史的地表面、岩石、自然地理和土壤中显示出来；它显示出有两大自然地理分区：皮得蒙高原和海岸平原，两者的反差极大。这个分界面由于河边的断崖绝壁、利特尔小瀑布和波托马克河河湾地区变化的面貌而变得优美。罗克河流域、周围山顶覆盖的沉积物、阿纳卡斯蒂亚广阔的河谷及其沼泽地，使风景更加秀丽动人。还有两个区分明确的更新世台地，帕姆利科（Pamlico）和怀科米科（Wicomico），中间插入了一个陡坡面。

许多城市原有的自然赋予的形式已经不可挽回地失去了，埋葬在无数的千篇一律且无表现力的建筑物下面。河流被堵塞，溪流变成了阴沟，山丘被推倒，沼泽地被填平，森林被砍伐，陡坡变得平缓和断断续续。好在华盛顿并不如此，虽然某些情况不发生改变，但仍然保持着主要的自然要素。周围

河边低洼地

潮湿的高地

的高地由于有华盛顿大教堂和纯洁圣母殿（the Shrine of the Immaculate Conception）显得更为壮观。白宫和国会大厦占据陡坡的最高位置，罗克河和格拉弗·阿奇博尔德河（Glover Archbold）与波托马克河一起伸向内陆，沿阿纳卡斯蒂亚河的山脊历历在目，而在利特尔小瀑布之上和之下的波托马克河呈现出两种不同的特性。总之，自然的特性鲜明多样。

过去，分析人造形式的组成是寻求发展的方法，而不是研究规划本身的创造性。结果，研究常是支离破碎和不完全的。为了了解人造的形式，需要有一张历史建筑的名录，但是不仅要收集历史建筑物，而且要分析这些建筑物是如何适应环境和不断改进的，因为它们的总和创造了今天的人造形式。要按照一个价值等级体系来观察这些建筑物。

在诠释这种方法时，重点完全放在具有历史意义的城市上，因为它反映出和自然形成的形式具有明确的关系，并构成一个单独的城市形式的概念。

正如威廉·劳顿·史密斯（Willian Loughton Smith）在1791年的报告中所述："朗方少校当时注意到了所有的高地、平原、制高点，以及罗克河、伊斯顿支流（Eastern Branch）和称之为古斯河（Goose Creek）的小溪形成的水道。"在对这一地区调查以后，朗方受命为该城市作一个规划。他使用的城市设计的语言是建立在文艺复兴的观念之上的，而同时他又特别熟悉这块土地的自然特点。不

高地

山脊

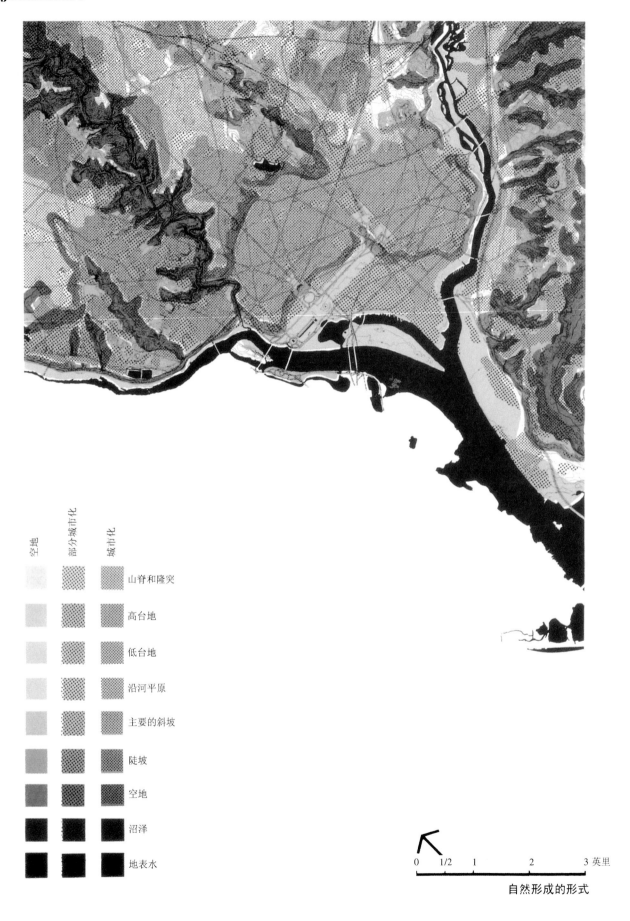

空地　部分城市化　城市化

　　　　　　　　山脊和隆突

　　　　　　　　高台地

　　　　　　　　低台地

　　　　　　　　沿河平原

　　　　　　　　主要的斜坡

　　　　　　　　陡坡

　　　　　　　　空地

　　　　　　　　沼泽

　　　　　　　　地表水

0　1/2　1　　　2　　　3 英里

自然形成的形式

国会大厦

白宫

（the Mall）^{〔译注〕}的轴线——这是城市的象征，不会感到惊奇。凡尔赛宫、土勒利花园（Tuileries）、协和广场、香榭丽舍大街的印象都结合到华盛顿的平面图中了，并与已有的场地相结合。朗方对空间轴线布置、其两侧的建筑物和对角线形大街有一种异乎寻常的关注，他把他的洞察力和微妙的土地形式结合起来了。

弗拉茨滩地上最突出的地点当时称为"詹金斯丘（Jenkin's Hill）"，这是帕姆利科—怀科米科陡坡的一部分，朗方描写为"这是一块准备在上面建筑超级结构的基地"。这块用地朗方设计用作国会大厦。在同一陡坡面上的另一个突出地点，他选为白宫使用。他规整的规划平面的界限是以佛罗里达林阴大道（Florida Avenue）为界，对应着弗拉茨滩地上部的界限，怀科米科—森德兰陡坡。

在这一地区内，他用林阴大道（Mall）将国会大厦与波托马克河联系起来，修建了一个十字轴线，把白宫与波托马克河联系起来。从这些重要而有特色的地点，以对角线的大街放射出去，可以看到山景和制高点。他对总统说，这一规划是为了和一般规则型的街道形成对比，使实际的距离看起来短些，而且这些对角线的大街还使建筑物坐落的场地有了变化，这些对角线的大街主要是朝向这些有利的场地，从而可以看到赏心悦目的景观。

除了这条林阴大道，规划平面还安排了十五个广场，"装饰有雕像、纪念柱、方尖碑和其他装饰品"，并把它们小心地安放在有利的位置上。

这个规划平面是个独特的构思，它和文艺复兴时期的城市设计准则是一致的，但这一设计是适应这个城市用地上的许多特点的。

显然，华盛顿基本上可划分为两大部分：规整的城市部分和其余部分。这一研究涉及的问题是前者。这一地区，以波托马克河、阿纳卡斯蒂亚河和怀科米科—森德兰陡坡为界。这一地区由五大要素组成：林阴大道、严整的街道系统、联邦政府区、间隙地段和剩下的开放空间。

这些要素各自具有显著的特点，前三个要素成为朗方规划平面的重要组成部分。生态分析说明了

过，可以确切地说，由于受法兰西文艺复兴的影响，他选择弗拉茨这块滩地建城市。如果他是一位意大利文艺复兴时期的建筑师，他一定会按传统习惯，把城市放在面向东南的高地斜坡上。

经过对这块用地的分析以后，他说："自然已为这块土地做了许多，加上艺术的修饰，它将成为世界的奇迹。"

这种城市意象表现王权神授是最合适的，但现在却成了表现一个伟大的民主联邦国家的手段，这真是有些相悖的。路易十四或许对首都林阴大道

〔译注〕 "the Mall"指华盛顿从国会大厦经华盛顿纪念碑到林肯纪念堂的一条林阴大道和一大片绿地。

这块地上自然形成的面貌和形式；我们需要一种方法来说明这里人造形式的特点。为此，我们能从朗方的意图中寻找线索。文艺复兴时期的建筑艺术可能不是表现一个伟大的民主国家最合适的形式。但它已是无法改变的事实。

林阴大道把这块场地的基本因素——波托马克河与最重要的建筑物——国会大厦联系起来，国会大厦是首都和国家象征性的心脏。显然，这是城市社会价值体系中最崇高的象征，这是首先必须加以保护和加强的。

林阴大道四周的建筑群明显地表现出这是联邦政府的象征。这些建筑物都是古典主义的形式，尺度恢宏，使用的材料、空间关系和细部都是协调的。显然，这些建筑在价值等级中是属于第二等的，在尺度和建筑艺术方面这里具有一定的一致性，这代表了一种价值，同时和周围的地区或新改建地区的形式有着密切的联系。联邦政府所在地是重要的历史地区，因此应该给予很好的考虑。

整齐的大街是朗方规划中的主要部分——重要的街道，特别是成对角线布置的街道，把整个城市和它象征性的心脏联系起来。这些大街和远处的山丘、山脊和河流是相互联系的。它们在佛罗里达大

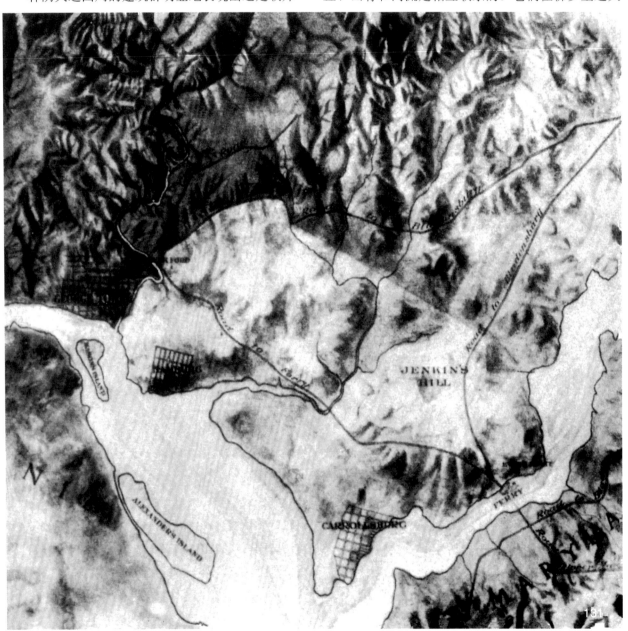

朗方规划实施前的华盛顿

林阴路

联邦政府区

大街

间隙地带

开放空间

在大街远景内的周围山丘

在规整城市外面的城市化地区

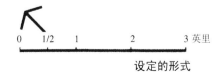

设定的形式

国会前的林阴大道和绿地

其他开放空间

大街

街结束，陡坡在这里升起。这些大街是进入规整的城市、展望景色的入口，也是列队行进和把整个规划结合成整体的结构因素。间隙地带在许多大街之间，只是在临街面才有影响作用。朗方大概希望在这些间隙地带内摆放具有亲切尺度的建筑物，但要与联邦建筑物相协调。这些地区在朗方的规划中不具有重要的象征性意义。

从罗克河开始，沿着波托马克河和阿纳卡斯蒂亚河，这里是一个不连续的开放空间体系。这一体系中的大部分地区不是出自于朗方的规划，而是后来陆续修建的。这些地区的风貌特点是河流带来

的，成为自然特征的重要组成部分。在特殊意义上说，规整的华盛顿城是一个人工创造物，它的北边以山丘为界，南边以河流为界。要是这些沿河地区仍保持在一种自然状态中，那就会出现极大的对比的效果。

这是一个很不全面的研究，而这种方法显然是可取的。建立一个社会价值的等级体系来研究人工建筑物，这是可能的。识别这些人工建筑物并弄清它们的社会价值，将会影响对它们采取的政策——进行保护和提高。

华盛顿独裁主义的形式可能不是表现一个民主

联邦的最适合的形式，但它是18世纪以来创造的最为协调和具有特色的城市形式。犹如已经看到的那样，自然形成的形式和人造的形式之间是协调的，特别是在弗拉茨滩地这块没有内在特色的平地上创造新的价值时，后者对前者不仅是一种开发，而且是一种提高。虽然华盛顿的许多自然形式已经遭到以后的规整城市外围建筑物的威胁，但是可以看出，人造形式表现的创造性并没有消灭自然形成的形式。

华盛顿给人的印象是一个伟大的城市面对一条伟大的河流。华盛顿纪念碑是联系整个城市和它的象征性中心的唯一最为显著的要素。在以山丘和山脊、波托马克河和阿纳卡斯蒂亚河为边界的范围之内，城市坐落在阶梯状的平地上，林阴大道（The Mall）把波托马克河和国会大厦联系起来，十字轴把白宫、潮汐盆地和杰斐逊纪念堂联系起来。这是一个由许多纪念物、林阴路、绿色空间组成的城市；建筑物是新古典主义的和大尺度的，一些主要的空间非常宏伟。

在对这个城市的重大要素进行评价中，林阴大道、国会大厦、白宫和华盛顿纪念碑，结合成一个单一的综合体，可以看做是最主要的。规整的城市内的政府机关建筑物可以看做是第二位的，主要街道的平面构架是第三位的，最后是和河流一起形成的主要开放空间体系。

显然，这种方法也能用来作更细致的等级划分，提供人造形式的价值体系。

在阐明这一方法时，为了方便起见，应用的例子只显示出一些明显的方面。只有当这一方法被充分应用时，才能感受到它的好处。不过，即使在不充分地应用这种方法的情况下，在识别自然形成的和人工形成的形式中，显然它也是有价值的。这是一种应用历史的方法来分析城市面貌的各组成部分以及确定它们的相互价值关系。

从大体上讲，具有历史意义的华盛顿是由新古典主义建筑物组成的，布置在一块半碗状的土地上，这块土地由两条汇合的河流、一个陡坡和以低矮的山丘为背景组成的。整个城市犹如一把倾斜的扇子，象征性的城市中心位于扇子的底部，这个扇子的骨架是波托马克河、格拉弗·阿奇博尔德河（Glover Archbold）、罗克河、古斯河和阿纳卡斯蒂亚河等河谷。

这项调查研究使我们了解了华盛顿为什么和里约热内卢、阿姆斯特丹或巴黎不同。这一研究至少全面而概要地说明了为什么华盛顿被视为是它的地质、生物和历史文化作用的结果。在适应这块场地的过程中，某些要素已被提高了，另一些则被消灭了，不过，又引进了全新的重要要素。在这些重要的要素中，一个价值体系已经形成了，这是一个自然和历史文化综合的体系。其中某些要素表现得十

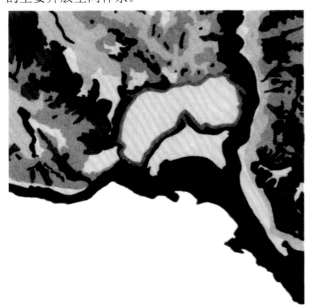

自然地理面貌的评价

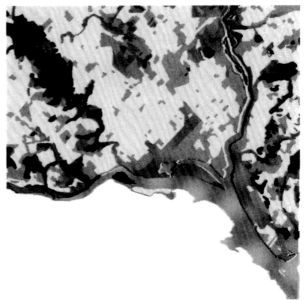

生态面貌的评价

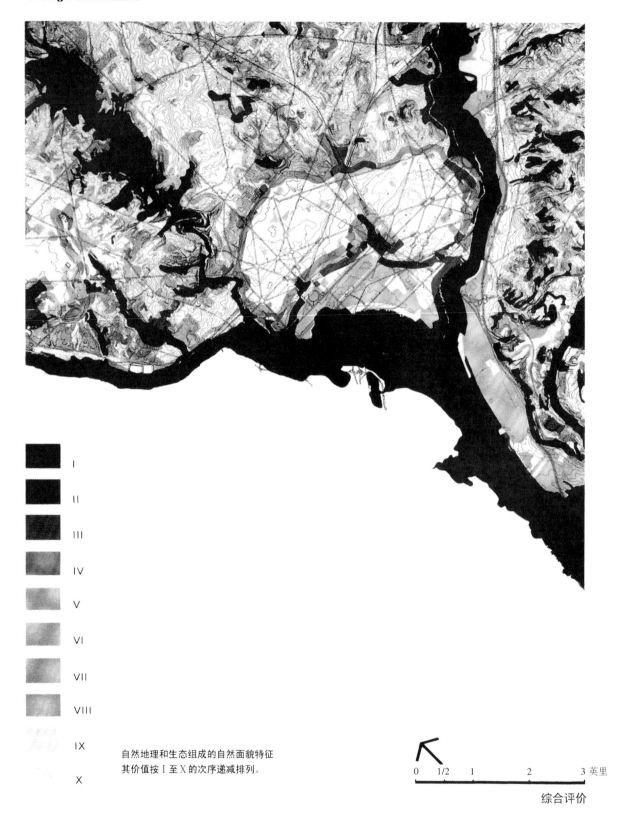

I

II

III

IV

V

VI

VII

VIII

IX

自然地理和生态组成的自然面貌特征
其价值按 I 至 X 的次序递减排列。

X

0   1/2   1   2   3 英里

综合评价

分突出，所以是有价值的，其他要素则差一些。将
生态和历史的要素逐一列项进行研究，就能将这些
要素的实际情况显示出来。

假如识别这些要素和属于它们的价值是有可能
的，那么我们如何反映这一价值体系呢？在考虑自
然面貌特征时，对主要的组成部分加以描绘并确定

它们的位置是很重要的。我们概略地看到了这些要素，如波托马克河、阿纳卡斯蒂亚河、罗克河、古斯河和格拉弗·阿奇博尔德河等走廊地带，此外有高地、各种各样的山丘、山脊和陡坡、小河谷，还有弗拉茨滩地，这些都应包括在自然面貌的价值体系中。

假如这些确实是自然形式的最重要要素，那么就可以按重要性将它们排列。根据一个连续的结构体系来观察这些要素会很有意义的。某些要素被消灭到什么程度，是全部还是部分地被消灭？保持或恢复它们的连续性是否有必要？如何才能强化这些要素？

选择主要的自然地理面貌的组成部分并把其中最为重要的因素，即把那些作为城市结构和价值体系的主要因素综合起来，很显然是可能的。经过对这些因素的评价，就有可能保证它们得到保护和强化。

自然面貌还有另一个重要的组成部分，这就是植物的特性。正如我们看到的当地植物群落有极大的变化性。作出一张全城的当地植物群落的综合平面图，辅以由于适应环境而发生变化的信息资料，这是可取的。从而这些资料会变成所有涉及工程设计及土地管理人员的植物配置的基本材料——植物谱。

作出一个生态学的植物编目——植物谱，对植物群落进行了详细描绘——主要树木、次要树木、灌木丛和草木植被等，还要描述它们的演替。这样做就有可能为首都的每一块场地和每项工程建立一个植物表现形式的"调色板"。有了这个资料，就有可能选择植物表现的一些主要要素，使它们成为完整动人的代表，不是作为一个枯燥无味的植物园来考虑，而是为一个充满活力的城市来规划——沼泽柏、沼泽野生稻、沼泽木兰、生长在罗克河公园中的大山毛榉森林等。每一种动人而富有表现力的植物以及许多其他植物，可以被重新引进、扩大种植和加以提高。

一方面要有一个如同调色板的植物配置谱，另一方面则要使之有些规则，对人造形式诸要素来说，这种概念是非常合适的。作为林阴大道、联邦政府建筑区、大街和街道以及开放空间来说，显然是有一个植物配置谱的。但作为植物表现的基础来看，这些配置方式是不尽合理的，但从中找出一些和谐的配置植物的规则是可能的。相当奇怪，这些规则来源于文艺复兴时期城市建筑物、建筑艺术和风景建筑的准则。这确实使人感到奇怪，但又是不可避免的。

建立这样一个价值体系是极为有用的。它使公众知道归属于城市组成要素的价值，重要的是要看到，这种方法和今天正规的衡量土地和建筑物价值的方法是十分不同的。今天，公园和历史建筑、吸引人的景点、纪念物和河流未必和它们本身的价值相一致，而这种价值能阻止这些地方变成极平庸的经济产业。通过这种对城市面貌组成部分的评价，便能更好地对付开发者和州公路委员会、停车管理机构或庸人的破坏本性。尤其是由此有可能看到貌似无价值的场地的作用，把它看做是一个重要和有价值的部分。进一步的意义在于为风景建筑师提供一个植物配置谱。风景建筑师不再只是用秋海棠、鼠尾草或红杜鹃花等任意拼凑，而是能反映适合于这块场地的乡土植物的主要构成。用这种植物配置谱完成大量的工程项目，将能重新创造出具有自然特征的重大植物组成。

通过识别天然形成的和人造城市的重大组成部分，并找出理由证实它们的重要性，这对艺术委员会和类似的部门，对小至环境协调，大至提高环境质量提出建议，事情就变得很简单了。这不是作为个别的工程，而是针对构成城市主要面貌的要素和价值所做出的贡献来考虑的。

这是一种方法：寻找城市特性的基础——从自然的特性和人造城市的特性中，选择有表现力和有价值的、对新发展起限制和提供机会的诸要素。这确实是一种简单的方法，但比市场评价机制更先进——它揭示出城市形式的基础。

The City: Health and Pathology

城市：健康和病症

——费城的健康和病理调查研究

136

已故的G.斯科特·威廉森(G.Scott Williamson)是位杰出的英国生物学家。他首先致力于健康现象的研究。当然，这是件十分不寻常的工作。因为还没有被普遍接受的健康定义，而医务界关心的只是疾病。不过，是不是没有疾病就算得上健康呢？

他的使人最感兴趣的发现之一，就是曾对独自值夜的英国铁路扳道信号员所作的研究。研究的课题是这些孤独的值班人是否因感到厌烦无趣而降低他们工作的可靠性。结果发现，他们不论孤独与否，报酬高低，却都有着很强的责任感，因此，他们是完全可以信赖的。但这一点还不是他的主要感受。威廉森了解到从伦敦到格拉斯哥，每一个信号员都能正确无误地辨认出以每小时一百英里速度闪过他们视线的特别快车的司机。当火车司机们开着几千吨重的笨重的火车，一瞬间通过道口时，他们有可能表达他们独特的个性。信号员能够感觉到这种瞬间的个人表情，而威廉森从中觉察到了这种个性的力量。

但是威廉森最大的贡献在于他肯定：健康和疾病同样是一种可以辨认的现象，此外，个人的健康很可能和家庭与社区的健康状况有联系。他相信肉体的、精神的和社会的健康状况三者是有一致的成因的，物质和社会环境的许多方面和它们有因果关系。

为了验证这一假说，他在伦敦的一个工人阶层居住区建立了潘克汉健康中心（Peckham Health Center）。但很不幸，不久，第二次世界大战爆发了，这个社区遭到破坏。战后，由于这个中心收归国有，也不可能再开始研究。威廉森确信这一假说是正确的，但没有找到证据就去世了。我们要是认为这一假说是正确的，那么就应拿出证据来证明它。但据我所知，这一重大的课题现在还没有进行过调查研究，而我们这些和环境有关的人还不知道自己的行动对人的肉体、精神和社会的健康是否有益、有害或是毫不相干的。

贯穿以上的叙述，现在提出了一个命题，其内容是创造和破坏的影响是客观存在着的，至少在一定前提下是可度量的。一般认为创造是把物质提高到更高级的有序的水平，破坏就是衰减，而进化的总和就是创造，但是退化过程也就是增加熵的过程。曾有人企图识别创造和破坏二者的属性。前者是和复杂性、多样化、稳定性、大量的物种、共生、低熵联系起来的。相反，衰减和退化是和简单化、单调、不稳定性、物种少、依附、高熵联系起来的。

我们认为创造可能表现为两种形式：其一为负熵，即通过物质的能量获取，明显地在光合作用中和在由动物种系等级规模提高而完成的不断的有序化过程中可以看到，还有通过感知（apperception），进一步通过对增加复杂性来说是不可缺少的那些合作机制——由此而得到进化，这就是共生现象（symbioses）。

应用达尔文和亨德森的"适合"的定义，可见地球是适合于生命和各种生命现象的，幸存的和成功的有机体、物种和群落都显现出适应环境。果真如此的话，那么适应的生物或群落可以定义为创造性的；不适应或不配合的生物或群落可以定义为缺少创造的或衰退的。正如我们看到的那样，适合必须由形式来显示，因此，形式不仅显示出适合性，而且也显示出创造性。形式是有意义的，显示了有机体和群落的适应能力；要是我们仔细观察的话，形式也显示了它们的创造性。

我们早已提到要作进一步的研究。假如适合与不适合两个词里面包含创造和破坏，那么反过来，这两个词是否包含在健康和疾病里呢？确实，这些词是简明地表达了两种极端现象的不同方面，即第一种是创造—适合—健康，另一种是衰减—不适合—疾病。

显然，共同使用这些词使概念具有很大的确切性。创造性较之"马力"这样的词来说是更好的衡量适合的词；创造确实就是适合，适合就是健康。是否可以说，破坏就是不适合和不健康呢？

我们能以森林为例。假如我们发现一处森林，其中大部分动物和植物遭到病害，正在死去，无疑这是一处不健康的森林，不像健康的森林那样获得许多能量的森林；这些生物将不可能把物质提高到较高级的有序的水平上去。这是一处缺少创造力的森林，即使还没有达到破坏的程度，但它也是一处不适合和不健康的森林。假如另有一处森林，包含着很广泛的物种，表现为一个平衡的生态体系，则这将是一处创造的、适合的和健康的森林。虽然在后面的这处森林中疾病与死亡二者均会发生，但这种现象是有助于生长和进化的手段。前者会出现高熵，而后者则表现为低熵。

假如健康确实是创造和适合因素的综合，那么，我们手头就有了一件对诊断和治疗问题均有无限意义的工具。我们承认哪里存在压力和紧张，哪里就会产生疾病的观点。疾病的表现形式是随遗传倾向、紧张程度和性质而千变万化的，但这并不影响我们的研究。我们能把注意力集中在健康与疾病的现象上，用它来作为创造和适合、破坏和不适合的标志。通过这样做，我们能避免已经妨碍流行病学研究的那种寻找因果关系的陷阱——认为必须识别引起压力和紧张的因素及其病状。我们愿意采纳协同作用的理论（synergesis），即压力和紧张的因素和由多种原因造成的疾病是同时发生的。某些地区和居民显得很健康，而另一些地区则疾病较多，这些必然是物质的和社会环境的反映，对我们来说研究这些问题已足够了。假如我们能够区分健康地区与疾病地区，我们就能进而把社会和物质两个方面中已经识别的各种因素与其联系起来。从这种资料中，就可能找到环境对健康和疾病二者的影响，使环境规划的实践摆脱现在所处的无知深渊——这是对目前环境规划中判断和改善环境标准的最适当的描述。

从肉体、精神和社会方面来看，哪里才是一个健康的环境呢？这一定是个创造和适合的环境。哪里是病态的环境呢？这一定是个破坏和不适合的环境，更确切地说，社会和物质环境方面属于破坏的和不适合的。

我曾指导过一个称为"城市生态"的课程。该课程企图把动物和植物生态专家已经研究的信息资料适当地结合起来并把它应用于城市问题中去，然而在城市里经济是决定一切的。这是一项极困难的冒险，因为生态学家探索最广阔的环境（这些环境受到人的影响是最少的），他们不仅身处研究的环境中，而且在对动植物行为的研究中都是把人这样一个污染者严格地排除在外的。面对人类生态学贫乏的现状，以及受到斯科特·威廉森命题的启发，即要把肉体的、社会的和精神的健康与它们特定的社会和物质环境统一起来，我曾对许多学生说，从肉体、精神和社会等方面去识别费城特定的病症环境，也许能得到启发。这样可使将来的学生，可能使更多的有经验的研究人员，去调查研究病症和环境之间的相互关系。作为规划师、风景建筑师和建筑师，我们的才能表现为熟练地操纵物质环境，但是我们认识到，社会的进程对于设计和规划专业是重要的。生理的适应性是缓慢的；环境是更容易被操纵的。社会进程为环境的分析和改造提供了手段。不过，我们还需要有个标准。假如这些健康与疾病的指标是综合性的，那么我们就应采用这些指标来进行规划设计。

最后，我们决定要收集可能得到的有关健康的资料：内科疾病、社会弊病和精神病等三类统计资料，此外，我们还要收集有关经济参数、民族、住宅质量、空气污染和密度等资料。

我们将所有的数据资料分为三等：最高的、中等的和最低的发生率。所有资料绘制在透明图上，由此我们就可以看到所有因素叠加在一起的情况。可以相信，将这些资料绘制在图上，就能把病症的环境显示出来，而空白的颜色将显示这是相对健康的地区。尽管这是一种不十分理想的辨别健康状况的方法，但别无他法可取。

这类研究以前已做过而且做得较好。无疑，有经验的统计学家还能从这些资料中推导出至今还没有研究的一些相关的信息。但对我们只是暂时用它来描绘健康和病态的环境来说已经是足够的了。有了这些资料，我们就能对某一地区的环境作种种推论。

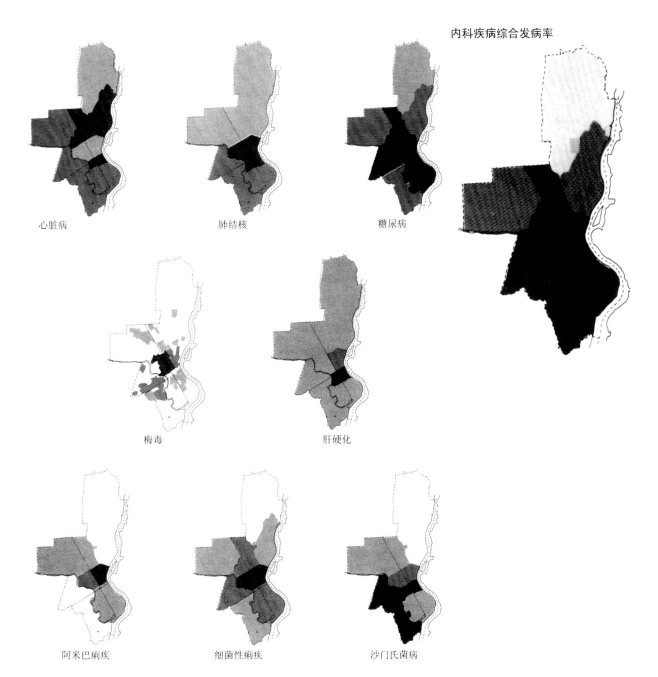

内科疾病综合发病率

心脏病　　　　　　肺结核　　　　　　糖尿病

梅毒　　　　　　肝硬化

阿米巴痢疾　　　　细菌性痢疾　　　　沙门氏菌病

内科疾病

导致内科病（physical disease）的八种因素的分布情况制成平面图。数据按每十万人的发病率来计算，将这些数据等级分成三类：发病率最高的为第三类，以最深色表示，第二类是中间色，发病率最低的色调最浅。

图中所示的疾病包括：心脏病、肺结核、糖尿病、梅毒、肝硬化、阿米巴痢疾、细菌性痢疾和沙门氏菌病。选择这些疾病是根据获得的资料来决定的。

可以看到，各种疾病的最高发病率的分布是围绕城市中心而变化的，但是综合来看，这些疾病集中在城市中心，而且其发病率随着远离中心而减小。栗山（Chestnut Hill）的乡村边缘地区和遥远的东北部发病率最低，或者按内科疾病来说，相对的健康程度是最高的。

社会疾病

社会的疾病包括：凶杀、自杀、吸毒、酗酒、抢劫、强奸、斗殴、青少年犯罪、婴儿死亡率，将它们的数据收集起来并按比例绘成图。

概括地讲，可以看出这些疾病的分布格局和内科病大体上相似。发生率较高的第三类地区分布离东北不太远，而更多地集中在西南部地区。还显示出城市中心社会疾病最为集中，中间一大片地区社会疾病大量的出现，而大片的周边地区社会疾病明显的减少。

精神病

精神健康的资料是所有类目中最薄弱的，它只包括首次入院的精神病人和儿童精神病人。

从精神病的资料来看，对比内科疾病和社会弊病，其分布的格局具有很分散的特点。一方面中心城市呈现绝对的优势现象；虽然栗山和城市的东北和南部地区明显看不到有精神病发生，但几乎所有的城市均有分布。

污染

空气污染按浮尘、降尘和硫化物等指标分别绘于图上。可以看到工厂是坐落在特拉华河沿岸并集中在城南，因此和大量污染物集中分布格局是一致的，远离这一地区污染逐渐减少。而东北地区和栗山显然是没有污染的。

种族

种族聚集情况用平面图表示，包括日尔曼人、爱尔兰人、意大利人、波兰人、英国人、俄罗斯人和有色人种。

这些种族聚集区分布如同七巧板。黑人集中在费城北部和西部，意大利人在费城南部，爱尔兰人在西南，波兰人在东面，日耳曼人在近东

社会疾病综合发生率

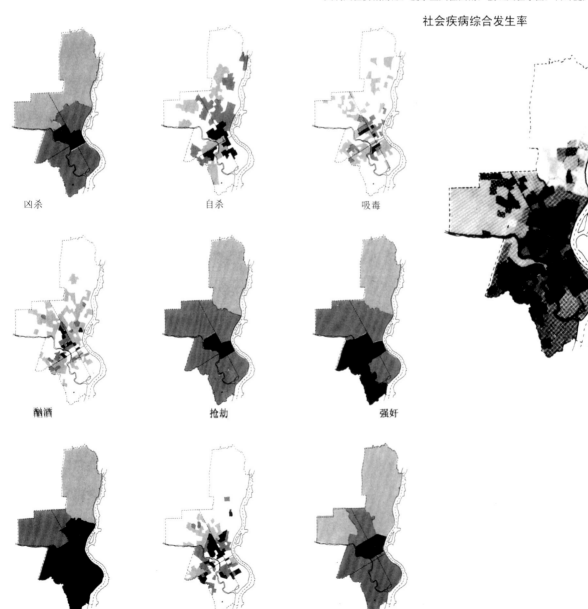

凶杀　　　　　自杀　　　　　吸毒

酗酒　　　　　抢劫　　　　　强奸

斗殴　　　　青少年犯罪　　　婴儿死亡

精神病综合发生率

污染

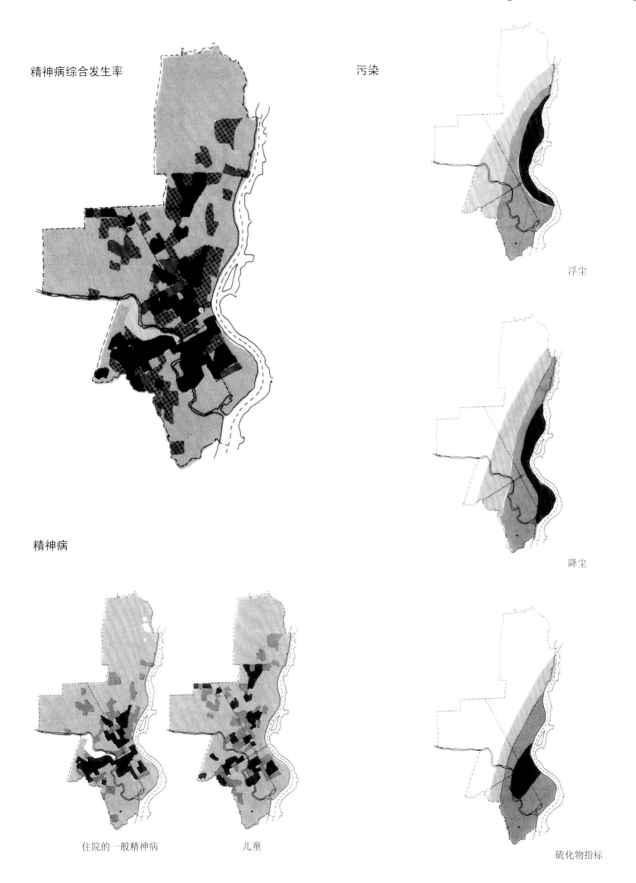

浮尘

降尘

精神病

住院的一般精神病   儿童

硫化物指标

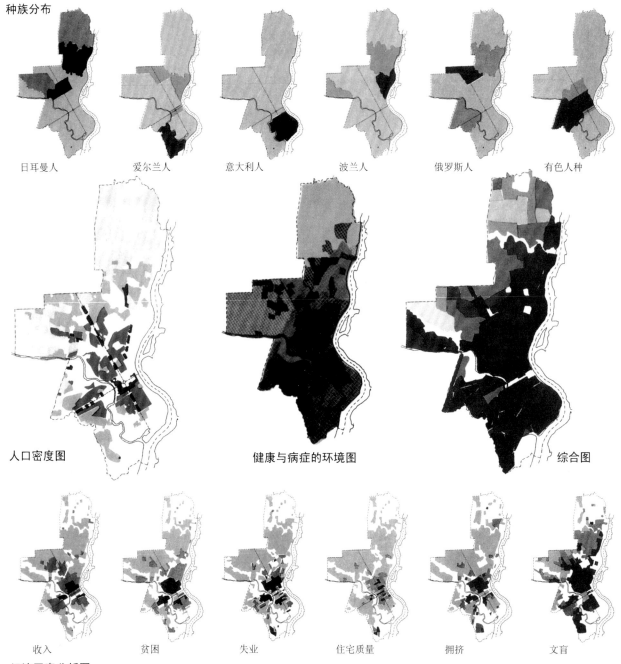

种族分布

日耳曼人　　　爱尔兰人　　　意大利人　　　波兰人　　　俄罗斯人　　　有色人种

人口密度图　　　　　　　健康与病症的环境图　　　　　　　综合图

收入　　　　贫困　　　　失业　　　　住宅质量　　　拥挤　　　　文盲

经济因素分析图

北和近北部，俄罗斯人在北部，英国人在东南部。

经济因素

我们获得的识别经济因素的资料包括：收入、贫困、失业、住宅质量、拥挤以及未受过中学教育的人数。

这些因素显示出，穷人和下层社会的人集中在商业中心周围相对小的地区内。相对于内科疾病、社会疾病和精神病较高的第三类地区来说，这一地区的面积是很小的。贫穷的地区也就是处于疾病集中的中心地区，而疾病的扩展远远超过此地区，而我们不能声称贫穷是内科病、精神病和社会疾病发生的原因。回答这个问题是较比复杂的。

健康和病症的环境

现在，反映肉体、精神和社会健康状况的综合图和经济、种族及污染等因素的综合图都单独绘制出来了。每一张图用三种色调来表示，即由白至黑分成一至三等。通过摄影叠加法，有可能将各种有关的因素叠

加起来，获得一张和各分图一样正确的综合图。为了提供内科疾病的、社会疾病和精神病的，称之为"费城的健康和病症环境图"，就要应用每一张综合图。这三张图的分布格局大体上是相似的，只是程度上不同。

健康与疾病的分布格局是很清楚的，城市中心是病理的中心，围绕这个中心是各种类型疾病集中的地方。南部发病率稍有减少，但中心部分和邻近城市以及东北和西北部地区之间的发生率有着极明显的差别。

要说出其相互关系还为时过早。显而易见的是：并非贫穷而是密度，即人口密度图具有和病理分布明显相互一致的格局。

综合图

基于人是有综合能力的生物，对复杂的情况能做出极有辨别力的判断这一前提，要求为这项研究收集和绘制这些资料的学生组成轮流的工作小组，每组三人，由他们自己对整个城市作有关的评价。在这张综合图中，他们不考虑死亡或疾病问题，而是深入社区，识别哪些地方的儿

童是否欢快、警察的态度、街上出现的垃圾、破烂的玻璃或翻倒的汽车、行道树、游戏场、公园、墙上的涂鸦、管理维护、人们感到自豪还是失望。在这一研究中，假如有什么曲解的话，可能由于很多学生是建筑师，他们对视觉观感的评价相当高，他们喜欢城市而不喜欢郊区的环境。但是，虽然小组是由不同背景的人组成的，他们取得一致是没有困难的。综合图是在单项资料成图前作出的，因为是在单项资料成图前做出的，所以不受资料的影响。这张综合图是比健康资料的调查研究更细致的研究成果，但在很大程度上与健康和病症环境图相当吻合。

可以看出，敏感的学生能发觉环境好坏的变化与健康及疾病的分布相一致的。假如这一主观的印象能由客观的研究而加强，这将是极有价值的事，因为这样就可把观察到的和量化了的要素认为是影响健康和病症环境的成分。这将为城市规划、风景建筑和建筑艺术提供客观的基础，也可作为医疗、社会服务和政府管理等的基础。

在过去十多年中，都市病症调查研究的课题集中在密度、过分拥挤和社会竞争等方面，其结果被约翰·考尔宏博士（Dr. John Calhoun）牵强附会地描述为"病理学的综合（pathological togetherness）"。大部分的实验，无论是在野外或实验室内，都是对小鼠、大鼠、鼩鼱、田鼠、北极的旅鼠、麝鼠和鹿进行的。大多数情况下其结果是一致的。考尔宏和杰克·克列斯丁（Jack Christian）两位生态学博士多用大家鼠做实验。

当偶然发现大量的野生麝鼠莫明其妙地死去，克列斯丁博士加入了这一领域的工作。他发现这不是由于传染病引起的死亡，通过对麝鼠内分泌过程的研究，显示出是由于紧张压力而引起的。这可能是由于数量和密度的增加导致的。克列斯丁博士当时继续作了实验，用密度作为紧张压力的标志来研究病理和内分泌系统的关系。他在费城动物园内，用大家鼠作了十年左右的实验。开始时，是一小群怀胎的大家鼠，生活在一个"宽敞"的环境中，其中食物、水和褥草极丰富。这些老鼠经过繁殖而数量增加。不过，这样一来，褥草开始不够用了，出现了子宫收缩现象（intrauterine resorption），随之带来的是畸形的幼鼠，母鼠不能提供奶水，接着是互相残杀。

当家鼠的数目达到认为是最大数目的一半时，抱团现象变得明显起来，这时次等的老鼠组成一打左右的群体。以后成年鼠就开始生病。紧张压力引起的疾病的主要形式特点是心血管病和肾脏病。成年鼠死亡增加，鼠量减少，开始不可逆转的下降。

克列斯丁博士从重复的实验中得出结论，当密度增加时，社会压力也就增加，由于紧张而引起的

疾病就显示出来。这不仅影响生殖能力（促肾上腺皮质激素和雄性激素抑制促性腺激素），而且引起心脏和动物的肾脏病。

考尔宏博士报道了克列斯丁博士观察到的种群密度和疾病的关系，但是他们的实验更多地关心的是随着密度的增加而出现的社会行为的变化。考尔宏博士在他的实验中为老鼠确定了著名的动物等级次序，即：优势的雄性老鼠、探鼠（probers）、同性恋老鼠和离群的紧张症老鼠。考尔宏博士报道了发病率和疾病类型与等级次序的关系，从而知道占优势的动物疾病很少，但是社会等级次序低下的动物疾病增加。还有，等级次序高的动物，疾病主要是内科病，但是随社会次序下降，社会异常现象也增加。探鼠显示出反常的行为，性机能亢进和几乎接近于同性恋；同性恋的老鼠更显得异常；而患紧张症的老鼠表现为不合群，精神上显得极端的紧张。

考尔宏博士揭示了社会等级也和活动性有关。占优势的动物具有最大的活动性，这是由于大量的社会相互作用促使其得到满足而产生的结果。当社会次序下降时，它们较少获得满足，其结果是活动性减少，降至最低下的一级，患有紧张症的老鼠都是不活动的。显然，等级低下动物的遭遇使它们产生敌意，这种敌意使它们产生异常现象，反过来造成更大的敌意，进而出现更多的异常现象。

种群数量的增加，等级低下动物的数目也就要增加，这是理所当然的。它们经受的紧张和压力抑制了生殖力，这一点克列斯丁博士称之为"被迫的种群控制机制（the involuntary population control mechanism）"。紧张和压力抑制了种群的增长，至少在鼠类中如此。

克列斯丁博士报告说：种群数量增加，密度和社会压力加大，其主要后果是造成等级低下的动物性腺活动减少，血糖和血压增高，幼小动物的死亡率增加，这主要由于没有乳汁分泌和母亲的疏忽造成的，最终紧张症在等级低下的成熟动物中蔓延。

这两位研究者都深信他们观察到的动物社会的结果适用于人。由于通过动物实验与城市居民相比较，二者经受的疾病是相似的，他们确信了这一

点。不过，他们的批评者坚持认为动物在实验中，其活动是受到限制的，而且它们没有治疗能力，这样联系起来考虑，则动物与人之间的任何比较都是无效的。住在哈莱姆[译注]的儿童的活动范围不超过四个街区，这一事实使人难以完全相信批评者们关于在实验中动物活动受限制的论点。但是更有说服力的是P.莱哈森（P.Leyhausen）的叙述："在战俘营近五年的生活告诉我，过分拥挤的人类社会反映出的疾病症状与狼、猫、山羊、老鼠和兔子等过分拥挤的群落所有的症状是最为相似的，他们之间的差别主要在于物种特性（species-specific）差异；社会相互作用和组织的基本力量原则上是相同的，在整个脊椎动物范围内，人和动物之间确实是同系、同源的。"*

只是由于克列斯丁和考尔宏作了动物的研究，并坚持人和动物之间存在同源之说，我们才能对城市的疾病作最为详尽的研究。下面是由康奈尔医学院（Cornell Medical School）所作的曼哈顿区中部的研究（The Midtown Manhattan）。

这一研究对纽约的公园大街（Park Avenue）和东河（East River）之间的地区，即59号街至96号街之间，进行了深入细致的研究，还和整个曼哈顿和纽约市的其他各区作了比较分析。

曼哈顿中部地区的平均密度是600人/英亩，是整个曼哈顿的4倍，布朗克斯—布鲁克林（Bronx-Brooklyn）的10倍，斯塔滕岛的130倍。

这一地区的人口数量为380 000人。随机抽样选出1 910人，对他们进行调查访问观察其精神健康状况。在精神病学者和社会工作者的指导下，每人持续观察访问平均超过一小时。考虑到最后结论的严肃性和重要性，专业调查者的才能和观察访问的持续时间是极为重要的。

报告的结论是自纽约市的各区至曼哈顿，自曼哈顿至城中部地区，再由中部地区至其东边地带（East Side）疾病明显的增加。

拿曼哈顿中部和各区相比较，前者的自杀、事故死亡、肺病和青少年犯罪为后者的2倍，酗酒为3倍。拿某些最富有和最有权势的家庭居住的公园大街一带和第三代接受救济者居住的东边地带相比，两者疾病发生率均很高，而东边地带自杀、事故死亡、肺病、婴儿死亡率为前者的3倍，酒精中毒为10倍。

要是把这些数字不分地区的合在一起，可看到心理疾病无疑是十分惊人的。抽样的人数中有20%几乎和精神病医院中的住院病人没有区别，其中60%的人显示出轻度的精神创伤，只有20%的人没有精神病症状。

不幸的是，这一重大的研究不包括全面的物质环境的题目；在社会环境方面，缺少对公共事务的研究。结果，许多重要的变量还不知道，如：污染和噪声的水平，每室的家庭数目或人数，或者反过来说每人的住房有多少、建筑物的物质环境特性等等。在缺少这些重要的信息资料的情况下。探索与密度有关的某些变量就很有必要了。显然，密度增加，私密性就会减少；高密度带来高噪声，社会的竞争激烈起来，找到出路的可能就减少。

关于噪声的课题，曼格利（Mangeri）教授写道："噪声强度超过90分贝，振动频率每秒4 000次，会引起持续的全身动脉痉挛，从而增加末梢抵抗力，迫使心脏不正常的紧张和劳损。"**在城市中，噪声经常达到并超过这个水平就会普遍地引起心脏病。

关于大气污染现在已有大量的文章，人们普遍认为二氧化硫、一氧化碳、铅、碳化氢、氧化氮和臭氧确是危害人体的毒物。而以大气离子化为题的文章还较少。由于它不仅是一种物理现象，而且也有心理的影响，所以应引起重视。阳离子，一般说来是一切燃烧过程中的副产品，现在认为是一个重要的有害物质。

正常的清洁空气呈负电离状态，一般的城市空气经常是带正电的。带正电的一氧化碳促使支气管的纤毛停止活动，使其黏液变稠，结果难以排除污

〔译注〕Harlem，是纽约最贫穷的地区，过去以贫民窟闻名。
*P Leyhausen. The Sane Community—A Density Problem?[J] Discovery，1965，9.
**Salvatore Mangeri. Medical Tribune[J]，1965-03-29.

染的微粒物质。因此，可以下结论：不仅大气中的污染物是有毒的（其中许多是致癌物），而且它们带有的阳离子使机体处理这些有毒物质侵袭的能力降低。不能动的纤毛和黏滞的黏液膜如果没有带负电的氧是不能恢复正常的。

美国海军做过实验，断定阳离子化会使人产生不安、紧张、性欲亢进和精神不安；而负离子化使人感到愉快。

自然界中的负离子化是由闪电和雷雨、降雨、瀑布和喷泉等产生。在植物光合作用中排出的氧是带负电的，这是可信的。

刺激，无论其过多还是偶然发生的，都能成为严重的压迫因素。当刺激很多，如在城市中心，特别是当这些刺激大部分像噪声一样是无意义的时候，机体就需要将它们排除。当排除这些刺激得到实现时或当大多数的刺激没有意义的时候，就会发生知觉丧失（sensory deprivation）现象而形成幻觉。以上两种刺激均为严重的紧张压迫力量。根据詹姆斯·米勒博士（Dr. James Miller）的研究，超负荷会导致一系列的反应：如疏忽、差错、遗漏、滞钝、猜疑和分心，以至最后的退缩逃避。这种感觉上的超负荷和知觉丧失的反常现象听起来有点像社会的孤独拥挤的人群及其反常现象。

当城市病症成为最严重的问题之一时，那么所谓的补救方法就完全不适用了。通常这种改进方法称之为"清除贫民窟，建起一组新的建筑物取代老的社区"。原有的居民很少有可能住进这些新建筑物里的。在原有的社区内，通常存在社会依赖的相互交织现象，它可以在相当大的程度上容忍种族的和宗教信仰上的差别。当贫民窟被清除后，一般来说，一大部分人就失去了社区的社会支持，或者被吸引到社会公共事业或慈善机构中去。该地区的福利和社会服务明显的增加。这是老的社区被破坏的很好的证明。但不能证明"更新"创造了社区，或者老社区内被迫搬出的人找到了新社区。

我们如何着手去解决这一最急迫的问题呢？识别环境是健康还是病态的是很重要的。这一点在费城已经做了。至少我们现在知道哪些地方是健康的，哪些地方是病态的。我们可以开始调查影响健

康和病态两个极端及其中间阶段的社会和物质环境诸因素。此刻，我们很清楚地看到，拥挤、社会压力和病症确实是相互联系的，进而可充分地去判断更为重大的调查研究项目。根据这一脉络，人们有理由要求弄清楚为什么穷人要住在最昂贵而且密度最高的市中心的土地上。

在本章开始时，提到了G.斯科特·威廉森的命题，个人的健康和家庭及社区的健康状况是有联系的，肉体的、精神的、社会的疾病显示出一致性。本章的中心命题是：创造和破坏是实际存在的现象，两者都有属性，适合和不适合——在进化的意义上是创造和破坏的表现，正像健康与疾病也是创造与破坏的那样。

我们需要知道，什么地方是健康的环境，因为那里的环境是适合的，适合就是一种创造。那里就是一个创造—适合—健康的环境。但它是由什么组成的呢？我们必须知道所有这些组成部分以便建设具有人性的城市。

本文的资料是由宾夕法尼亚大学风景建筑和城市规划研究生于1966年收集并绘制的。参加者有：梅瑟斯（Messrs）、布拉德福德·D.（Bradford D.）和布拉德福德·S.（Bradford S.）、布拉格登（Bragdon）、奇蒂（Chitty）、克里斯蒂（Christie）、戴维斯（Davis）、费尔德曼（Feldman）、费尔根梅克尔（Felgemaker）、卡沃（Kao）、迈耶斯（Meyers）、墨菲（Murphy）、罗森堡（Rosenberg）、塞登（Seddon）、西纳特拉（Sinatra）、萨特芬（Sutphin）、特普斯特拉（Terpstra）、图尔比尔（Tourbier）、韦斯特马科特（Westmacott）、沃尔夫（Wolf）和齐格勒（Zeigler）。

Prospect

展　　望

　　宇航员只是作者说明问题的手段，有关他的见解无助于任何人；自然主义者是一个虚幻，他们想象的乌托邦是找不到的。在阅读本书的过程中，我们面对的问题没有什么改进；我们仍然保持传统的观念。我们仍像瑟伯尔（Thurber，1894年—1961年，美国作家）书中的飞蛾一样，坚持主张我们发明了火焰；自然是我们的创造物，我们将统治和征服它，因为这是我们的神圣使命。当我们有了觉悟，却还是放弃人与自然的结合；在拒绝结合中我们逐步走向崩溃。我们的前途有几种选择，其中最快的便是灭绝，以人为绝对中心的人引起的大屠杀；人口的暴涨是放慢了，饥饿是现实的，也会普遍存在而且持续恶化，但是饥饿的危机也可能不为在世界另一端的人所知悉。人权的剥夺首先打击周围的人，我们的损失是察觉不到的；儿童将生下来，但不能享受生活的乐趣。地球上的土地资源被滥用，导致赖以生存的生物灭绝，这都因为人类坚持这种陈腐的宇宙观；我们今天幸存的人们，谁能为长远作出规划呢？城市将一如既往地发展，城市核心的病状正在扩大，发展成为大墓地。你还能看到什么其他的前途吗？

　　这本书提出了一种前景。它包括来自博学者所收集的证据，犹如他们辉煌思想外衣上的布片，将布片收集到一个记忆和记录的口袋中，现在可以接合成一条被子。一年或一年以前，当我第一次着手这项冒险的工作时，我既没有工作以后产生的那种勇气，也没有完成工作的雄心壮志。但当证据被收集起来并一片一片地集合在一起时，比我原先预想的提出了更大的要求。这很像在做简单的算术题，一列数字之和必须加上下一列数字之和，数目、力量和重要性不可改变地增加了。这条被子在拼接的过程中，已失去了布片的许多原有的光彩。有许多不一致的地方，接口也不完整，虽然这件作品只是像一条东拼西凑而成的被子，但最终是否可说它已不是一块残布了呢？

　　创造的过程是否包含在提高秩序水平过程中的能量和物质利用呢？物质是不能被破坏的，但秩序能被降低；因此，破坏是否说成是衰退或反创造更好呢？把地球作为一个单一的超级个体（superorganism）来考虑，把海洋和大气视为有机的，是否准确和有用？是否创造和衰退的过程各自展现出特性并把这些特性归纳为负熵和熵呢？适合性和适合措施是否是衡量生态系统中创造的准则呢？要是形式和过程仅仅是单一存在现象的两个方面，能否还有一个内在的形式概念呢？最后，健康状况和病症状况是否是创造和衰退、适合和不适合的最精要的衡量标准呢？要是的话，我们就有了一个模型。尤其是我们有了标准。第一是负熵，即秩序水平的提高。第二是感知（apperception），即把能量转化为信息，再由此而具有意义的能力，并对此作出反应。第三是共生，即合作的约定（cooperative agreement），这种约定使秩序水平的提高成为可能而且需要感知来实现。第四是适合性和适合环境，也就是选择一个适合的环境并适应那个环境，指有机体实现更好的适应。最后的标准是健康状况和病症状况——证明创造性的适合需要负熵、感知和共生。

这个模型有可能建立一个所有生态系统的资料库，去判定这些生态系统在生物界中相对的创造性。这一概念同样能应用于人类的发展过程。农业和森林仅仅是开发光合作用得到负熵的产物；水力发电站利用了水力循环产生的负熵；但是某些加工业，如铁矿石、石灰石和煤的炼制工作编入计算机，使生产的秩序水平有了提高，这就认为是负熵。所有的生命发展过程需要感知，但是，就大体而言，教育，特别是艺术和科学是人类感知方面最为发达的表现。商业、政治、法律和政府总的来说是共生的，而建筑艺术、风景建筑艺术、工程建设是加入到有机体和环境的适应中去的适应的过程。

这个模型提出了一个生态的价值体系，在这个体系中流通的是能量。这里有一个资料库：包含物质、生命形式、感知力量、作用、适合性、适应环境、共生和遗传潜力等。理想的消耗包括在提高物质秩序水平的过程中使用能量。物质是不能消耗的，而只能循环。当物质不参与循环时，它起到了贮存（能量）的作用。对一个统一的能量源泉来说，贮存期对于增加创造性来说是重要的——煤代表了长期的贮存，新鲜蔬菜只是短期的贮存。尤其是捕捉到的能量必须通过有机物不断地由低水平到高水平的演替来传递。每一个水平支持更高水平的需要。生物界不是由有机体的金字塔组成的，而是由无数的生态系统组成的，在这里面，许多不同的生物在相互依赖中共存，每种生物各自有它自己的发展过程、感知、作用、适合性、环境适应和共生能力。这个生态体系有一个能源，在体系中传递流通；还有一个物质、生命形式和各种生态系统的仓库——物质循环、遗传和文化的潜力都包含在这个仓库中。能量是会降低的，但是又会得到补充；某些能量在通向熵的途中被捕捉，这就增加了库存，

提高了生物界的创造能力。

应用这一模型需要尽力去建立生态的资料库。幸运的是当今技术进步促进了这些资料库的建立。人造卫星利用远距离扫描设备、高空摄影和地面识别设备能提供丰富的资料和许多自然过程动态的时间信息系列。当这些资料库完成后，它们能组成一个价值体系。这些资料库不仅能识别价值度，而且还可识别容量限度和不可容的程度。这些资料库和适合的概念结合在一起，组成最大的、可直接应用的生态模型。这些生态系统模型能视为适合于某一等级体系中的某些未来的土地利用。这就有可能从适应生态系统、有机体和土地利用等方面来识别环境。一个环境越是能内在地适应生态、有机体和土地利用等各种要求，需要做的环境适应工作就越少。这种适应是创造性的。从而这就是一个最大利益/最小成本的解决问题的方案。

这些资料库从而能对所研究的世界、大陆或生态系统作出描述，把它们看做是一种现象，看做是相互作用的过程，看做是一个价值体系，看做是显示生物、人和土地利用适合程度的一系列环境。它将展现出内在的形式。从中能看到展现的健康状况和病症状况的程度。这些资料库既包括人造物，也包括自然的过程。

当然，这样的资料库最有应用价值的是决定土地利用的位置，特别是决定城市化的位置。今天美国的城市发展，其特点是由大陆转向沿海的集合城市（conurbations），通过集结和连接而更加扩大。大多数未来的"大墓地"般的城市是在贝德福德·斯泰弗森特（Bedford Stuyvesant）和莱维敦（Levittown）的环境模式之间作出选择。一定要有其他的选择方案。我们要问哪里的土地是最好的场地。让我们在广阔的选择范围内为许多不同的、极好的土地类型建立标准。我们不仅寻找在城市位置之间最大的用地范围，而且要找出每块用地里面的最佳选择范围。

设想在一定时候，已完成了生态资料库，已经做了人口抽样调查。通过许多调查采访，要求人们列举出气候、风景、游憩、就业、居住等理想的特点和性状，从而组成他们理想的愿望。这些调查结

果是用来探求大家的共同点，以便提出一个全新的美国城市化的社会计划。生态资料库是用来寻找那些符合被调查采访者希望的城市用地。二者相结合显示了人们选择城市方面的乌托邦式的设想。约翰·肯尼思·加尔布雷思（John Kenneth Galbraith）把我们从经济决定论的束缚中解放出来；我们现在的城市格局是奴役和强迫环境的产物。什么是从经济决定论中解脱出来的、以公众选择为基础的美国城市格局呢？我们一定能够找到，我们能创造出来，这是一个比征服空间更有价值的目标。

生态观点带来的好处似乎只是我的专利，但同样清楚的是采纳这种观点将带来深刻的变化。犹太教与基督教共有的关于创世纪的故事必须视为只是一个寓言；圣经训谕人们，人对自然的关系是统治和征服，这点必须要消除。在生态价值体系中，从"我与它（I-it）"到"我与你（I-You）"关系的转变，这是一大进步，但是"我们"似乎是一个更合适描述人与生态关系的词。经济价值体系必须扩大成为一个包括所有的生物物理的进化过程和人类渴望意愿的相关的体系。法律必须规定：泛滥、干旱、雪崩、泥滑或地震等引起的死亡或伤害，可能是由于人类的疏忽或恶意造成的，因此应由法院加以追究。医疗事业不只是关心治疗，必须更关心创造健康的环境。工业和商业必须扩大它们的计算范围，要包括全部的成本和利润。但最大的利润是隐藏在教育事业之中。这个世界是分离主义（separatism）统治的社会，但是我们应要求探求整体结合。生态学提供了有机体和环境关系的科学，将科学、人文科学和艺术综合成一体——把人和环境联系起来研究的科学。

在探索生存、成功和臻于完善的过程中，生态观点提供了非常宝贵的洞察力。它为人们指明了道路，人应成为生物界的酶，即生物界的管理人员，提高人—环境之间创造性的适应能力，实现人的设计与自然相结合。

Postscript

译 后 记

《设计结合自然》原著作者伊恩·伦诺克斯·麦克哈格（Ian Lennox McHarg）1920年生于苏格兰的克莱德班克（Clydebank）。1936年—1946年间，他曾在英国伞兵部队服役，任少校指挥官。1946年移居美国，1960年加入美国国籍；1949年获哈佛大学风景建筑学士学位，1950年获风景建筑硕士学位，1951年获城市规划硕士学位；1970年及1978年获阿默斯特学院、贝茨学院、刘易斯和克拉克学院的人文学科博士学位。1950年—1954年任苏格兰卫生部规划师；1954年以后，任费城宾夕法尼亚大学风景建筑和区域规划系教授和系主任。1968年—1976年间曾多次获奖，其中有：1968年及1976年美国风景建筑师学会颁发的布拉德福德·威廉斯奖章（Bradford Williams Medal）；1971年北美野生动物管理协会颁发的莫里森奖章（B.Y Morrison Medal）；1972年布兰代斯大学的艺术创作奖（Creative Arts Award）及美国建筑师学会的联合专业奖章（Allied Professions Medal）；1975年费城艺术联盟奖（Art Alliance Award）。1968年—1972年，先后在布鲁克黑文国家实验室、伯克利的加州大学、斯凯特尔的华盛顿大学、皮吉特湾大学等处讲学。他是皇家艺术协会、美国景观建筑师协会、英国皇家建筑师学会的荣誉会员；美国建筑师学会、英国城市规划学会会员。作品除书中述及的外，还有：明尼阿波利斯—圣·保罗大都市地区的生态研

究、新奥尔良庞恰特雷恩新城规划、得克萨斯州伍德兰新城规划、伊朗德黑兰的环境和公园规划等。

本书原著于1969年出版精装本，1971年获美国图书奖，同年再版平装本。撰写时间正值作者在宾大任教期间，也是他的一本成名之作，成为20世纪70年代以来西方推崇的运用生态学原理研究大自然的特性，创造人类生存环境，具有里程碑性质的著作。

译完本书后，译者深感作者具有深厚的阅历、敏锐的洞察力。他运用大量的资料，面对枯燥、冷漠的社会，以满腔的热情、无限的爱，求实，探索，展望一个美好的生存环境。全书各章具有相对的独立性，但各章之间有密切的内在联系，内容上具有相互渗透、由浅入深、循序诱导的特点。从较简单的范例开始，一直到卓有成效地解决大范围的复杂而综合的难题。全书概括起来有以下几方面的主要内容。

（1）以生态学的观点，既从宏观方面也从微观方面来研究自然环境与人的关系，阐明了工业、交通在高速发展的过程中，违背自然及掠夺性的开发对人类带来的灾难，提出如何适应自然的特性，创造人的生存环境的可能性与必要性。

（2）阐明了自然演进过程，总结了人类社会在不同历史背景下对待自然的不同态度，应用生态学和热力学等理论、宇航科学实验模拟的生存环境等

例证，证明了人对大自然的依存关系，批判以人为绝对中心的思想。

（3）对东西方的哲学、宗教和美学等文化进行了比较，说明了两种文化各自的优缺点，揭示了各自的建筑形式和造园艺术等方面差别的根源。

（4）针对不同的研究对象，对自然诸要素在进化过程中的作用与价值的大小进行分类与评价，按照其价值等级体系，提出土地利用的准则。通过许多美国城市规划和区域规划研究的实例，阐明了综合社会、经济和物质环境诸要素的方法和可能性。

（5）研究了大自然中生命与非生命的物质形式，指出是适应的结果。进一步指出城市和建筑等人造形式的评价与创造，应以"适应"为标准。

（6）通过各种社会弊端、种族分布、人口密度、经济状况和病症的调查与分析，证明人口密度与疾病有着密切的关系。

根据上述内容，这本书确实是本具有深刻科学见解、富有创见和建设性的书，是一本做出独特贡献的著作。由于它的内容十分丰富，涉及许多学术领域，因此它不仅是从事规划、设计、建设和管理人类生存环境的工作者值得细读的书，也是从事环境和城市建设理论研究和教学工作的科学工作者和师生，以及关心社会环境问题的人士参阅的书。我们译后的体会是：这确实不是一本匆促就能读完的书，仔细地阅读，认真地思考，就能打开你的思路，在理论上得到提高和充实，为你工作水平的提高，直接地或间接地给予启迪和帮助。

因为本书述及的学科很多，知识面广，专业词汇量大而"专"，这就给翻译工作带来很大的难度。对这些专用词，译文中尽可能参照多种专业词典，但有些词为了读者易懂，宁可译成普通名词，还有些难懂的学术名词或中国读者不太熟悉和了解的词，尽可能添加了译注，以便更好地理解原义。书中一词多义的现象很多，特别是有些地质和动植物名词，分门别类，差别很细微，因产地或生长地点不同而名称各异，汉语中有多种译法，故尽可能做到按所在地的名称译，但不明所在地的只能参照多种词典选常用的词，因此不一定和原文所指相对

应。例如"evolution"一词有进化、演进、发展等多种意义，原著中无生命的物质和生物均使用了这个词，译文中根据地球上的物质环境变化缓慢的特点，故将无生命的物质译为"演进"；根据达尔文生物进化论的说法，将生物译为"进化"；主语不明或泛指时，视情况而定。有些专业词，国内至今还 没 有 统 一 的 译 法，有 的 甚 至 误 译。例 如 "openspace"，普遍译成"绿地"，显然不确切，程里尧同志建议改译成"开放空间"，我十分赞同。"Utopia"一词，形容词"Utopian"，原文是拉丁文，是把希腊文"ou（没有）"加上"topos（地方）"组造的词，意为"没有的地方"。由于"Utopian Socialism"译为"空想社会主义"，容易使人望文生义，误以为此词是贬义的，实际上这是个中性词，书中每每出现，贬褒各异。过去有人按照俄文发音把它译成"乌托邦"，"乌"来自"子虚乌有"，"托"为"假托"、"虚构"的意思，"邦"是"地方"、"回家"的意思。译成"乌托邦"，恰好与希腊文原意"没有的地方"相吻合，实为音义兼顾的佳译，故译文中统一译为"乌托邦"，包含了不现实（不一定不能实现）和理想的两方面的意义。

为了保持这本名著的原有风格，译本中尽可能保持作者原有的意图，例如每章的标题按原文直译，但为了读者能直接了解各章所述有关内容，故有的增加了小标题，这样查找也方便。原著每章末的大照片，提示下一章所述内容，也照原样编排。书中的绪言、展望及许多摘录，述及基本理论或概念问题，为了不失原义，宁可按原文直译，以便读者根据原义深入揣摩。但因该书所涉内容超出译者知识范围的实在不少，有不当或误译之外还望广大读者指正。

译本前三章半由林志群同志译完初稿，大大地减少了我的工作量。程里尧同志不仅对全书文字作了审核，还对多处译文作了修改并指正，特此表示感谢。

芮经纬　1992年2月

Photo Credits

照片来源

1	Glasgow Herald	30	United States Department of Housing and Urban Development
2	Glasgow Herald	31	Elliott Erwitt，Magnum Photos
3	Meyers	32	Grant Heilman
4	Meyers	33	unknown
5	Meyers	34	Walter Hege
6	Meyers	35	United States Department of Housing and Urban Development
7	Meyers	36	Aero Service Division，Litton Industries
8	Meyers	37	Aero Service Division，Litton Industries
9	Meyers	38	United States Department of Agriculture Forest Service Photo
10	Meyers	39	NASA
11	Meyers	40	J.Dixon，United States Department of the Interior，National Park Service Photo
12	Meyers	41	ESSA
13	McHarg	42	Courtesy of the American Museum of Natural History
14	McHarg	43	NASA
15	Meyers	44	Grant Heilman
16	Meyers	45	Eileen Christelow Ahrenholtz
17	Meyers	46	Grant Heilman
18	Meyers	47	Arthur F.Fawcett，United States Department of the Interior，National Park Service Photo
19	Aero Service Division，Litton Industries	48	Aero Service Division，Litton Industries
20	The Evening Bulletin	49	Grant Heilman
21	Ayre Dvir	50	Grant Heilman
22	Ayre Dvir	51	Grant Heilman
23	American Red Cross	52	Aero Service Division，Litton Industries
24	Aero Service Division，Litton Industries	53	New Mexico State Tourist Bureau
25	Eileen Christelow Ahrenholtz		
26	Eileen Christelow Ahrenholtz		
27	Peter Blake		
28	Aero Service Division，Litton Industries		
29	Aero Service Division，Litton Industries		

54 California Anti-Litter League
55 Grant Heilman
56 unknown
57 unknown
58 Alwin Seifert
59 unknown
60 Historic Urban Plans，Ithaca
61 McHarg
62 British Travel & Holiday Association
63 J.Clarence Davis Collection，Museum of the City of New York
64 McHarg
65 NASA
66 Green Spring & Worthington Valley Planning Council
67 Green Spring & Worthington Valley Planning Council
68 Green Spring & Worthington Valley Planning Council
69 NASA
70 United States Department of the Interior
National Park Service Photo
71 Aero Service Division，Litton Industries
72 Aero Service Division，Litton Industries
73 Cope,Linder and Walmsley
74 Peter Winants for THE ROUSE COMPANY
The Village of Cross Keys，Baltimore County,Maryland
75 Richard Erdoes
76 Grant Heilman
77 United States Department of the Interior
National Park Service Photo
78 Aero Service Division，Litton Industries
79 United States Department of the Interior
National Park Service Photo
80 United States Department of the Interior
National Park Service Photo
81 Grant Heilman
82 United States Department of the Interior
National Park Service Photo
83 United States Department of the Interior
National Park Service Photo
84 United States Department of the Interior
National Park Service Photo
85 United States Department of the Interior
National Park Service Photo
86 United States Department of the Interior
National Park Service Photo
87 United States Department of the Interior
National Park Service Photo

88 United States Department of the Interior
National Park Service Photo
89 United States Department of the Interior
National Park Service Photo
90 United States Department of the Interior
National Park Service Photo
91 United States Department of the Interior
National Park Service Photo
92 United States Department of the Interior
National Park Service Photo
93 Aero Service Division，Litton Industries
94 United States Department of the Interior
National Park Service Photo
95 Grant Heilman
96 United States Department of the Interior
National Park Service Photo
97 United States Department of the Interior
National Park Service Photo
98 Aero Service Division，Litton Industries
99 M.Woodbridge Williams，United States Department of the Interior，National Park Service Photo
100 Skyviews
101 Aero Service Division，Litton Industries
102 Professor Erwin W.Muller
103 Dr.Ralph Wyckoff
104 Courtesy of the American Museum of Natural History
105 United States Department of the Interior
National Park Service Photo
106 United States Department of the Interior
National Park Service Photo
107 United States Department of the Interior
National Park Service Photo
108 Aero Service Division，Litton Industries
109 Alva Blackerby，United States Department of Agriculture
110 United States Department of the Interior
National Park Service Photo
111 Courtesy of the American Museum of Natural History
112 unknown
113 Richard L.Cassel
114 unknown
115 American Honey Institute
116 United States Department of the Interior
Fish and Wildlife Service
117 Gunda Holzmeister
118 New Mexico State Tourist Bureau
119 Paul Mayer

120 Aero Service Division，Litton Industries

121 National Capital Planning Commission

122 M.Woodbridge Williams，United States Department of
     the Interior，National Park Service Photo

123 M.Woodbridge Williams，Untied States Department of
     the Interior，National Park Service Photo

124 M.Woodbridge Williams，United States Department of
     the Interior，National Park Service Photo

125 Meyers

126 United States Department of Agriculture，Forest Sarvice
     Photo

127 Robert Winters，United States Department of Agriculture

128 Meyers

129 National Capital Planning Commission

130 National Capital Planning Commission

131 National Capital Planning Commission

132 National Capital Planning Commission

133 National Capital Planning Commission

134 National Capital Planning Commission

135 Eileen Christelow Ahrenholtz

136 Andreas Feiniger

中译本再版记

原著第一版至今，已有近四十年了。书中讲述的许多理论观点、介绍的研究方法至今仍有借鉴价值，也说明它是一本很有生命力的书。

三四十年的历史，在地球历史的长河中是很短暂的瞬间，但这是一个由冷漠无情地对待地球环境向爱护和保护人类生存环境转化的时期，所以原著选择了最为恰当的出版时间，它对人们的价值观、自然观等的转变，无疑起到了催化的作用；它对我们如何认识自然、分析自然、合理利用自然，提出了方法和设想，为后来者做出了有益的范例，为人类的创造和发展打下了基础。

不幸的是，作者设想的"20年后写一本新的《设计自然》"的愿望，还没有实现，就离我们而去，正是"壮志未酬身先逝"。不过，从作者为这本"新书"设想的"引语"中，可以想象会给我们提供更多的应用先进信息技术和生态环境规划理念所作出的实例，以说明人类在这一历史时期内和在建设自己家园过程中的进步和创造。作者对我们的地球——美好的家园充满了美好的希望，对人类提出了很高的，而且也是应该做到的要求。所以，我想，他的遗愿会在生态环境和建设家园的千百万后继者的实践中实现。

大到治理和管理好地球，小到一个国家或局部地区的自然环境建设，都是一项艰巨和复杂的系统工程，地区越大，复杂性和难度亦越大，其重要性也越大，越要注意其生态和环境可能出现的问题。但生态环境建设又是解决这一矛盾的唯一手段。所以本书中译本的再版，可以提供地质学、历史地理学、地质地理学、生物学、动物学、植物学、生态学、环境科学、水文学、土壤学、气象学、建筑学、风景建筑学、规划学等相关学科的工作人员阅读和参考，共同参与到环境建设这一宏大的工程中来。

《设计结合自然》一书帮助我们在建设自己家园的时候，从有可能破坏生态环境的价值观念中解脱出来，用尊重自然的观念作为指导思想，帮助你了解如何去保护和建设自己的家园，从而成为一个自然环境合格的创造者和管理者，使我们的家园和周围环境得以持续的发展。

我相信在中国城乡建设大规模高速发展的过程中，本书不仅可以帮助读者建立正确的价值观，还可以启发读者思考，建立起新的评价体系和标准，对不同的环境作出积极回应，并采用恰当的手段和方法，为建立一个和谐的生存环境作出贡献。

芮经纬　2006年10月